NOTES

ORNITHOLOGIQUES

SUR LES

COLLECTIONS RAPPORTÉES EN 1853

Par M. A. DELATTRE,

ET

CLASSIFICATION PARALLÉLIQUE DES PASSEREAUX CHANTEURS;

Par Charles-Lucien Prince BONAPARTE.

<hr>

PARIS,

MALLET-BACHELIER, IMPRIMEUR-LIBRAIRE

DU BUREAU DES LONGITUDES, DE L'ÉCOLE POLYTECHNIQUE,

RUE DU JARDINET, 12.

1854.

NOTES

sur

LES COLLECTIONS RAPPORTÉES EN 1853,

Par M. A. DELATTRE,

DE SON VOYAGE EN CALIFORNIE ET DANS LE NICARAGUA;

Par S. A. Charles-Lucien prince BONAPARTE.

« Il est, comme des natures d'élite, des natures infatigables dans la poursuite des sciences et des beaux-arts. M. Delattre, voyageur naturaliste connu par ses beaux albums et par les nombreuses découvertes de ses précédents voyages en Amérique, est à peine de retour d'une récente expédition, qu'il se dispose à en entreprendre une nouvelle. Le plan en est hardiment conçu, et les résultats ne peuvent être que d'une haute importance. En attendant, l'expédition qu'il vient d'accomplir, quoique beaucoup moins heureuse que les précédentes, offre pour l'ornithologie un intérêt remarquable. Nous croyons utile de donner un catalogue raisonné des espèces qu'il a récoltées, tant sur mer que pendant son séjour en Californie et dans le Nicaragua, isthme dont l'insalubrité éloigne les naturalistes; les plus intrépides seuls bravent les innombrables difficultés du sol et du climat.

PERROQUETS.

» Dans l'Ordre des Perroquets, et nécessairement dans sa série du nouveau continent, les principales richesses rapportées de l'Amérique centrale, par M. Delattre, sont:

» 1°. Le grand et beau Psittaculien vert, à collier jaune, nommé par

B.

(2)

Lesson *Amazona auropalliata*, Rev. zool., 1842, p. 210, et 1847; id.,
Descr. de Mamm. et d'Ois., 1845, p. 196, sp. 23 (*Psittacus flavinuchus,*
Gould, Zool. Sulphur., t. XXVII, ex. Proc., 1843, p. 104); qui portera dans
mon *Conspectus Psittacorum,* le nom de *Chrysotis auripalliata;*

» 2°. Une jolie petite espèce de Nicaragua assez peu connue, quoique
figurée dans l'in-octavo incomplet de Hahn, Atlas Orn., 1834, sous le n° 64,
Eupsittula petzii, Bp. (*Psittacus petzii,* Leiblein, in Mus. Wurceburg;
Sittace petzii, Wagl., Mon. Psitt. in Munch. Akad., 1832, p. 650, sp. 19).
Simillima Psittac. aureæ, Gm. (Lev. Perr., t. 44), *sed minor, rostro valde
robustiore, albido; orbitis magis denudatis : remigibus, rectricibusque cya-
nescentibus.*

» Le genre *Eupsittula* est établi par nous pour les petites Perruches à
gros bec et à orbites dénudées, de l'Amérique (1).

RAPACES.

» Les OISEAUX DE PROIE sont nombreux et fort intéressants, mais presque
tous diurnes dans la collection Delattre. Les STRIGIDES, les plus *pneumatiques* de tous les oiseaux, ceux dont l'organe de l'ouïe, souvent asymé-
trique! est le plus développé et le plus parfait, n'y sont représentés que par
deux espèces :

» Un grand Duc de la Californie, très-semblable au *Bubo virginianus,* Br.,
mais moins grand, à couvertures inférieures des ailes plutòt pointillées
que rayées, et sans la liture blanchàtre le long de la partie supérieure de
l'aile, si constante dans la race atlantique;

---

(1) Je saisis l'occasion de faire connaître deux autres espèces de PSITTACIDES que je crois
nouvelles : un *Macrocercien* de la Bolivie, que je connais depuis longtemps, et un *Psittaculien* voisin du *Ps. euops,* Wagl., qui vient d'être rapporté au Muséum, par M. Fontanier.
Ce dernier vit au pied de la Serra nevada, ayant été tué à Rio Acha, dans la Nouvelle-Grenade,
vingt lieues au-dessus de Sainte-Marthe.

1°. *Sittace primoli,* Bp., Mus. Par. et Lugdun., ex Bolivia. *Viridis, pileo antice genisque
postice nigricantibus : semi-torque cervicale aureo : remigibus nigro-marginatis, rectricibusque basi rufis, cæruleis.*

Genero amatissimo meo, COMITI PETRO PRIMOLI, *dicata, ornithophilo præclaro, indefesso,
sagacissimo.*

2°. *Psittacula pyrilia,* Bp., Mus. Par., ex N. Granata. *Minor, læte viridis, pectore subfla-
vescente : capite toto aureo : remigibus nigris, apice, uti tectricum, cyanea : tectricibus inferioribus et pennis axillaribus coccineis : cauda brevicula, vix cuneata.*

(3)

» Plusieurs individus du *Brachyotus palustris*, Bp., qui se retrouve par toute l'Amérique, à peine différent de notre espèce d'Europe.

» Parmi les AQUILIENS on remarque un *Pandion carolinensis*, Bp., tué près du lac Nicaragua, singulier par la partie antérieure de la tête d'un blanc de neige bien plus éclatant que dans la race de la Nouvelle-Hollande, nommée par Gould *Pandion leucocephalus;*

» L'*Herpetotheres cachinnans*, L., qui se rattache aux *Circaëtos*, et comme eux offre une analogie avec les plus nobles Falconiens.

» Les BUTEONIENS lui ont fourni :

» En Californie, un exemplaire de la variable Buse à queue rousse (*Buteo borealis*) qui, à première vue, pourrait passer pour espèce nouvelle : c'est un mâle en mue, quoique à queue rousse et, qui plus est, à gorge noire ;

» Dans le Nicaragua, l'*Ichthyoborus busarellus*, ou plutôt *nigricollis*, et le *Buteogallus buson* ou mieux *æquinoctialis*, qui tient à la fois des POLYBORIENS et des *Urubitingas;*

» L'*Asturina magnirostris*, Gm., que l'on a cherché à isoler comme *Rupornis ;*

» L'*Asturina nitida*, Kaup, ex L. (cinerea, *Vieill.*), si variable par la taille et par la couleur, que Temminck regrette de ne pouvoir donner que deux figures, tab. 294, *hornotinus*, et t. 87. Parmi les exemplaires rapportés par M. Delattre, un individu (en plumage appartenant à un état intermédiaire entre le jeune de l'année et l'adulte, mais tout différent de l'un et de l'autre) nous semble mériter une description spéciale. Les parties supérieures sont d'un brun roussâtre plus clair sur les bords des plumes qu'au centre ; les plumes de la nuque ne sont brunes qu'à leur extrémité, tout le reste étant blanc ; ce qui fait paraître cette partie tachetée de blanc. Un large trait brun foncé part de la commissure du bec et descend de chaque côté du cou ; un trait semblable existe sur le milieu de la gorge. La région parotique et les sourcils sont blanchâtres avec de très-fines stries longitudinales au centre des plumes. Les parties inférieures sont également d'un blanc sale, et toutes les plumes de la poitrine, de l'abdomen et des flancs ont leurs baguettes brunes et une tache longitudinale de la même couleur à leur extrémité ; ces taches sont plus grandes sur le haut de la poitrine et entre les jambes que sur le reste des parties inférieures. Les cuisses sont rayées transversalement de brun, et ces raies ont les mêmes dimensions que chez l'adulte. Les ailes sont d'un brun plus clair que le haut du dos, et toutes leurs pennes sont rayées transversalement de brun très-foncé. Il en est de même de la queue, dont le nombre de bandes brunes varie de huit à

(4)

dix. Quelques plumes rayées transversalement de blanc et de gris-cendré (entièrement semblables à celles de l'adulte) se trouvent sur la poitrine.

» Les MILVIENS, trois *Rostrhamus hamatus,* Ill., tous à sourcils moins blancs que d'ordinaire, à propos desquels nous ferons remarquer que l'*Herp. sociabilis* de Vieillot ne doit point former une seconde espèce du genre qui se montre jusqu'en Floride;

» L'*Odontriorchis cayanensis,* Kaup, ex Gm., qui est bien l'*Asturina cyanopus,* Vieill., mais non son *Sparvius bicolor,* qui ne diffère pas de *Nisus variatus,* Cuv. (1);

» L'*Ictinia plumbea,* si semblable à *mississipiensis,* que, bien loin d'en faire un genre, on pourrait presque hésiter à la reconnaître comme espèce. Cette observation doit aussi s'appliquer au genre *Craxirex,* de Gould, différant peu du véritable *Astur,* et dont l'unique espèce, *Cr. gallopagoensis,* ne peut dans aucun cas être séparée de l'*Astur unicinctus,* Cuv.

» La nombreuse sous-famille des ACCIPITRIENS, abstraction faite des *Spizaétés,* si bien nommés *Aigles-Autours,* nous offre :

» 1°. L'*Urubitinga longipes,* Ill., qui ne peut avoir pour congénère que le *mexicanus* ou *anthracinus,* noir comme lui; et l'*Ur. meridionalis,* Bp., ex Lath. (*Falco rutilans,* Licht.), Pl. col., 25;

» 2°. L'*Ichnoschelis* ou *Geranospiza nigra,* Dubus, qui est bien l'adulte de son espèce, comme il arrive souvent, et non pas une variété melanine;

» 3°. Le *Micrastur guerilla,* Cassin., qui se distingue des espèces voisines parce qu'il n'a pas de roux sur le dos ni sur la poitrine, et qu'il a moins de bandes sous le corps ;

» 4°. Le *Micrastur brachypterus,* Temm. (*Carnifex naso!* Less.), Pl. col. 141 et 116, semblable à celui du Brésil, dont les deux sexes, adultes, sont blancs inférieurement : nous en faisons notre genre *Rhyncomegas,* en lui adjoignant une espèce nouvelle (*Micrastur dynastes,* Verr.) de la Nouvelle-Grenade, semblable pour la couleur, mais plus petite, le mâle ne mesurant que 38 centimètres, et la femelle 43 ; et avec quatre bandes seulement à la queue au lieu de sept.

---

(1) Un *Regerhinus,* remarquable par son énorme bec, existe depuis longtemps au Muséum du Jardin des Plantes, et, qui plus est, en exemplaire adulte non encore décrit. Je l'ai aussi admiré dans le Muséum de Mayence. Le nôtre provient du Pérou ; il a le bec encore plus fort que le *Cymindis wilsoni,* Cassin., de l'île de Cuba, figuré dans le *Journal de l'Académie des sciences naturelles de Philadelphie.* Ne serait-ce pas l'espèce du Chili créée, et depuis abandonnée, par Kaup? En tout cas, elle mérite plus que toute autre le nom de *Regerhinus megarhynchus.*

» 5°. Le *Craxirex unicinctus,* Bp. ex Temm., Pl. col. 3ı3, qui est aussi le *Buteo harrisi* d'Audubon.

» Avant de quitter les Falconides, disons que M. Fontanier vient d'en rapporter une espèce qui devra porter son nom (*Accipiter Fontanieri*) si elle est nouvelle. J'hésite seulement à cause de la variabilité des couleurs de ces oiseaux et de la ressemblance du nôtre au *Falco tinus* de Latham, quant aux formes et à la grandeur. Il n'est, en effet, guère plus grand que ce pygmée des Autours, et nous offre seulement une queue plus allongée, mais coupée tout aussi carrément, et des ailes pour le moins aussi courtes. Voici, du reste, la phrase qui caractérise évidemment un jeune Accipitrien du sous-genre *Ieraspizia* :

» *Castaneus nigricante nebulosus : subtus rufo-cinnamomeus, in gula pure albicans, in pectore lateribusque albido et fusco-rufo undulatus : femoribus magis rufescentibus obsolete fasciolatis; pileo, cervice, remigumque apicibus fusco-chocoladinis : remigibus rectricibusque rufis nigrofasciatis : rostro parvo, nigro, lateribus flavescente : pedibus flavis, unguibus nigris.*

» MM. Verreaux possèdent dans leur grandiose établissement une autre espèce nouvelle d'*Accipiter* de l'Amérique du Sud, fort semblable à l'Épervier commun, mais cependant en différant bien plus que l'*Accipiter erythronemius* de Gray. Ce sera *Accipiter castanilius,* Bp. *Minor* Accipitris nisi : *fusco-ardesiacus, alis brevissimis, capite, cervice, et colli lateribus paullo dilutioribus : superciliis nullis : gula abdomineque medio albis cinereo-nebulatis : tibiis, lateribusque latissime, castaneo-ferrugineis : pectore, abdomineque albo, fusco, castaneoque undulato-fasciatis : tectricibus alarum inferioribus albis fusco-maculatis : remigibus fuscis, subtus albido late fasciatis : cauda rotundata; rectricibus nigricantibus maculis fascialibus in pogonio interno, et apice extremo, candidis; subtus griseis nigricante fasciatis; extima utrinque supra fusca, subtus grisea, unicolore : rostro parvo nigro : pedibus flavis, unguibus nigerrimis.* »

PASSEREAUX CULTRIROSTRES.

« L'Ordre des Passereaux ne nous présente, parmi les Chanteurs cultrirostres, aucune espèce de Corvides, mais plusieurs Garrulides :

» ı°. *Pica nuttalli,* Audubon, la seule à bec jaune parmi les races nombreuses de ces Pies voleuses dont on voudrait changer le nom classique en *Cleptes,* sous le prétexte que *Pica* n'est que le féminin de *Picus;* comme si, à cause de *Muscus*, le nom de *Musca* était aussi importun que l'est souvent l'animal.

» 2°. *Cyanurus bullocki*, Bp., ex Wagler, de Nicaragua, avec sa queue de Pie et sa coloration de Geai-bleu.

» 3°. *Aphelocoma californica*, Cab. (*Corvus palliatus*, Drapiez), de Californie (1).

---

(1) Les vrais Geais sont tous, comme on sait, de l'ancien monde. Aux races que j'ai toutes décrites avec soin, il faut ajouter *Garrulus cervicalis*, Bp., Mus. Par., d'Algérie. J'ai, en effet, reconnu que ce Geai, figuré par le commandant Levaillant, à la table 6 de l'Exploration de l'Algérie, diffère encore de celui de Syrie, auquel se rapportent les noms de *atricapillus*, Is. Geoffr., 1832, *melanocephalus*, Bonelli, 1834, *stridens*, Ehrenb., *iliceti*, Licht., comme aussi la phrase latine de mon Conspectus. C'est donc celle du véritable *melanocephalus* (intermédiaire à notre *cervicalis* et au *G. krinicki*, figuré dans le Bulletin de l'Académie de Moscou, 1839, tome XIV), qu'il nous convient de donner :

G. vinaceus, dorso orbitisque concoloribus, pileo nigro, plumis elongatis; subtus griseo-vinaceus; fronte late, genis, gulaque albis; mystacibus apice dilatatis (nec attenuatis); *rostro robustiore.*

Un magnifique exemplaire du Musée de Francfort venant de Syrie est remarquable par le blanc éclatant et étendu de ses ailes; la gorge et surtout le crissum sont d'un blanc de neige contrastant avec le noir de velours des rémiges et de la queue, qui n'offre aucune trace de stries bleues : malgré tous ces caractères qui prouvent son âge avancé, le front et les joues ne sont pas du blanc pur qui distingue notre *G. cervicalis*. Ce dernier est d'ailleurs d'un gris moins roux que le Geai commun d'Europe (qui l'est lui-même moins que *melanocephalus*); et son collier châtain-vineux tranche d'autant plus sur la nuque qu'il envahit et recouvre.

Un des types les plus intéressants du Musée de Paris est certainement ma *Gazzola typica* que je n'ai jamais vue ailleurs. C'est ainsi qu'il conviendra de la dénommer plutôt que *Gazzola caledonica*, puisqu'elle n'est ni l'un ni l'autre des deux *Corvus caledonicus* de Latham, ni celui de Labillardière, ni celui de Gmelin, quoiqu'elle vienne aussi de la Nouvelle-Calédonie. Ni Forster, ni Wagler, ni personne ne l'a observée avant moi, car mieux vaudrait ne pas s'en être occupé que de l'avoir appelée *Corvus dauricus de la Nouvelle-Calédonie!* étiquette qu'elle porte encore, *coram populo*, dans le Musée de Paris, sans doute par un respect exagéré pour les souvenirs historiques de nos collections. C'est, au reste, seulement par la couleur que l'un et l'autre de ces *Corviens* se rapproche des Pies, et la couleur seule l'a fait confondre avec ma *Streptocitta*, Garrulien du même pays, auquel appartient de droit le nom spécifique de *caledonica*.

La véritable place de notre *Gazzola* est parmi les *Corviens*, et sa diagnose est la suivante :

G. alba; capite, dorso, alis, cauda, crissoque purpureo-nigris; rostro crasso.

Le genre dont elle se rapproche le plus est, sans contredit, mon nouveau genre *Physocorax*. Je l'établis pour un type non moins remarquable, rapporté aussi par Labillardière de la même île, et figuré parmi les vélins du Muséum où il se voit en nature sous le nom inédit de *Corvus inflatus*, Temm., ayant pour synonyme celui de *Corvus moneduloides*, Lesson, pu-

» Dans les riches magasins de MM. Verreaux nous avons trouvé, outre la *Cyanocitta joliæa*, Bp., une nouvelle espèce de Colombie et de l'Équa-

---

blié à la page 329, sp. 2, du Traité d'Ornithologie. Ce sera, dans la seconde édition de mon *Conspectus avium* :

Physocorax moneduloides, Bp., ex Less., Nova-Caledonia. *Purpureo-niger, unicolor : alis caudaque elongatis : rostro brevi, recto, basi turgido, mandibula acuta, sursumversa.*

J'y placerai aussi le genre *Amblycorax*, Bp., pour le *Corvus violaceus* de Ceram, de mon Conspectus; et le *Lycocorax*, Bp., pour le *C. pyrrhopterus* de Gilolo du même ouvrage. On y trouvera, outre plusieurs corrections importantes quant à la synonymie, le *C. coronoïdes*, Less., rapporté, d'après son type et malgré la fausse indication de sa patrie, au *Trypanocorax* du Cap, à bec long et grêle (*C. capensis*, Lichtenstein), au lieu que *C. levaillantii* appartient à *C. culminatus*, de l'Inde. Le *C. torquatus*, Cuv., qui n'est nullement de la Nouvelle-Hollande, prendra la place du *C. pectoralis*, Gould : tandis qu'aux deux Corneilles noire et blanc d'Afrique (*C. scapulatus* du Cap et *C. curvirostris* du Sénégal), M. Cabanis vient d'ajouter *C. phæocephalus* de l'Abyssinie, dont il trouve le noir mat, et les ailes et la queue plus développées. On pourrait avec autant de raison distinguer comme *C. madagascariensis*, la race plus petite, à bec plus fort, à couleur blanche plus étendue, à couleur noire plus resplendissante, à première rémige allongée, qui vit exclusivement à Madagascar.

Deux espèces anciennes ont été reconnues par moi depuis la publication de la première édition : 1° *Corvus umbrinus*, Hedinborg (*infumatus*, Sundeval), Rüpp. Syst. Uebers, Vog. N. O. Afr., p. 75, sp. 241, de la haute Égypte; 2° *Corvus leucognaphalus*, Vieill., excellente espèce, semblable à , mais distincte de *C. jamaicensis*, ou *nasutus*, Temm., quoique, comme lui, elle soit à duvet blanc. Elle se reconnaît par la peau nue à l'angle du bec; les narines peu couvertes; la quatrième rémige la plus longue; la queue arrondie.

Dans le même groupe des Corneilles, nous aurons aussi à ajouter deux espèces découvertes à Saint-Domingue par le prince Paul de Wurtemberg, que nous n'avons pas encore vues :

Cor. erythrophthalmus, P. Wurt. *Major, nitore violaceo : iride igneo-rubra ;* et

Cor. solitarius, P. Wurt. (olim *palmarum*, Reis Nordamerica, p. 73). *Minor, fusco-niger.* (Statura *Monedulæ*.)

C'est à ce même groupe qu'appartient le *C. ossifragus*, Wils., auquel on rapporte le *C. spermolegus* du Musée de Paris, mexicain et non européen, remarquable par sa petite taille, par le noir brillant et violacé de l'adulte , et surtout par ses mœurs.

Le *C. affinis* de Rüppell, dont les soies relevées en brosse forment une espèce de crête rigide et comprimée sur la base du bec, n'a rien de commun avec le *C. affinis* de Brehm, qui n'est pas l'*enca*, mais bien l'espèce de la Nouvelle-Hollande, dont la couleur de l'iris change du noir au rouge et au blanc, et qui doit s'appeler *coronoïdes*, Vigors (Wagler, Gould, mais non pas Lesson). C'est plutôt à la Corneille de Timor (*Cornix timorensis*, Bp.), à bec encore plus fort, à duvet blanc, *non gris*, que doit être rapporté le *Corvus australis*, Gm., si tant est que le type de Latham provenant des îles des Amis n'en diffère pas encore. La race de la Nouvelle-Guinée (*C. orru*, Müll. de mon Conspectus), au contraire, offre un bec moins robuste que dans le *coronoïdes ;* ses ailes sont allongées ; tandis que deux jeunes Cor-

teur, encore plus voisine de *C. armillata,* figurée par Gray dans son *Genera.* Nous la nommons *Cyanocitta turcosa,* Bp. *Simillima* C. armillatæ, *sed major et capite juguloque albo-cæruleis : dorsi plumis laxis cinereo-cyaneis: rostro robustiore.* Dans l'espèce connue, la gorge seulement (*gula* nec *jugulum*) est, ainsi que la tête, d'un bleu particulier, et ce bleu est beaucoup plus foncé (*cyaneus* nec *albo-cæruleus*), et le plumage dorsal beaucoup plus serré et plus brillant (*plumis dorsi densis violaceo-azureis*).

» La famille américaine des ICTERIDES, mathématiquement parallèle à celle des STURNIDES de l'ancien monde (1), se compose des *Quiscaliens* et des *Ictériens,* ces derniers formés eux-mêmes de trois séries dont la plupart des genres se représentent les uns les autres.

---

neilles du Musée de Paris, provenant des îles Mariannes, les ont remarquablement courtes !

Nous avons donné, dans la collection Verreaux, le nom de *C. philippinus* à une espèce propre aux Philippines, très-semblable à *C. enca* de Java, ayant comme elle le duvet blanc et l'espace nu triangulaire derrière l'œil ; mais à bec plus robuste, à bords contractés et fortement repliés en dedans.

Laissant à M. Pucheran à déterminer les prétendus *C. fuscicollis,* Vieill. et *C. ruficollis,* Less., du Muséum, nous terminerons ces remarques sur les Corbeaux, en exprimant nos doutes sur l'existence du prétendu *Corax* du cap de Bonne-Espérance (*C. major,* Vieill. ; — *montanus,* Temm.). Nous n'avons, en effet, jamais pu rencontrer dans aucun Musée, aucune dépouille du Cap qui puisse authentiquement se rapporter au groupe des vrais Corbeaux, ni aucun voyageur qui en ait observé dans ces parages. Les frères Verreaux, qui y ont séjourné trente ans, en nient positivement l'existence. Celui d'Europe vit seulement dans l'Afrique septentrionale où il est plus petit, et c'est sans doute le nôtre que représente la *Pl.* 5o de Levaillant, sur laquelle est basée cette espèce probablement nominale. Remplaçons-la par *Corvus thibetanus,* Hodgs, à bec et taille véritablement plus forts.

(1) Nous aurions trop d'additions et corrections à faire dans les STURNIDES pour les indiquer ici. Contentons-nous d'énumérer comme genres à ajouter à mon Conspectus, parmi les *Lamprotornithiens,* le beau genre *Onychognathus,* Hartlaub, de Saint-Thomas, l'une des plus intéressantes découvertes ornithologiques de nos jours, bien indiquée dans la *Revue zoologique* de M. Guérin, page 495, t. 14, fig. 2, 3; — le *Sturnoides,* Hombr. et J., contenant trois espèces à gros bec, toutes de Samoa; — *Lamprocorax,* Bp., intermédiaire à *Lamprotornis* et aux *Phonygamiens,* dont *L. fulvipennis,* H. et J., est le type ; — *Amydrus,* Cab., avec deux espèces, M. Jules Verreaux ayant distingué l'*Amydrus ruppelli* du *morio;—Nabouroupus,* Bp. pour le *fulvipennis,* Sw. ; — *Pilorhinus,* Cab. (Ptilonorhynchus, *Rupp. nec Kuhl.*); — mon *Cinnamopterus* pour le *tenuirostris :*

Rostro gracili, rectissimo : cauda longissima cuneata : speculo alari maximo, fulvo ;

Et surtout un genre qui termine la série après *Saroglossa* et *Aplonis,* dont je connais maintenant six espèces, mon genre *Hartlaubius :*

Rostrum elongatum, rectum, gracillimum : nares parvæ, membrana semiclausæ, mani-

» Les seuls *Quiscaliens* rapportés par M. Delattre, sont les *Scaphidurus mexicanus* et *palustris,* Sw., de Nicaragua; et une femelle d'un *Quiscalus* peut-être nouveau, provenant de la Californie. Disons à ce propos que *Scaphidurus atro-violaceus,* Orb., de Cuba, est plutôt un *Scolecophagus;* que l'*Icterus æneus,* Licht., n'appartient pas à ce genre, mais est un vrai *Molothrus,* groupe qui, au lieu de figurer parmi les *Ictériens,* doit terminer, avec *Cyrtotes,* la sous-famille des *Quiscaliens,* et dont nous connaissons

---

festæ. Pedes modici; digitis lateralibus æqualibus; medio elongato. Alæ longæ; remigibus acutis. Cauda emarginata.

Le type de ce genre, déjà indiqué à la page 418 de mon Conspectus, et que j'ai plaisir à dédier à un ornithologiste savant et laborieux, que nul ne surpasse dans la connaissance des Oiseaux d'Afrique, est le *Turdus madasgacariensis,* Gm., oiseau véritablement singulier.

HARTLAUBIUS MADAGASCARIENSIS, Bp., Pl. enl. 557, 1. *Sericeo-brunneus; pectore, lateribusque dilutioribus : abdomine medio et uropygio albicantibus : alis caudaque nigro-violaceis : remigibus primariis, prima excepta, et rectricum utrinque prima, externe argenteis.*

Venant aux *Sturniens,* nous ne sommes pas éloignés d'adopter encore le genre *Sturnia,* Less., dont le type est mon *Heterornis dauricus,* d'après Pallas; mais *Temeneuchus,* Cab., devra rester comme synonyme du nom du groupe dont les espèces semblables à *dauricus* sont détachées.

M. Cabanis peut avoir raison quant à l'identification des anciens noms *Merula philippensis,* Br., et *A. cristatellus,* Vieill., et à leur application à mes espèces d'*Acridotheres.* Je puis l'approuver d'appeler *javanicus* mon *griseus,* celui de Gmelin n'étant peut-être, comme celui de Daudin, que le *ginginianus;* mais il a certainement tort de confondre mon *cristatellus* (*fuliginosus,* Blyth) avec son *cristatelloides,* le même que celui d'Hodgson, qui porte, dans mon Conspectus, le nom de *fuscus,* d'après Temminck et Wagler. Pour fixer toujours davantage ces deux excellentes espèces, j'ajouterai aux diagnoses, que le dos de la dernière est brun, au lieu de bleuâtre; qu'elle est plus claire en dessous, tout à fait blanchâtre sur le milieu du ventre, tandis que l'*Acr. fuliginosus* a toute cette partie d'un plombé foncé uniforme.

Sturnus cineraceus, Temm., est plutôt un *Sturnopastor* (*Psarites,* Cab.) qu'un véritable Étourneau. Le singulier genre *Philepitta,* Geoffroy, n'est décidément pas de cette famille.

Parmi les *Graculiens,* j'admets maintenant le genre *Mino,* Less., et j'en ajoute un nouveau pour un Sturnide intermédiaire à sa famille et aux *Paradiséides,* c'est le *Sericulus anais,* de Lesson, précieux type dont la science doit la conservation à M. Bourcier, qui en a fait don au Muséum. Il ne faut pas confondre cet *anais,* dont j'ai formé mon genre *Melanopyrrhus* (non *Melampyrus,* qui est un nom de plantes), avec le véritable genre *Anais* (*Anais clemenciæ,* Less., de Borneo), si voisin d'*Analcipus,* Sw.

La phrase de mon *Melanopyrrhus anais,* propre à la Nouvelle-Guinée, sera la suivante : *Capite nigro-holosericeo; cervice rufo-straminea; abdomine rufo-fulvescente : alis, cauda, dorso et fascia ventrali nigro-æneis; uropygio crissoque aurantiacis : rostro aureo.*

Des *Buphagiens,* finalement, je n'ai rien à dire, sinon qu'ils s'éloignent considérablement des autres Sous-familles, et que le genre *Scissirostrum,* basé, en effet, sur le *Lanius dubius* de Latham, leur appartient, et non aux *Eurycerotiens.*

B.

maintenant huit espèces; que l'*Icterus tanagrinus*, Spix, et l'*Agelaius cyanopus*, Vieill., sont une troisième et quatrième espèce du genre *Lampropsar* de Cabanis; et que le simulacre même du genre *Psarocolius* conservé par moi, dans le Conspectus, p. 425, par respect pour la mémoire de Wagler, doit être entièrement abandonné. En effet :

» Le premier oiseau qu'il contient diffère à peine spécifiquement de l'*Amblycercus prevostii*, Less., Cent. zool., t. 54, rapporté de Nicaragua, auquel il faut adjoindre, comme seconde espèce du genre, *Ambl. solitarius*, Vieill., du Paraguay, plus grande, à bec beaucoup plus fort et surtout plus élevé à la base, et desquels on ne peut guère éloigner le prétendu *Leistes unicolor*, Sw., dont on fait à tort un *Molothrus*.

» Le deuxième, *Sturnus curæus*, Molina : *major; rostro lævi*, est une troisième espèce de *Leistes*.

» Le troisième, *Agelaius chopi*, Vieill., est le type du genre *Aphobus* de Cabanis : tandis que *Icterus badius*, Vieill., n'est autre que le *Molothrus fringillarius;* et comme nous l'avons déjà dit, le quatrième, *æneus*, est aussi un *Molothrus;* et le cinquième, *cyanopus*, un *Lampropsar*.

» Nous comprenons ainsi les trois séries des Ictériens :

CASSICEÆ.	ICTEREÆ.	AGELAIEÆ.
1. Clypicterus, *Bp.*	7. Icterus, *Br.*	13. Sturnella, *Vieill.*
2. Ocyalus, *Bp.*	8. Xanthornus, *Bp.*	14. Trupialis, *Bp.*
3. Ostinops, *Caban.*		15. Pedotribes, *Cab.*
4. Cassicus, *Ill.*		16. Amblyramphus, *Leach.*
5. Cassiculus, *Sw.*	9. Hyphantes, *V*	17. Amblicercus, *Cab.*
6. Archiplanus, *Caban.*		18. Leistes, *Vig.*
	10. Gymnomystax, *Reich.*	19. Xanthocephalus, *Bp.*
	11. Xanthosomus, *Cab.*	20. Agelaius, *Vieill.*
	12. Pendulinus, *Vieill.*	21. Thilius, *Bp.*
		22. Dolychonyx, *Sw.*

» M. Cabanis vient de nommer *Ostinops* un démembrement de mon genre *Cassicus*, auquel il aurait peut-être mieux valu restreindre le nom de *Psarocolius*, Wagl. Quoi qu'il en soit, les vrais Caciques se trouvent maintenant réduits à quatre espèces, car *yuracares*, Lafr., et *devillii*, Bp., sont des *Ocyalus : cristatus*, Gm., *atrovirens*, Lafr., et *viridis*, Vieill., dont *angustifrons*, Spix, ne diffère peut-être pas plus que *montezuma* de *bifasciatus*, des *Ostinops*. M. Fontanier vient de rapporter de Guaripata une magnifique espèce nouvelle que j'appellerai :

» OSTINOPS GUATIMOZINUS, Bp.: *Maximus, nigerrimus; dorso tectricibusque caudæ superioribus et inferioribus fusco-castaneis : cauda flavissima;*

rectricibus mediis nigris obsolete fasciatis : rostro nigro, apice rubro-aurantio.

» Je distingue bien maintenant trois espèces de Caciques à dos rouge :

» 1°. *C. hæmorrhous.* Nous réservons ce nom linnéen à l'espèce la plus grande, d'un noir mat, qui a le rouge du dos très-étendu et le bec médiocre, droit, mais non dilaté : elle se trouve au Brésil.

» 2°. *C. uropygialis,* Lafr. (*curvirostris, Aliq.*), de la Nouvelle-Grenade : plus petite, à rouge du dos restreint, à bec d'un jaune plus vif, non dilaté, mais courbé. C'est elle qui me semble représentée sur la Pl. 1 des Orn. Drawings de Swains., ainsi que par Hahn, VI, t. 6.

» 3°. *C. affinis,* Sw. (*crassirostris, Aliq.*), Orn. Draw., t. 2, de Cayenne. Grande; d'un noir luisant; la couleur rouge étendue ; le bec droit, mais très-dilaté, énorme à la base.

» Deux des trois espèces d'*Agelaius,* le *phœniceus,* Vieill. ex L., et le *tricolor* d'Audubon, nous viennent par M. Delattre, le premier de Californie, le second de Nicaragua.

» Il est impossible de ne pas séparer des *Agelaius,* Vieill., le genre *Thilius,* Bp. (*Agelasticus,* Cab.), qui est à ce genre ce que *Pedotribes* est à *Trupialis,* et correspond, dans sa série, à *Pendulinus* des Ictérés.

» J'ai vu dans le Musée de Bruxelles une espèce différente de celles décrites dans mon Conspectus, et je l'y ai nommée *Thilius major,* Bp. : *Cæteris duplo major, nigerrimus : humeris aureo-flavis : superciliis nullis : rostro breviore.*

» Dans mon *Thilius chrysocarpus,* qui est l'*Icterus chilensis,* Kittlitz, du Muséum de Francfort, la taille est beaucoup plus petite, les épaulettes sont d'un jaune citron, le bec plus long et acuminé. Lequel des deux est le *Turdus thilius* de Molina? L'*Icterus tibialis,* Swains. (*cayennensis* du Musée de Francfort), est décidément un *Pendulinus* que j'ai eu tort de placer avec les *Thilius.* Le fait est que, sous le nom d'*Oriolus cayennensis,* L., on trouve dans les Musées deux espèces différentes de *Pendulinus :* l'une est le véritable de Cayenne qui a le jaune de l'épaulette très-vif et restreint ; les couvertures inférieures des ailes presque toutes noires ; le bec plus long et arqué : c'est le *Sancti Thomæ* figuré par Buffon, Pl. enl., 535, et Sw., Ill., t. 22.

» L'autre, du Mexique, a le jaune de l'épaule beaucoup plus étendu, tirant au roux, et contrastant, à cause de cela, avec le jaune serin des couvertures inférieures et du bord de l'aile : le bec plus court, faible et droit, comme aussi plus grêle. C'est le *cayennensis* de mon Conspectus; mais ne serait-ce pas aussi l'*Icterus tibialis*, Sw., dans lequel les cuisses ne sont pas toujours jaunes, et ne portent quelquefois qu'une légère trace de cette couleur? Ce qui me le fait croire, c'est que le bec est toujours petit, court, grêle et droit, que les cuisses soient jaunes ou noires, caractère qui le ferait placer près de mon *Pendulinus periporphyrus*. L'oiseau figuré par Hahn, V, t. 2, sous le nom de *X. flavaxilla*, semble un *Thilius*.

» Une réforme est nécessaire dans la délimitation des genres d'*Ictérés*. J'hésite à établir un petit groupe sous le nom de *Bananivorus*, mais, ce qui est certain, c'est qu'on ne peut réunir aux *Hyphantes*, Wieill., l'*Oriolus spurius*, L., qui est bien plus voisin des *Pendulinus*, et notamment du *P. bananæ* qui serait le type du genre; mais mon *rufaxillus* et *periporphyrus* en seraient des espèces moins typiques. Ajoutez le *Xanthornus affinis*, Lawrence (*Ann. de New-Yorck*, V, Mai 1851, p. 113), du Texas, très-semblable au *spurius*, mais beaucoup plus petit; et le *Troupiale enfumé* du Musée de Paris, rapporté de la Guadeloupe par M. Moreau de Jonnès, nommé par Vieillot *Pendulinus rufigaster*, et réuni à tort au *spurius* : ce sera *Bananivorus rufigaster*, Bp., ex Vieill. : *Nigro; capite, collo, pectoreque castaneis : uropygio, corpore subtus, tibiis, tectricibusque alarum minoribus et inferioribus, fulvis.*

» Par compensation, il faut admettre, dans le genre *Hyphantes*, le *Pendulinus abeillii*, Less., qui ne diffère guère que par ses flancs noirs de l'*Hyphantes bullockii*, rapporté en nombre de Californie par M. Delattre.

» Je n'ai jamais vu d'*Ict. coztototl* authentique, mais je penche à croire qu'il est spécifiquement le même que le *bullockii;* sa description ne le faisant différer que par le ventre blanchâtre.

» Le *Xanthornus prosthemelas*, du moins celui que j'ai examiné à Bruxelles, ne diffère pas de mon *Pendulinus lessoni*. Resteraient à comparer les deux beaux exemplaires que l'on dit se trouver dans le Musée de Brême.

» Le *Pend. flavigaster* est peut-être différent du *dominicensis*, que je reconnais, malgré le bec informe, dans le *X. melanocephalus*, Hahn, V, t. 3.

» Les autres espèces d'Ictérés rapportées par M. Delattre sont :

» *Pendulinus californicus*, Less. (*californianus*, Cass.), à bec très-grêle ;

» *Icterus pustulatus*, Licht., de Californie, à ranger plutôt parmi les *Xanthornus;*

» *Icterus gularis*, Licht., de Nicaragua (*mentalis*, Less.), qui est décidément un *Xanthornus;*

» *Icterus pectoralis,* Wagl. (*guttulatus,* Lafr.), de Nicaragua.

» Deux espèces semblent confondues sous *Oriolus xanthornus,* L. : l'une plus grande, d'un jaune d'or, provenant du Mexique; l'autre plus petite et verdâtre, des Antilles, de Cayenne et de Colombie, ayant le bec plus arqué et le noir de la gorge moins étendu. On pourrait appeler la première *X. nigro-gularis,* Hahn, V, t. 1 ; et conserver à l'autre mon nom de *X. linnæi.* C'est certainement la première que Brisson a nommée *X. mexicanus,* et que l'expédition du *Blossom* a rencontrée sur la côte nord-ouest de l'Amérique. Un exemplaire à Bruxelles semble le même, mais très-adulte, ayant le dos d'un beau jaune, les ailes d'un noir de jais, et presque pas de blanc.

» Il paraîtrait que c'est à tort que l'on a réuni *Xanthornus giraudii* avec *X. melanopterus,* celui-ci, de Venezuela, ayant les ailes entièrement noires, et l'autre, de l'Équateur, ayant du jaune à l'épaule.

» Il ne faut pas confondre *Agelaius longirostris,* Vieill., avec son *Pendulinus longirostris* : c'est ce dernier (Troupiale à manteau noir, Less., Tr. Orn., p. 428, sp. 1) qui est mon *Icterus longirostris :* l'*Agelaius longirostris* se rapporte à l'*Oriolus icterus,* L. (*Icterus vulgaris,* Daudin).

» C'est le véritable *Icterus jamacaii,* du Brésil, que figure Hahn, t. 3, sous le nom Waglérien de *Xanthornus aurantius.* Le prétendu *jamacaii* du Muséum de Paris doit s'appeler *Icterus croconotus,* Gr. ex Wagler, et nous vient de la Bolivie, où Marcgrave n'a jamais été. »

PASSEREAUX CONIROSTRES.

« C'est surtout par les CHANTEURS CONIROSTRES, tous FRINGILLIDES en Amérique (1), que brille notre collection.

» On y trouve un seul *Fringillien,* mais il paraît pour la première fois en Europe : c'est le joli *Chrysomitris laurencii,* découvert par M. Cassin dans le Texas, et tué par M. Delattre en Californie. *Chrysomitris lauren-*

---

(1) La première famille des Conirostres, celle des PLOCÉIDES, répartie en *Ploceiens, Vi-duiens* et *Estreldiens,* est propre de l'ancien continent; aucune de ses espèces ne se trouve en Europe. Dans les FRINGILLIDES, les *Passeriens,* presque intermédiaires aux deux familles, répandus par tout l'ancien continent et les îles qui en dépendent, les *Emberiziens* plus septentrionaux, et les *Psittirostriens,* exclusivement océaniens, manquent également à l'Amérique. Cette vaste partie du globe possède, en commun avec l'ancien monde, des *Fringilliens,* des *Loxiens* et des *Spiziens,* et en propre tous les *Geospiziens* et tous les *Pityliens.* Nous n'entretiendrons l'Académie, dans cette Note, que des *Passeriens,* en commençant par le genre *Philæterus,* Smith, généralement placé parmi les PLOCÉIDES, mais qui, manquant de

cii, Bp. (*Carduelis lawrencii,* Cass.) Pr. Nat. Sc. Philad., V, p. 105, t. 5, Oct. 1850, ex San-Diego, California. *Minimus : cinereus, dorso uropygioque*

---

la première rémige, doit prendre place parmi les Fringillides dans la sous-famille des Moineaux. Ce fut dans le Musée de Francfort que nous remarquâmes, il y a quelques années, cet oiseau ; et ne pouvant croire qu'on eût négligé cet important caractère, et ne lui trouvant d'autre étiquette que celle de *Moineau à croissant!* nous le nommâmes provisoirement *Passer ploceisoma : Cinnamomeo-cinereus; subtus flavo-cinnamomeus; loris, gulaque nigris; capite uropygioque pure cinereis : dorsi plumis, laterumque postice, nigris, margine albido tamquam squamatis.* C'est sans doute cette circonstance mal connue, et plus mal commentée, qui aura fait croire à M. Cabanis que j'avais commis l'inconcevable erreur de prendre un *Plocepasser* (*Philagrus*, Cab.) pour un Moineau, erreur dont je n'ai donné à personne le droit de me croire capable. Qu'il sache donc, ce dont il n'aurait jamais dû douter, que mon *Passer ruppelli,* sp. 14 (qui n'a rien de commun avec celui qu'il suppose tel), est un Moineau véritable qui, s'il a quelque chose à redouter, c'est plutôt d'être réuni spécifiquement au Moineau commun d'Italie que d'être éliminé du genre où je l'ai placé à juste titre. C'est donc *Pyrgita ruppelli,* Cabanis, nec Bp., qui, dans le monde des rêves et dans le puits sans fond de la synonymie, figurera avec tant d'autres simulacres de cette nauséabonde fantasmagorie.

Le *Passer italiæ,* Peale, de la grande expédition américaine, est évidemment mon espèce 16, *P. jagoensis,* Gould, tandis que le Moineau qui habite Tanger est une race pour ainsi dire intermédiaire à l'*italiæ* et à la *domestica.* Une autre de l'Afrique orientale, que je regrette de n'avoir pas décrite dans le Musée de Francfort, est beaucoup mieux caractérisée : ce sera, autant que je puis me la rappeler, un cinquième Friquet propre à l'Afrique, ne différant peut-être pas de celui provenant également de cette partie du monde, que j'ai remarqué en passant dans le Muséum de Strasbourg, numéroté 46. Ce singulier Fringillide, tout en rappelant par sa taille, par ses formes et par ses couleurs, le genre *Auripasser,* se montre intermédiaire à notre Friquet d'Europe (*Pyrgita montana,* Cuv.; *arborea* d'Europe) et à son analogue d'Amérique (*Spizella canadensis,* Bp. ex Lath.), nommé aussi *arborea* par quelques auteurs : *Rufus nigro-varius; pileo cinerascente: subtus albidus; gula sulphureo mixta : rostro pallido.* Ajoutez encore aux nombreuses races de mon *Conspectus :*

1°. *Passer pallasi,* Bp. Mus. Paris. ex As. s. *Pileo* (maris) *castaneo : dorso nigro rufoque vario : pectore nigerrimo, hinc inde rufo induto; lateribus immaculatis : remigibus primis tribus subæqualibus, prima omnium longissima : rostro nigerrimo.*

2°. *Passer confucius,* Bp. Mus. Paris. ex China, a Botta, 1829. *Minor : pileo, cerviceque fuscis; macula utrinque magna postoculari vivide castanea : dorso fusco, cinereo, castaneoque vario : uropygio, alis, caudaque cinereo-brunneis; humeris castaneis : apice tectricum late albis : subtus, cum genis, luride albo-cinereis; gula et jugulo vitta mediana nigra : rostro robusto, quamvis elongato et valde compresso : digitis brevibus.*

Fœm. minor: luride brunnea absque rufo, et cum superciliis albidis : rostro valde breviore, sed æque compresso.

Dans le Musée zoologique de M. de Selys, à Longchamps, près de Liége, Musée si riche

viridi-flavescentibus ; subtus albidus, jugulo pectoreque flavo-virescentibus : sincipite gulaque nigris : alis caudaque nigricantibus ; tectricibus alarum minoribus, majorum, rectricumque marginibus externis, flavis : rectricibus extimis utrinque tribus macula mediana alba : rostro deminuto.

» Fæm. *pileo gulaque cinereis concoloribus : pectoris colore viridi-flavescente restricto.*

» Une autre espèce du groupe ou plutôt d'*Astragalinus,* nouveau genre que Cabanis vient de créer, et dont *Chr. tristis* est le type, manque dans mon *Conspectus ;* c'est le *Carduelis, Chrysomitris,* ou plutôt *Astragalinus,* que MM. Lafresnaye et Cabanis ont tous les deux appelé *columbianus,* très-semblable au *mexicanus,* Sw., mais en différant par sa queue unicolore, ses pennes n'ayant pas de blanc : son bec est aussi moins court et plus large. Ce sera pour moi :

» *Astragalinus columbianus,* Cabanis (*Carduelis columbianus,* Lafresnaye, *Revue Zoolog.,* 1843, vi, p. 292), ex Columbia : *Niger* (fæmina *olivacea*); *subtus flavus : remigibus ad basin (speculum alarum constituentibus), tribusque tertiarium ad apicem, albis : rectricibus immaculatis* (in *A. mexicano,* rectrices laterales sunt albo notatæ).

» Il reste encore bien des choses à éclaircir quant aux espèces américaines de *Chrysomitris* : ainsi nous ne connaissons pas encore le plumage parfait de *Chr. pinus* qui se trouve étiqueté *Chrysomitris mexicana,* ex Gm., dans le Musée de Francfort. Les *Chr. magellanica* et *notata,* si bien différenciés grâce au vicomte Dubus, nous offrent d'inexplicables contradictions quant aux limites géographiques. *Chr. campestris,* Gould, est peut-être une espèce propre au Chili, différente de celle de Spix, et surtout de *magellanica,* Vieill. L'*icterica,* Licht., du Musée de Strasbourg, a le bec beaucoup plus fort que la vraie *magellanica ;* et le nom d'*icterioides,* Schimper, est

---

en espèces d'Europe, en métis et en types de genres étrangers, nous avons remarqué deux Moineaux croisés de deux races diverses, provenant, l'un d'Espagne, l'autre d'Egypte, plus gros que le commun, à bec très-noir, etc. Comme aussi des métis de Chardonnerets et de Bouvreuils, celui d'un Verdier avec un Tarin produit dans l'état sauvage!.. A Wiesbaden, on conserve dans la collection grand'-ducale l'élégante progéniture d'un Pinson avec un Serin : tous intéressants mulets à ajouter à la liste des hybrides.

J'adopte comme genre la troisième division de mon *Passer* sous le nom de *Pyrgitopsis,* et je reconnais avec M. Cabanis comme bonne espèce de ce groupe, qui en compte ainsi trois, la *Fringilla humilis,* Licht., du Cap, qui marque même le passage aux genres *Xanthodina* et *Petronia* des Fringilliens.

donné dans ce même Musée à une espèce à petit bec aiguisé, indiquée comme originaire du Chili, et que je voudrais comparer à l'*atrata*, Orb., avant de l'admettre dans les catalogues de la science. Quant à la *Chr. xanthomelania*, Reich., qu'il croit nouvelle, c'est certainement une des trois espèces connues du Chili, et probablement la *campestris*. Outre le genre *Astragalinus*, dans lequel il range aussi ma *Chrysom. pistacina*, d'Asie ! M. Cabanis crée le genre *Hypacanthus* pour les Tarins à gros bec, tels que *spinoides*, Vig., de l'Asie centrale, et *stanleyi*, Aud., d'Amérique; cette espèce pourtant serait beaucoup moins typique; j'hésite d'autant moins à donner mon opinion sur ces genres de Cabanis, qu'il en a évidemment puisé les éléments dans mes écrits (1).

---

(1) Nous ne pouvons nous empêcher de registrer ici une nouvelle espèce européenne, voire même du midi de la France !! dont nous devons également la connaissance au savant naturaliste prussien Cabanis !

C'est un Verdier fort semblable au commun, mais suffisamment distinct pour en être séparé : *Chlorospiza aurantiiventris*, Bp., ex Caban., Mus. Berol. a Gallia m. *Similis Chl. chlori ; sed minor; rostro robustiore, magis compresso : colore vegetiore : abdomine medio aurantio-chromico.*

C'est aux *Chlorospiza* plutôt qu'aux Moineaux que se rattache le genre *Petronia*, suivi nécessairement de *Gymnoris* et *Xanthodina*; genre que je crois bien d'adopter d'après Sundevall, ne fût-ce que pour sa *dentata*.

Gymnoris superciliaris, comme je m'en étais douté, n'est pas d'Asie, mais d'Afrique, et ne diffère pas de *Petronia petronella* de mon *Conspectus*. Aux deux *Gymnoris* typiques et asiatiques dont la première espèce est aussi *Fringilla petronia benghalensis*, du Musée de Francfort, et la seconde, *Petronia flavicollis*, Blyth, je crois pouvoir ajouter une troisième que j'ai nourrie longtemps en cage et déposée au Musée de Paris.

Gymnoris petria, Bp., ex. As. m. *Similis G.* xanthosternæ, *sed minor; rostro nigro : dorso subrufescente; humeris, et fascia alari concoloribus.* An fæmina?

Le jeune de *Mycerobas melanoxanthus* diffère tellement de l'adulte, qu'il mérite une phrase à part, pour qu'on n'en fasse pas une espèce : Jun. *nigricans; superciliis, maculisque dorsalibus et alaribus flavis : subtus flavissimus, nigro-guttatus.* M. Gould, de Londres, a raison quand il ne veut pas en séparer *Coccothraustes speculigerus*, Brandt, qu'il figure si bien dans ses *Birds of Asia* sous le nom de *Mycerobas carnipes*, ne doutant pas, comme moi, de l'identité de l'espèce, ni de la priorité de ce nom. Il distrait, en outre, de mon genre *Hesperiphona* les deux espèces de la Chine et du Japon pour en faire son genre *Eophonia*, qui, menant à *Coccothraustes*, nous fait arriver par *Callacanthis* (représentant de *Carduelis* dans sa série), à *Fringilla*, type et centre de la grande famille dont nous nous occupons.

C'est plutôt au *Gymnoris* qu'à tout autre que se rattache mon genre *Corospiza*, malgré son affinité, d'une part aux Passeriens, de l'autre aux Loxiens, malgré surtout son analogie avec les *Pyrrhulaudiens* qui tiennent décidément aux Alouettes. Je n'en dirai pas autant de mon

» Comme on pouvait s'y attendre, M. Delattre nous a rapporté un grand nombre de *Spiziens* :

» Le Pape ou Non-Pareil (*Spiza ciris*, Bp. ex L.), si commun à la Louisiane, mais qu'il a tué en Californie, d'où Botta nous rapportait, il y a plusieurs années, mes jolies espèces *Spiza amœna* et *Spiza versicolor*, conservées avec soin dans le cabinet de la Sorbonne, d'où nous espérons les voir passer au Muséum. Nous y avons aussi découvert le prétendu *Tanagra*

---

genre *Alario*, qu'il plaît à M. Cabanis d'appeler *Crithologus*, ni de mon *Auripasser*, que j'aurais pu, comme lui, gréciser en *Chrysospiza* (je l'avais même initialement fait); malgré leur ressemblance avec les Moineaux, ce sont plutôt des *Serinés*.

Une seule espèce, de Bourbon, compose le premier, Buff. Pl. enl. 204, 2; l'autre oiseau figuré avec elle étant décidément un Pitylien, *Spermophila aurantia* ou *pyrrhomelas*, du Brésil.

Aux deux espèces du second (*Auripasser*) que contient mon *Conspectus*, on devra peut-être ajouter une troisième. Un dessin que m'a communiqué M. le baron de Muller, directeur du Jardin zoologique de Bruxelles, représente, en effet, un *Auripasser* encore plus jaune que les autres, si ce n'est un albinos, ou plutôt *ictérisme*, d'un Fringillien qui ne nous est pas connu : il peut, dans tous les cas, prendre provisoirement le nom de *Auripasser mulleri*, et se signaler ainsi : *Flavissimus, alis caudaque fusco-viridibus, pennis omnibus flavo-marginatis : rostro nigro, maxilla longiore, curva.*

Serinus xanthopygius, Rupp., n'est point un *Poliospiza*, mais plutôt un *Serinus* ou un *Citrinella*. C'est à mon *Buserinus* que le nom de *Crithagra* doit être conservé, et le *Fringilla butyracea*, L., ou, pour mieux désigner l'oiseau, *Loxia flaviventris*, Gm., doit s'y rapporter comme troisième espèce.

Le genre américain *Crithagra*, de mon *Conspectus*, doit reprendre le nom de *Sycalis* que Boie lui avait imposé, et peut être vaudra-t-il mieux le ranger avec les Spiziens, étant à *Serinus* ce que *Melanodera* est à *Chlorospiza*. C'est donc là que nous le plaçons avec quatre espèces nouvelles, *columbiana* et *minor*, Cab., *flavo-specularis*, Philippi et *aureipectus*, Bp., ex Mus. Verr. Nova Granata. *Cinereo-isabellina, fusco dense striata : subtus albida, lateribus obsolete striata, fascia lata pectorali, tectricibus alarum inferioribus, crisso, femoribusque splendide aureis: cervice, uropygio, tectricibus et margine remigum et rectricum, flavis : rostro fusco, mandibula flava.*

La facilité avec laquelle je suis en cette occasion les errements de M. Cabanis, tandis qu'il ne m'aurait pas été difficile de soutenir mon siége déjà fait, doit prouver à ce savant que je ne suis pas plus indulgent envers moi qu'envers les autres.

On pourrait faire un genre, *Metoponia*, Bp., pour le joli *Serinus pusillus*, Brandt (*Passer pusillus*, Pall.).

Catamblyrhynchus, genre américain, qui est aux prétendus Bouvreuils d'Amérique, ce que *Metoponia* est aux vrais Serins, me semble devoir faire partie des Pityliens, ne pouvant guère être éloigné des *Spermophilés*.

Les genres *Pyrrhoplectes* et *Pyrrhula* peuvent, à la rigueur, constituer le groupe des

B. 3

unicolor, Licht., Mus. Ber., type du nouveau genre *Haplospiza*, Cab., par faitement intermédiaire aux genres *Volatinia et Spiza*.

» *Struthus oregonus*, Bp. ex Townsend (*Niphœa oregonensis*, Cab., peut-être *Fringilla nortonensis*, Gm.; *atrata*, Brandt; *hudsonica*, var. Licht., 1838). J'ai eu tort de lui réunir *Fr. rufidorsis*, Licht., qui est plutôt *Junco cinereus* ou *phaenotus*, Wagl.; ce qui prouve que le genre *Junco* ne peut être éloigné de *Struthus*.

» *Euspiza americana*, Bp. ex Gm., type du genre dont elle ne peut, par conséquent, être distraite comme on a tenté de le faire dernièrement.

» *Passerella cinerea*, Bp. ex Aud. et *Passerella townsendi*, Gambel, du nord de la Californie, que j'ai retrouvée dans le Musée Baillon, d'Abbeville, venant de Zitcha, sous le nom de *Fringilla maculata*, Fairmaire.

» *Zonotrichia leucophrys*, Sw., et *Zon. auricapilla*, Gambel, de la Californie.

» *Chondestes ruficauda*, Bp., espèce nouvelle du Nicaragua, la seconde du genre de Swainson : *Rufo-cinerea, plumis dorsi medio nigris; subtus alba, pectore plumbeo, lateribus, crissoque rufescentibus; genis, cum pileo nigris, vittis tribus albis; remigibus omnibus fere inter se æqualibus : cauda elongata, gradata, rufa, rectricibus unicoloribus: rostro nigro, mandibula subtus albida.*

» *Passerculus alaudinus*, Bp., nouvelle espèce de Californie, difficile à distinguer de *P. savanna*, Bp., ex Wils., mais plus petite, sans jaune aux sourcils et à bec plus court et plus effilé. *Griseo, albo, et rufo-olivascente varius : subtus pure albus, pectore lateribusque nigricante-guttulatis : remigibus quatuor primis subæqualibus cæteras parum excedentibus: rectricibus subacutis.*

Pyrrhulés, soit que l'on considère tous les autres Fringilliens comme *Fringillés*, soit qu'on les coupe en plusieurs groupes équivalents, *Fringillés, Carduelés, Serinés.*

FRINGILLINÆ.

Series *a*. FRINGILLEÆ.	Series *b*. CARDUELEÆ.	Series *c*. SERINEÆ.	Series *d*. PYRRHULEÆ.
1. Mycerobas, *Cab.*	10. Hypoxanthus, *Cab.*	15. Crithagra, *Sw.*	20. Pyrrhula, *Br.*
2. Hesperiphona, *Bp.*	11. Chrysomitris, *Boie.*	16. Poliospiza, *Schiff.*	21. Pyrrhoplectes, *Hodgs*
3. Eophonia, *Gould.*	12. Astragalinus, *Cab.*	17. Citrinella, *Bp.*	
4. Coccothraustes, *Br.*	13. Pyrrhomitris, *Bp.*	18. Serinus, *Koch*, 1816.	
5. Callacanthis, *Reich.*	14. Carduelis, *Br.*	19. Metoponia, *Bp.*	
6. Fringilla, *L.*			
7. Petronia, *Kaup.*			
8. Gymnoris, *Hodgs.*			
9. Xanthodina, *Suand.*			

FRINGILLIDÆ.

1. PASSERINÆ.	2. FRINGILLINÆ.	3. LOXIINÆ.	4. PSITTIROSTRINÆ.	5. GEOSPIZINÆ.	6. EMBERIZINÆ.	7. SPIZINÆ.	8. PITYLINÆ.
1. Philæterus, *Sm.*	V. le Tabl. part.	V. le Tableau particulier.	1. Psittirostra, *Temm.*	1. Geospiza, *Gould.*	1. Cynchramus, *Bp.*	V. le Tableau particulier.	V. le Tableau particulier.
2. Passer, *Br.*	Petronia.			2. Camarhynchus, *G.*	2. Plectrophanes, *Mey.*		
3. Pyrgita, *Cuv.*	Gymnoris.			3. Piezorhina, *Lafr.*	3. Centrophanes, *Kaup.*		
4. Pyrgitopsis, *Bp.*	Xanthodina.			4. Cactornis, *G.*	4. Onychospina, *Bp.*		
			2. Hypoloxia, *Licht.*	5. Certhidea, *G.*	5. Emberiza, L.		
					6. Buscarla, *Bp.*		
					7. Schænicola, *Bp.*		
	Alario.				8. Hortulanus, *Bp.*		
5. Corospiza, *Bp.*	Auripasser.				9. Fringillaria, *Sw.*		
	Poliospiza.				10. Hypocentor, *Cab.*		

3 ..

» Une autre espèce encore plus petite, à bec encore plus mince, semble vivre plus au nord ; en suivant la comparaison, nous la nommerons :

» *Passerculus anthinus*, Bp., ex Kadiak, Am. Ross. *Simillimus* præce-

---

Depuis la publication de notre Monographie des *Loxiens*, quelques espèces nouvelles ont été découvertes : un *Loxié*.

Loxia mexicana, Strickland, qui est à *L. americana* ce que *L. pityopsittacus* est, en Europe, à *L. curvirostra*. L'analogie est parfaite, mais les conditions géographiques renversées, car, en Amérique, l'espèce à gros bec est la moins septentrionale.

Disons aussi, que, dans le même groupe, M. Cabanis s'obstine, peut-être avec raison, à considérer comme distincte du *Corythus enucleator* d'Europe, le *Corythus* d'Amérique, qu'il nomme maintenant *Pinicola*, non plus *splendens*, mais *canadensis*, d'après Brisson.

Que fait-il de la race du Kamtschatka qui me semble plus *resplendissante* encore que celle d'Amérique?

Passant aux *Carpodacés :*

M. Gould ne m'a pas encore convaincu que ma chère *thura* soit une espèce nominale.

Le *Carpodacus crassirostris*, Blyth, provient de l'Afghanistan, et pourrait fort bien être une espèce distincte; n'ayant que cinq pouces et demi anglais, le bec semblable à l'*Hæmatospiza*, paraissant avoir été jaune, comme les pieds pâles; d'un gris brun couleur de terre en dessus, chaque plume légèrement teintée de cramoisi à la pointe : les parties inférieures, le front, les joues, le croupion et les couvertures supérieures de la queue largement terminées de cramoisi ; les grandes couvertures alaires et les pennes des ailes et de la queue bordées des deux côtés de rouge foncé.

Je ne puis croire au *Carpodacus rhodocalpus*, dans l'isolement duquel persiste toutefois M. Cabanis.

Nous n'avons pas encore pu examiner les deux nouvelles espèces américaines *Carpodacus obscurus* et *C. familiaris*, découvertes au Nouveau-Mexique par M. Mac Call en 1850 et 1852.

Le genre *Bucanetes*, Cab., traduction du nom sous lequel j'ai fait connaître son type dans ma Faune italienne, ne me semble pas pouvoir être séparé de mon *Erythrospiza* restreint, dont le même auteur a changé le nom en *Rhodopechys*, Cab. Qu'est-ce, en effet, que *Er. phœnicoptera*, sinon une grande *E. githaginèa?*

M. Gould, finalement, figure sous le nom de *Montifringilla hæmatopygia*, dans la troisième livraison de ses *Birds of Asia*, une sixième espèce de *Montifringilla* entièrement nouvelle et très-remarquable par son croupion rouge. J'ai vaguement connaissance d'une septième qui vivrait au Texas.

Parmi les *Linotés*, M. Cabanis adopte, mais j'ignore à quel titre, une espèce, intermédiaire, dit-il, à mes *Linota cannabina* et *fringillirostris*, la *Fringilla bella*, Hemprich, de Syrie.

Suit le Tableau des *Loxiens :*

denti, *sed rostro etiam graciliore et capite flavo induto: subtus albo-rufescens magis maculatus* (1).

LOXIINÆ.

Series *a*. LOXIEÆ.	Series *b*. CARPODACEÆ.	Series *c*. MONTIFRINGILLEÆ.	Series *d*. LINOTEÆ.
1. Chaunoproctus, *Bp.*	7. Pyrrha, *Cab.*	13. Leucosticte, *Sw.*	16. Linota , *Bp.*
2. Hæmatospiza, *Blyth.*	8. Pyrrhospiza, *Hodgs.*	14. Montifringilla, *Brehm.*	17. Acanthis, *Keys.*
3. Loxia, *Br.*	9. Propasser, *Hodgs.*	15. Fringalauda , *Hodgs.*	
4. Corythus, *Cuv.*	10. Carpodacus , *Bp.*		
3. Spermopipes, *Cab.*	11. Pyrrhulinota, *Hodgs.*		
6. Uragus, *Keys.* ex *Bl.*	12. Erythrospiza, *Bp.*		
	a. Rhodopechys, *Cab.*		
	b. Buchanetes, *Cab.*		

(1) Une autre espèce nouvelle de *Passerculus*, qui nous vient de la Colombie, s'éloigne beaucoup de celles que nous venons d'indiquer, et tout en se montrant plus proche de *P. palustris*, elle rappelle quelques *Geospiziens* :

Passerculus geospizopsis, Bp., Mus. Verr., ex Columbia. *Nigra, plumis late rufo-marginatis : subtus albidus, in gula pectoreque subfulvescens, plumis singulis vitta longitudinali nigricante : uropygio, remigibus, rectricibusque fuscis.*

Les deux espèces de *Peucæa* étant peu connues et généralement confondues, nous croyons bien faire en en donnant ici les descriptions comparatives : nous ne croyons pas que ni l'une ni l'autre puisse se rapporter à *Fringilla æstivalis*, Licht., qui est plutôt un *Ammodromus*.

1. *Peucæa lincolni*, Aud., Mus. Paris., ex Am. s. centr. *Rostro robusto, flavido : capite cinereo-virescens, nigro vario ; dorso rufo plumis medio nigris, albo-limbatis subtus cum gula pure alba , fascia angusta pectorali, lateribus, crissoque rufescentibus nigro-striatis : tectricibus caudæ inferioribus immaculatis : rectricibus pluricoloribus.*

2. *Peucæa bachmani*, Audubon, Mus. Paris., ex Mexico. *Rostro exili, fusco : cinereo, rufo, et nigro-varius : subtus albidus, pectore late, lateribus latissime, viride-rufescentibus, et dense nigro-striatis ; gula et ipsa, tectricibusque caudæ inferioribus, striatis : rectricibus unicoloribus.*

Ammodromus longicaudatus, Gould (Sylvia albifrons, *Vieill.*), est le type du genre *Donacospiza*, Caban.

Deux espèces sont confondues sous *Emberizoides macroura;* celle de d'Orbigny étant synonyme de *marginalis*, Temm., mais différant de la véritable, ou *Fr. macroura* , Gmel.

Par une malheureuse transposition typographique, la phrase spécifique d'une espèce nouvelle de *Spizella*, omise, a été dans mon *Conspectus*, page 480, appliquée à *Spizella shattuckii*, à dos gris tacheté de brun. L'espèce du Mexique à laquelle elle se rapporte, a reçu depuis de M. Cabanis l'excellent nom d'*atrigularis* (*Spinites*) : ce sera donc *Spizella atrigularis*.

Dans le Musée de Bruxelles, parmi plusieurs précieux types mexicains, on remarque une autre espèce non décrite de *Spizella* , la plus grande de toutes : nous la nommons *Spizella maxima*, Bp., Mus. Brux. *Similis* Sp. canadensi , *sed valde major, et rostro rubro : pileo medio pallide rufo-cinnamomeo : fascia alari duplici candida.*

Les moins intéressants de ces types ne sont pas les *Haimophila*, Swains. J'en avais dédié à

» *Chlorospingus spodocephalus,* Bp., nouvelle espèce de Nicaragua, qu'après avoir hésité entre *Hemispingus* et *Comarophagus,* nous plaçons dans ce nouveau genre de Cabanis, à cause de son bec de Mésange, noir et comprimé. *Flavo-olivaceus, subtus aurantius : capite toto cinereo, gula dilutiore : rostro nigro; pedibus rubellis* (1).

» *Pipilo oregonus,* Bell (*articus,* Aud. nec Sw. ; *erythrophthalmus,* Nutt. nec Auct.) Am. B., t. 494, 4 et 5. *Niger; pectore latissime nigro : alis vix albo variis (maculam ovalem tantum exhibentibus) : rectricibus extimis externe nigris, tribus primis macula pogonii interni alba.*

M. Dubus, qui s'était engagé à la figurer dans ses belles planches ornithologiques, une troisième espèce, que je trouve maintenant publiée par Cabanis comme *H. humeralis.* Voici la phrase que j'en avais rédigée il y a plusieurs années, d'après un bel exemplaire tué près de la ville de Mexico, et portant le n° 3026 dans le Musée de Bruxelles :

Pileo, genis, cerviceque fusco-cinereis : macula anteoculari, vitta mystacali, gula, abdomineque albis : linea hinc inde gulari in fasciam latissimam gulam cingente confluentibus, nigerrimis : dorso vivide rufo, nigro substriato : uropygio, alis brevibus rotundatis, caudaque longissima cuneata, cinereis.

(1) Ce genre appartient aux *Pipilonés.* Plusieurs de mes *Buarremon* vont mieux avec les *Atlapetes,* par exemple *pallidinucha, albinucha, schistaceus.* Ajoutez *Atlapetes rubricatus,* Cab., comme aux vrais *Buarremon* le *xanthogenys,* Cab., de Caraccas.

C'est ainsi que *Pipilopsis,* dont *Chlorospingus* est un démembrement, se trouve, par la formation des genres *Thlypopsis, Pyrrhocoma, Hemispingus, etc.,* réduit à la seule espèce *semirufus,* Lafr., de Bogota.

Aux *Hemispingus superciliaris* et *rubrirostris,* ajoutez, comme espèce nouvelle, *Hemispingus veneris,* Bp., Mus. Paris., Exp. Vénus, 1839. *Similis* Hem. rubrirostri, *sed minor; rostro fusco : torque pectorali flavo : abdomine medio albo-cœruleo, nec flavo.*

Aux *Pipilo* de mon *Conspectus* ajoutez *Pipilo oregonus,* Bell, 1848, qui est l'*arcticus* d'Audubon, mais non pas celui de Swainson : il s'en distingue par le noir de la poitrine, beaucoup plus étendu, les ailes beaucoup moins variées de blanc, et parce que trois seules des pennes latérales de la queue offrent *intérieurement* une tache blanche ; tandis que dans le véritable *arcticus,* Sw., toutes les pennes latérales sont largement terminées de blanc qui envahit les deux barbes de chacune.

Pipilo aberti ressemble à *fuscus,* Sw., mais a le bec plus fort et plus courbé : il est plus ferrugineux et ne change pas de teinte sur le croupion ; sa gorge est de la même couleur que la poitrine et non tachetée.

Avec les *Arremon* doit figurer *Arremon abeillii,* Less., Rev. Zool., 1844, page 435, de Guayaquil, à peine différent de mon *polionotus,* Pucheran, mais à bec entièrement noir et sans épaulettes jaunes.

» Deux seuls *Pityliens* ferment la tribu des Conirostres :

» *Guiraca ludoviciana*, Bp. ex L., rapportée du Nicaragua, et

» *Saltator vigorsi*, Gr. (rufiventris, *Vig. nec Lafr.*, dont *icterophrys*, Lafr., paraît être la femelle) ou du moins une espèce très-voisine ; dans les exemplaires rapportés par M. Delattre, les sourcils ne sont pas prolongés, ils ne sont au contraire que légèrement indiqués, et ne dépassent pas le coin de l'œil.

» *Fusco-plumbeus; subtus dilutior, abdomine crissoque rufis : superciliis, vitta gulari, et margine alarum, albis : tectricibus inferioribus rufis* (1).

On peut voir, d'après leur Tableau, comment nous disposons en séries les genres nombreux de nos *Spiziens*.

SPIZINÆ.

Series 1. ZONOTRICHIEÆ. (*Emberizaceæ*.)	Series 2. STRUTHEÆ. (*Fringillaceæ*.)	Series 3. SPIZEÆ. (*Tanagraceæ*.)	Series 4. PIPILONEÆ. (*Pitylaceæ*.)
1. Granativora, *Bp*.	17. Calamospiza, *Bp*.	30. Spiza, *Bp*.	33. Pipilo, *Vieill*.
2. Oritura, *Bp*.	18. Diuca, *Reich*.	31. Haplospiza, *Cab*.	34. Pyrgisoma, *Pucheran*.
3. Hæmophila, *Sw*.	19. Phrygilus, *Caban*.	32. Volatinia, *Reich*.	35. Arremon, *Vieill*.
4. Chondestes, *Sw*.	20. Rhopospina, *Caban*.		36. Phœnicophilus, *Str*.
5. Zonotrichia, *Sw*.	21. Passerella, *Sw*.		37. Buarremon, *Bp*.
6. Chrysopoga, *Bp*.	22. Struthus, *Bp*. ex *Boie*.		38. Embernagra, *Less*.
7. Euspiza, *Bp*.	23. Junco, *Wagl*.		39. Donacospiza, *Caban*.
8. Spizella, *Bp*.	24. Poospiza, *Caban*.		40. Pipilopsis, *Bp*.
9. Passerculus, *Bp*.	25. Cocopsis, *Reich*.		41. Thlypopsis, *Caban*.
10. Peucæa, *Aud*.	26. Paroaria, *Bp*.		42. Atlapetes, *Wagl*.
11. Coturniculus, *Bp*.	27. Lophospiza, *Bp*.		43. Comarophagus, *Bp*.
12. Ammodromus, *Sw*.	28. Tiaris, *Sw*.		44. Chlorospingus, *Cab*.
13. Emberizoides, *Temm*.	29. Melophus, *Sw*.		45. Hemispingus, *Caban*.
14. Sycalis, *Boie*.			46. Pyrrhocoma, *Caban*.
15. Melanodera, *Bp*.			47. Cypsnagra, *Less*.
16. Gubernatrix, *Less*.			

(1) Une espèce très-voisine nous arrive souvent de Sainte-Marthe, en Colombie :

Saltator plumbeus, Bp. *Fusco-plumbeus unicolor sive* (in mari) *virescens ; superciliis vix ullis, sed candidis : subtus pallide ochraceus pectore cinerascente ; gula alba, hinc inde marginata vitta dilatata nigra.* Nous en avons vu des exemplaires plus grands, d'autres plus petits : cette différence est-elle sexuelle comme la couleur plombée ou verdâtre, ou désigne-t-elle deux races? Ceux provenant de Venezuela ont : *tectricibus alarum inferioribus pallide fulvis : alarum margine albo : rostro nigerrimo.*

Saltator raptor, Bp. ex Cabot, du Yucatan, est une bonne et grande espèce :

Mas flavo-olivaceus, plumarum rachidibus fuscis : pileo, mento et lunula pectorali nigris : genis plumbeis : superciliis protractis, gula juguloque albis : pectore, abdomine, tibiisque cinereis : crisso rufo.

(24)

*Fæm. ex toto fusco-cinerea ; superciliis, mento, gulaque albis : pectore lateribusque cine-
rascentibus : abdomine, cum crisso obscuriore, rufis.*

Ajoutez encore : 1. *Saltator gigantodes*, Cab. ex Mexico ; — 2. *S. superciliaris*, Cab. (*Tanagra
superciliaris*, *Spix*) Av. Bras. 11, t. 57, 1, nec Wied qui *S. similis*, Lafr.; *S. cœrulescens*,
Tichudi nec Vieill. ex Azara, Brasilia seu Peru ; — 3. *Saltator maxillosus*, Caban. (*Tanagra
maxillosus*, Licht. Mus. Berol.).

M. Dubus n'admet pas que son *Saltator icteropygius*, semblable au *cœrulescens*, mais à
dessous de queue jaune, et à rectrices noires à tache médiane blanche, soit un oiseau factice.

Le *Diucopis leucophœus* de mon *Conspectus* n'est pas, comme je l'avais supposé, le *Tanagra leucophœa*, Licht. Il n'avait d'autre nom classique que celui inédit de *Tan. occipitalis*, Natterer, et comme il mérite de former un genre, ce sera *Orchesticus leucophœus*.

Le genre *Loxigilla*, Less., n'est-il pas, en partie, synonyme de *Pyrrhulagra* ?

Euetia, comme Cabanis l'adopte en substitution de mon *Phonipara*, est à peine le genre de
Reichenbach. *Tiaris pusillus*, Sw., peut s'admettre comme espèce, attendu que la couleur
noire s'étend sur les côtés de la tête et de la poitrine plus que chez *Ph. lepida*. Elle est du
Mexique.

Fringilla gutturalis, Licht., est plutôt une *Sporophila* qu'une *Phonipara*.

Spermophila anoxantha, Gosse, est une excellente espèce de la Jamaïque : *Flavo-viridis,
antice nigra : crisso rufo;* mais *adoxa*, du même auteur et du même pays, n'est sans doute
qu'une femelle.

Ajoutez aussi aux vrais *Sporophilæ*, *hypoxantha* et *ruficollis*, de Cabanis, l'une et l'autre
de Montevideo ; et aux synonymes de *Sp. pyrrhomelas*, *Sp. aurantia*, Cab. ex Gmel. Pl.
enl. 204, 1, nec 2, mas. (Bouvreuil de l'île de Bourbon); *Loxia aurantia*, Gm.; *Sp. nigro-au-
rantia*, Gr., sp. 34.

Effacez, par contre, comme espèce nominale, ma quinzième, *Fringilla hypoleuca*, Licht.,
qui est la même que *Sporophila cinereola*, Temm: (*rubrirostris*, Vieill.; *rufirostris*, Wied.).

Réservant le nom de *Sporophila* à ma seconde section de ce genre, j'adopte le genre *Ory-
zoborus*, de Cabanis, pour la prétendue *Loxia angolensis*, de Linné (*torrida*, Gm.), et je
crée le genre *Melopyrrha* pour les soi-disant Bouvreuils noirs d'Amérique non encore déterminés d'une manière satisfaisante. Ajoutons aux vrais *Sporophilæ*, *Sp. intermedia*, Cab., de
Venezuela, intermédiaire à *cinereola*, Temm., mentionnée ci-dessus, et à *Pyrrhula cinerea*, Lafr.,
qui n'est que la *Fr. plumbea*, du prince de Wied ; et au singulier genre *Callirhynchus*, outre
Call. drouoni, Verreaux, une troisième espèce plus petite, à bec pâle, venant de Guayaquil : *Minimus, cinereo-subvirens, uropygio concolore : fascia alari alba : rostro pallido.* Ne
serait-ce pas *Call. peruvianus*, Lesson?

Les deux genres *Paradoxornis*, Gould, et *Bathyrhynchus*, Mac Clell., n'étant pas à leur
place parmi les Fringillides, nous les plaçons maintenant avec les Leiothrichiens.

Le Cardinal de Colombie, plus petit que celui de Virginie, à bec plus fort, à couleur rouge
de la tête plus vive, mérite d'être distingué ; et comme je crois me rappeler que M. Lafresnaye l'a déjà nommé, dans ses Notes, *Cardinalis columbianus*, nous adoptons cette déno-
mination.

Si la *Cyanoloxia* du Brésil est distincte de celle de Cayenne, comme elle l'est de l'espèce des
États-Unis et du Mexique (*C. cœrulea*, L.), le nom de *C. brissoni* devra lui être appliqué,
et ce.ui de *cyanea* rester à l'Oiseau de Cayenne.

CHANTEURS SUBULIROSTRES.

« Les Chanteurs subulirostres n'ont en Amérique que des représentants exceptionnels : un ou deux genres dans quelques familles, même des plus nombreuses ; une seule espèce parfois dans les genres cosmopolites les plus riches. Examinant plus spécialement les Turdides, nous ne trouvons dans le nouveau monde ni *Sylvien*, ni *Calamoherpien*, ni *Accentorien*, et le seul genre *Sialia* parmi les *Saxicoliens*. Les *Turdiens* (1), à la vérité, y

---

Nous terminerons nos remarques sur les Fringillides par déclarer que la femelle de *Periporphyrus atro-purpureus* étant verte, où le mâle est rouge, il est évident que c'est d'après elle que M. de Lafresnaye a établi son *Pitylus atro-olivaceus*.

PITYLINÆ.

a. Pityleæ. (*Fringillaceæ*.)	*b*. Spermophilæ. (*Pyrrhulaceæ*.)	*c*. Saltatoreæ. (*Tanagraceæ*.)
1. Coccoborus, *Cab. ex Sw.*	9. Oryzoborus, *Cab.*	18. Psittospiza, *Bp.*
	10. Melopyrrba, *Bp.*	
2. Caryothraustes, *Reich.*	11. Pyrrhulagra, *Schiff.*	19. Lamprospiza, *Cab.*
	12. Catamblyrhynchus, *Less.*	
3. Periporphyrus, *Reich.*	13. Catamenia, *Bp.*	20. Diucopsis, *Bp.*
	14. Phonipara, *Bp.*	
4. Pitylus, *Cuv.*	15. Spermophila, *Sw.*	21. Orchesticus, *Bp.*
a. Pitylus, *Reich.*	*a*. Leucomelanæ.	
b. Cissurus, *Reich.*	*b*. Pyrrhomelanæ.	22. Bethylus, *Cuv.*
5. Cyanoloxia, *Bp.*	16. Sporophila, *Bp. ex Cab.*	
6. Guiraca, *Sw.*		
7. Cardinalis, *Bp.*		
8. Pyrrhuloxia, *Bp.*	17. Callirhynchus, *Less.*	23. Saltator, *Vieill.*

(1) Réduite dans ses limites naturelles, la sous-famille des *Turdiens* ne se composerait plus que des genres *Zoothera*, *Oreocincla*, *Turdus*, *Geocichla* et *Catharus* de mon *Conspectus*; mais je porte le nombre à douze par le démembrement que je fais du genre *Turdus*, en *Turdus*, *Cichlherminia*, *Planesticus*, *Cichloselys*, *Merula*, *Myiocichla* et *Cichlalopia* ; et de *Zoothera*, en *Zoothera*, *Myiophaga* et *Cinclops*, dont le dernier seulement reste avec les Cinclides.

J'ai vérifié huit espèces du genre asiatique et océanien *Oreocincla*, dont deux se montrent accidentellement en Europe : deux de ces huit espèces, *Or. varia*, de Sibérie, et *Or. horsfieldi*, de Java, ont quatorze pennes à la queue (toutes les autres, douze); deux, *Or. mollissima*, de l'Asie méridionale, et *Or. spiloptera*, de Ceylan, ont les parties supérieures unicolores (les autres les ont lunulées comme les inférieures); *Or. dauma* ou *parvirostris*, de l'Inde, si reconnaissable par son plumage clair, sa queue courte et sa tache noire sur l'aile, est celle qui a le bec le plus grêle parmi les lunulées. Celle du Japon (*Or. heinii*, Caban.) paraît propre à cet archipel; tandis que la Nouvelle-Hollande nous en a fourni deux, *Or. novæ-hollandiæ*, du continent australasien, et *Or. lunulata*, de la terre de Van-Diemen, que son gros bec a fait

abondent; mais la collection que nous faisons connaître ne nous en a pas fourni un seul.

---

nommer *macrorhyncha*, par Gould, sur des exemplaires crus à tort de la Nouvelle-Zélande. Presque toutes ces espèces ayant reçu le nom de *Turdus varius*, et ayant été confondues et reconfondues par les auteurs eux-mêmes qui les avaient d'abord distinguées, nous renvoyons, pour leur monographie synoptique, mais complète, à la seconde édition du *Conspectus*.

Mon genre *Turdus* restreint se compose des espèces européennes : 1. *viscivorus*, L.; — 2. *pilaris*, L.; — 3. *musicus*, L.; — 4. *iliacus*, L. (je ne connais pas *T. illuminus*, Naumann); — de l'espèce douteuse d'Asie : 6. *T. hodgsoni*, Homeyer, qui porte seulement un peu plus de blanc que notre *viscivorus* à la penne extérieure de la queue; — des africaines : 7. *guttatus*, Vig.; — 8. *strepitans*, Smith.; — 9. *simensis*, Rupp., différant du précédent par sa couleur rousse inférieurement, et à queue très-courte; — des américaines : 10. *mustelinus*, Gm.; — 11. *T. densus*, Bp., nouvelle espèce de Tabasco, Mexique, distinguée par moi dans le Musée de Bruxelles. *Simillimus* T. mustelino, *et sicut eum, remige prima valde breviore quam quartam; secunda omnium longissima, rectricibusque acutis; sed valde minor et maculis valde majoribus, crebrioribus, etiam in medio abdominis.*

12. *T. solitarius*, Wils. (*minor*, Gambel, nec Bp.), dont un exemplaire, tué en Suisse, est déposé au Muséum de Strasbourg; nouvelle preuve que les différentes petites espèces américaines prises constamment les unes pour les autres, et dont Swainson n'a pas toujours figuré et décrit la même sous des noms identiques, se montrent accidentellement en Europe.

13. *T. minor*, Gm. et en tout cas, Bp. ex Gm., aux nombreux synonymes duquel il faut ajouter, d'après un exemplaire de l'Amérique méridionale, *Turdus minimus*, du respectable doyen de l'ornithologie française (*Rev. zool.* 1848, p. 5). C'est l'espèce trouvée par M. Deby dans les Ardennes, en 1847, dont l'exemplaire fait maintenant partie du Musée de Selys; et très-certainement aussi la *Muscicapa guttata* de Pallas, quoique ce ne soit pas le *Turdus pallasi* de Cabanis qui l'a nommé *Turdus swainsoni* !

14. *Turdus wilsoni*, Bp. (*mustelinus*, Wils. nec Gm.)

15. *Sylvia melpomene*, Licht., Mus. Berol., de Xalapa, encore plus petit et à bec plus grêle que mon *T. wilsoni*.

Deux autres espèces américaines de *Turdi veri* de mon Conspectus : *T. herminieri*, Lafr., et *densirostris*, Vieill., forment mon genre *Cichlherminia*.

On ne peut éloigner de la deuxième le prétendu *Mimus fuscatus* figuré par Vieillot, pl. 57 bis des Ois. de l'Amérique septentrionale. C'est son *Turdus cinereus* (*squamatus*, Cuv., *montanus?* Lafr.) qui appartient plutôt à ce groupe, quoique sa queue soit moins allongée et presque carrée.

Malgré les efforts de plume et de pinceau du célèbre ornithologiste Audubon, le *Turdus nævius*, Gm. (*Orpheus meruloides*, Sw.), n'est pas une Grive ni même un Chanteur, mais un Volucre Tenioptérien, type de mon nouveau genre *Ixoreus*.

Turdus aurantius, Hartl., appartient au genre *Catharus* dont je crois connaître deux espèces, une du Mexique, l'autre de l'Amérique méridionale.

Turdus ferrugineus, Wied, admis à tort dans mon Conspectus, doit être rayé de la liste des

» Parmi les *Turdides saxicoliens*, nous remarquons la *Sialia macroptera*, récemment distinguée par M. Baird à cause de ses longues ailes. Elle est, du

---

espèces. Les différents oiseaux que l'on m'a montrés sous ce nom, et sous ceux cités comme synonymes, étaient ou de jeunes *Lipaugiens* de l'année, des *Cichlopsis*, des *Myiadectes*, ou tout au plus des femelles de *Myiocichla carbonaria!*

Aux nombreuses espèces erratiques dont je forme le genre *Planesticus*, ajoutez :

Turdus lerebouleti, Bp., Mus. Strasb., ex Columbia. *Medius (statura T. iliaci) : olivaceo-ardesiacus : pileo genisque rufescentibus : gula candida, sed dense striata colore castaneo fusco capitis (hinc albo tantum ut bimaculata); pectore lateribusque cinereo-olivaceis; abdomine albido; tectricibus caudæ inferioribus albis, hinc inde nigricantibus : remigum prima brevissima; secunda septimam paullo superante; tectricibus alarum superioribus macula parva ferruginea apicali (ob ætatem?); inferioribus luridis : cauda nigricante, rectricibus acutis : rostro brevi, compresso, maxilla incurva, nigricante, mandibula ad basim pallida : pedibus fuscis.*

Cette espèce, que je n'ai vue que dans le Musée de Strasbourg, quoique achetée à Londres en 1847, est dédiée au savant et zélé professeur Lereboullet. Qu'il accepte cette dédicace comme une faible compensation des récompenses plus brillantes, mais moins durables, qu'il a méritées.

Avant de continuer à énumérer les nouvelles espèces de *Turdiens*, établissons que le *Turdus albiventer*, Spix (un des trois confondus sous *Turdus humilis*, Licht.), du Brésil, de Cayenne, et de Venezuela, est une bonne espèce citée à tort parmi les synonymes de *Turdus crotopezus*, Ill., qui correspond au *T. albicollis* (non à l'*albiventer*), Spix, différent de celui de Vieillot adopté par M. Cabanis et par moi. Cela posé, voici sa phrase caractéristique, suivie de celles de plusieurs autres très-proches :

1. *Planesticus albiventer*, Bp. *Major : brunneo-olivaceus, capite subfuscescente : subtus cinnamomeo-cinereus; gula alba fusco-striata : abdomine medio albicante.*

2. *Planesticus amaurochalinus*, Bp. (*Turdus amaurochalinus*, Cab., Mus. Berol. et Hein.), ex Brasil., Montevideo? *Medius : brunneo-olivaceus, dorso subfulvescente : pileo cerviceque cinerascentibus : loris fuscescentibus : jugulo vix albo; gula fusco-striata : pectore lateribusque olivascentibus : crisso abdomineque medio albis : tectricibus alarum inferioribus vivide rufis : remigum prima sextam æquante; tertia omnium longissima.*

3. *Planesticus phæopygus*, Bp. (*Turdus phæopygus*, Cab. in Schomb, 11, p. 666), ex Cayenna, Guiana. *Minimus : brunneo-olivaceus, uropygio caudaque cinerascentibus : jugulo crissoque albis : gula fusco-maculata; pectore abdomineque albo-cinerascentibus, lateribus concoloribus : tectricibus alarum inferioribus cinereis : remigum prima quintam æquante; secunda omnium longissima.*

4. *Planesticus assimilis*, Bp. (*Turdus assimilis*, Cab., Mus. Hein.), ex Xalapa. *Similis T. crotopezo, sed dorso sine nitore olivaceo, et cauda minime cinerascente; coloribus T. amaurochalini, sed vegetioribus : maxilla fusco-cornea, mandibula pallidiore.* Cum *Merula tristi*, Sw., haud confundendus.

5. *Planesticus tristis*, Bp. ex Sw. (*Turdus tristis*, Cab.). *Simillimus præcedenti; sed rostro breviore, fusco nigricante, mandibulis concoloribus : alis caudaque longioribus : supra pal-*

4..

reste, beaucoup plus petite que la *Sialia mexicana,* Sw., commune en Californie, où elle remplace l'*Oiseau-bleu,* si bien vu des fermiers des États de

---

lidior olivaceus, capite caudaque concoloribus nec cinerascentibus : *striis gularibus minus numerosis et minus obscuris; pectore lateribusque flavido-brunnescentibus, nec griseis.*

Le nom de *Turdus poiteaui,* Less., s'applique, dans le Musée de Paris, à deux individus appartenant à deux espèces voisines, mais distinctes : le premier est un *Pl. amaurochalinus;* le second, de Cayenne, est plus petit, à croupion grisâtre, à gorge presque noire mouchetée de blanc, à poitrine argentée; le reste des parties inférieures à peine gris; les couvertures sous-alaires sont d'un gris foncé : la première rémige égale en longueur la cinquième; la seconde est la plus longue. C'est, comme on voit, *Turdus phœopygus.*

Le *Turdus helvolus,* Licht., ne diffère pas de mon *Planesticus grayi,* du Mexique. On pourrait peut-être en distinguer, comme *Pl. luridus,* la race moins grande de la Nouvelle-Grenade, plus pâle et moins roussâtre en dessous. Elle ressemble grandement au *Turdus fuscus,* Cuv., Musée de Paris, du Brésil, dont *T. pœcilopterus,* Cuv. non Vig., est évidemment le jeune, mais en diffère par le bec plus étroit, les teintes plus olives, les tarses bruns, la queue plus longue. Son bec plus allongé et le roux-jaunâtre de toutes ses parties inférieures le distinguent de *Pl. amaurochalinus.* Ces deux caractères le différencient également de *Pl. phœopygus,* qui a, en outre, la gorge flamméchée de noir et de blanc, tandis qu'elle est décidément blanchâtre flamméchée de brun dans *Pl. luridus* et *grayi.*

Le *Turdus gymnopsis,* Temm., de mon *Conspectus,* avait déjà été appelé en 1845 *T. gymnophthalmus* par Cabanis (Schomb. Reize, III, p. 665); et M. Lafresnaye, longtemps après, l'a nommé *Turdus nudigenis.*

Turdus chopi, Vieill. ex Azara, doit maintenant s'appeler *Planesticus rufiventris,* Bp. ex Vieillot (c'est *Turdus rufiventer* aussi que le nomment Spix et Cabanis), l'oiseau du Brésil étant seulement un peu plus roux que celui du Paraguay. L'espèce est très-répandue dans l'Amérique méridionale, mais nous ne pouvons admettre, avec M. d'Orbigny, que *Pl. crotopezus* soit sa femelle. La femelle de *Pl. rufiventris,* comme celle des autres *Planesticus,* ne se distingue du mâle que par la taille un peu moindre.

Aux nombreux *Planesticus* de l'ancien continent, ajoutez encore *Planesticus cabanisi,* Bp., de l'Afrique méridionale (*Merula obscura?* Smith, suivant Cabanis. — *Turdus olivaceus,* Licht., 1842, nec. L.) *Major; fusco-olivaceus : gula spurco-albida, fusco-striolata : abdomine medio tantum ferrugineo : crisso fusco: rostro flavissimo.*

J'ai reçu de Manille et de Java des exemplaires du véritable *Pl. obscurus,* ne différant en rien de ceux tués accidentellement en Europe.

C'est de l'Abyssinie, non de l'Afrique méridionale, qu'est mon *T. olivacinus,* confondu par Ruppel avec le grand *olivaceus.*

Mon *Turdus pelios* n'est nullement de l'Asie centrale, mais de l'Afrique orientale et précisément du Fazuglo : je l'ai retrouvé depuis à Bruxelles sous le nom de *T. sylvanus* (cujus?), et à Francfort, sous celui de *T. icterorhynchus,* Pr. Wurtemberg (ubi?). Il sera donc nécessaire de le comparer de nouveau avec *T. lybonianus,* Smith (*erythrorhynchus?* Rupp.), qui s'en distingue à peine par sa taille et par ses flancs orangés (*lateribus vivide aurantiis*).

C'est aux *Turdiens,* dont les mâles sont pour ainsi dire des Merles, et les femelles de véri-

l'Est. L'une et l'autre espèce occidentale sont teintées de roux sur les parties supérieures; mais la nouvelle en offre moins sur le dos; à peine en voit-on

---

tables Grives, que nous réservons le nom de *Cichloselys*, déguisant ainsi, comme sa modestie le fait de sa science, le nom d'un zoologiste cher à mon amitié. Sans parler de ses travaux hors ligne sur les *Libellulides*, celui qui le porte a contribué autant que qui que ce soit à perfectionner les classifications des Vertébrés, et à débrouiller les espèces de la famille dont nous nous occupons, ainsi que celles de beaucoup d'autres. Notre nouveau genre contiendra :

1. *Turdus cardis*, Temm. Pl. col. 518, du Japon, dans la Faune duquel pays il est aussi figuré sous ses diverses livrées.

2. *Turdus wardi*, Jerd. (*micropus*, la femelle; *picaoides*, le mâle, Hodgson), Ill. Ind. Zool., t. 8, de l'Asie méridionale, superbe espèce que je n'ai connue que dernièrement.

Mas *nigerrimus; superciliis protractis, tectricum alarum et caudæ apicibus, remigum primariarum basi, et rectricum apice, internis, candidis : subtus a pectore albus, lateribus tantum nigro-lunulatis : rostro, orbitis, pedibusque flavo-aurantiis.*

Fæm. *cinerea; rostro pedibusque flavis.*

3. *Merula kinnissii*, Kelaart, de Ceylan.

4. *Turdus sibiricus*, Gm. (*leucocillus*, Pall. — *atro-cyaneus*, Homcyer), de Sibérie et du Japon, très-accidentel en Europe; figuré par Gould et par Schlegel.

5. *Turdus mutabilis*, Temm., de Java, très-semblable au précédent, mais plus petit, etc.

C'est plutôt aux Merles qu'aux Grives que devront réunir ces espèces ceux qui ne croiront pas opportun d'adopter notre nouveau genre. Observez toutefois qu'on ne peut en séparer *Turdus dubius* et *fuscatus* (*naumanni* et *eunomus*, Temm.), qui passent aux *Oreocincles* et aux vrais Grives.

Il est inutile d'énumérer ici toutes les espèces composant le petit genre *Merula* restreint, dont je ne distrais pas avec Kaup et Reichenback le *T. torquatus :* bornons-nous à faire observer que *Merula nigripilea*, Lafr , est distinct de *simillima*, Jerdon, son plumage étant gris-plombé et non brun;

Que la femelle de mon *Merula mandarinus*, de la Chine, se trouve dans le Musée de Paris; et celle si remarquable de *rufitorques* dans celui de Bruxelles, d'où le vicomte Dubus a figuré les deux sexes dans la quatrième livraison de ses *Esquisses ornithologiques* malheureusement interrompues;

Qu'*albicincta*, *albicollis*, *collaris* ou *nivicollis*, ne peut guère s'éloigner de *Geocichla castanea!*

• Ajoutons comme espèce très-voisine de *T. fumidus*, Muller, *T. hypopyrrhus*, Hartl. (*nigricrissus*, Schiff., Mus. Francf.), également de Java ; *Similis* M. fumidæ; *sed crisso fuliginoso plumis rachide tantum albo.*

Parmi les véritables Merles d'Amérique doit figurer, avec ou sans synonymes , le Merle à calotte noire, du Brésil, *Turdus atricilla*, Cuvier. *Major : brunneo-olivaceus; subtus cinerascens; pileo nigricante; crisso albicante : rostro pedibusque flavis.*

Merula fuscatra, Lafr., est presque aussi grand que *T. gigas*, Fraser, et a le bec tout aussi jaune.

Turdus vulpinus, Hartl., nouvelle espèce de Caraccas, qui rappelle, par ses formes, le genre

la trace sur les flancs, et celui même de la poitrine est comme partagé par une échancrure : le ventre est d'ailleurs exclusivement d'un blanc bleuâtre (1).

---

africain *Bessonornis*, et porte jusqu'aux couleurs de certains *Cossyphus*, est pour nous le type du genre *Cichlalopia* à peine Turdien.

Turdus flavipes, Vieill. (*carbonarius*, Ill. ; *ardesiacus*, Cuv., nec Auct.!), est pour Schiff une *Myiocichla*; mais y est-il bien placé si le type de ce genre est, comme nous le croyons, sa *Myiocichla ochrata*, du Bresil (*Turdus brunneus!* Freyreiss, nec Anglorum ex Bodd.), nouvelle espèce à queue allongée et arrondie, qui n'est pas un *Turdien*, mais plutôt un *Vireonien* : *Olivaceo-ferrugineus: gula pectoreque subaurantiis; abdomine sordide plumbeo : rostro brevissimo, maxilla nigra, mandibula flava.*

Il faut encore éliminer des Turdiens ma *Geocichla terrestris* (Consp., p. 268), dont je constitue mon genre *Cichlopasser*.

Le *Turdus rubeculus*, Horsf., de Java, ne doit pas être réuni, comme l'a fait Temminck, u *T. citrinus*, Lath., de l'Inde; étant plus petit, d'un roux plus ardent, et ne portant qu'une seule et large bande blanche sur l'aile.

(1) Les *Saxicoliens* eux-mêmes n'ont point d'autres représentants en Amérique, et les autres sous-familles de Turdiens n'en ont, comme nous l'avons dit, point du tout.

Nous profitons toutefois de l'occasion, pour signaler comme genres nouveaux :

1. *Agricola*, sagement créé par le voyageur-naturaliste Jules Verreaux, pour *Saxicola infuscata*, et une seconde espèce de moitié plus petite, lui ressemblant par la couleur (*Sax. baroica*, Sm.).

2. *Sigelus*, Caban., ayant pour type le prétendu *Lanius silens*, Lath., oiseau découvert par Levaillant, tant ballotté d'une famille à l'autre, et qui doit trouver ici sa place, quelle que soit celle qu'on lui ait assignée avant nous. Le genre *Bradornis*, Smith, ne s'en éloigne pas beaucoup, et le *Parisoma*, Sw., dans son acception primitive, guère plus.

3. *Orcicola*, Bp., que nous établissons pour les trois jolies petites espèces océaniennes de *Pratincola* de mon Conspectus.

4. *Gervaisia*, Bp., pour le petit Saxicolien de Madagascar, rangé provisoirement parmi les *Thamnobia* : *Turdus albospecularis*, Eyd. et Gervais, Mag. Zool., 1836, Ois., t. 64 et 65 : Mas *nigerrimus, coracinus, humeris latissime albis.*

Fæm. *fusca ; subtus cinerea, abdomine rufescente : humeris albis.*

Le genre *Notodela*, Less., est un groupe artificiel; son type toutefois étant *Lanius chalibæus* ou *leucopterus*, Cuv., venu des îles de la Sonde au Musée de Paris, on doit le citer comme synonyme de *Copsychus*, dont les races ou espèces trop multipliées ne sont pas encore bien fixées; *mindanensis*, Gm., elle-même, qu'on retrouve à ventre gris, blanc ou noir, n'étant peut-être pas distincte de *saularis*, L.

En fait d'espèces nouvelles, ajoutons d'abord :

Une quatrième espèce de *Thamnolæa*, à joindre au *Turdus cinnamomeiventris*, Lafr., à la *Saxicola albiscapulata*, Rupp., et à la *T. semirufa*, Rupp., ce sera :

Th. casiogastra, Bp.; Mus. Verr., ex Abyssinia. *Nigro-nitens ; uropygio abdomineque fulvo-cinnamomeis : humeris concoloribus ; superciliis speculoque alarum nullis.*

(31)

Une troisième *Myrmecocichla*, également d'Abyssinie, remplacera *Myrm. æthiops*, Licht., qui n'est que la femelle de *M. formicivora*. Nous l'avons nommée dans le Musée de Paris : *M. quartini*, Bp. *Fusco-nigricans; subtus fusca, griseo-aurantio undulata : vitta jugulari lata cinnamomea : crisso aurantio : remigibus basi albis.*

Campicola bottæ, Bp., seconde espèce du genre rapportée, en 1839, au Musée de Paris, par le voyageur dont elle porte le nom. Sa grande taille et son front blanc suffisent à la faire reconnaître : et si je dis seconde espèce du genre, c'est que *S. bifasciata*, Temm., ne lui appartient nullement, n'ayant pas les caractères de *S. pileata*, dont le nom plus ancien est *hottentota*, Gm.

Rangez encore parmi les véritables *Saxicola* :

Saxicola stricklandi, Bp., de Damara, sur la côte occidentale d'Afrique, semblable à *S. pallida*, mais à bec beaucoup plus robuste, à queue plus courte, etc., espèce que j'offre sur la tombe à peine fermée de cet éminent ornithologiste si malheureusement enlevé à la science. *Ex fulvo brunnea, subtus albida : remigibus rectricibusque fuscis fulvo-marginatis : rostro corneo : pedibus nigris. Long.* 7 *pollicaris.*

On ne peut guère admettre comme espèces nouvelles les deux figurées par M. le baron de Muller, dans la première livraison de ses Oiseaux nouveaux d'Afrique.

Sax. albicilla, de Mull., Afr., t. 3, *vix differt* à S. stapazina, *gula et jugulo magis nigris; rectricibus lateralibus* (ob ætatem?) *fere ex toto albis.*

Sax. atricollis, de Mull., t. 4, ne me paraît pas différer de *Saxicola lugens*, Licht. (Pl. col. 257), qu'il ne faut pas confondre, comme l'avait fait Temminck, avec la véritable *leucomela*, Pall. (Gould, Eur., t. 89).

Nous regrettons de ne pouvoir admettre à plus forte raison le *Spizaëtus zonurus*, t. 1 du même ouvrage. C'est évidemment le mâle en mue de *Spizaëtus spilogaster*, Dubus, publié par moi dans la Revue de Guérin, et que le baron eût pu voir dans le Musée de la ville même qu'il habite.

Les *Ruticilla*, Brehm (*Phœnicura*, Sw.), forment un petit genre intermédiaire aux *Saxicolés* et aux *Lusciniés* qui relient les *Sylviens* aux *Saxicoliens*. Comme les Rossignols sont plus proches des *Sylviens*, ainsi les Rouges-queues sont plus voisins des *Saxicoliens !* Les espèces n'étant pas encore bien fixées, nous publions ici quelques observations sur les races locales.

La *Ruticilla phœnicura*, Bp., ex L., type du genre, se retrouve identique en Algérie, en Égypte, et même dans la Nubie : dans l'Inde, elle est un peu plus petite; le bandeau blanc du front est un peu plus étroit, mieux prolongé en sourcils, et le noir du col remonte peut-être davantage. On peut avec plus de raison adopter cette fois une des espèces de Brehm : *Ruticilla arborea*, Mus. Strasb., *gula nigerrima; fronte latissime alba.*

En Abyssinie et au Sénégal se trouve une espèce à ventre roux, qu'il nous plaît de distinguer sous le nom de *Ruticilla marginella*, Bp. : elle a le noir de la gorge beaucoup plus profond et plus étendu, mais le caractère le plus important se montre sur les rémiges, qui sont bordées (les secondaires plus largement) de blanc argenté plus visiblement encore que dans l'espèce à ventre noir d'Europe. Il est trop douteux qu'*erythacus*, L., n'appartienne pas comme synonyme à *phœnicura*, pour pouvoir appliquer ce nom à cette espèce que nous nommons par conséquent *S. tithys*.

Outre la *S. phœnicura* d'Europe, il existe en Algérie une espèce encore plus distincte noir-bleuâtre à miroir blanc. C'est *Ruticilla moussieri*, Bp., Mus. Verr. (Traquet à bandeau,

Moussier, 1846. — *Erythacus moussieri*, Léon Olph-Galliard, dans le Journal de la Société d'Histoire naturelle et agronomique de Lyon, 2 avril 1852), ex Algeria. *Nigra : subtus, cum uropygio, tectricibus caudæ, rectricibusque (mediis exceptis) intense rufis : vitta subfrontali in superciliis producta, colli lateribus, et speculo alari latissimo candidis.*

La *R. erythronota*, Gr., ex Eversm. Add. Pall. Zoogr. Fasc. 11. fig. bona (*Motacilla sunamisica ?* Hablizl.), étant une espèce rare du Caucase, je l'ai ainsi caractérisée d'après un exemplaire du Musée Selys : *Brunneo-cinerea ; subtus ex griseo albo-cinnamomea : dorso fulvo-rufo : alis albo-variis, sed speculo nullo.*

Le mâle adulte a le dessus de la tête et du col cendré; la gorge, la poitrine et les pennes latérales de la queue aussi rousses que le dos; le ventre et le sous-queue blanchâtres; les ailes et les deux pennes du milieu de la queue noires; les grandes couvertures alaires presque entièrement blanches, les extérieures surtout.

La vraie *R. aurorea*, celle de Pallas, qui vit dans l'orient de la Russie asiatique, à la Chine (*Phœn. reevesi*, J. Gr.) et au Japon (*Lusciola aurorea*, Schleg. tab. 21, D), dont les deux sexes sont si bien figurés dans la Faune de ce pays, par MM. Temminck et Schlegel, porte un véritable miroir sur l'aile. La *R. leucoptera*, Blyth, de Java et Malacca, que je ne connais pas, s'en rapproche au moins par ce caractère.

J'ai dit la vraie *aurorea*, Pall., parce que ce nom a été déplorablement appliqué à une espèce beaucoup plus grande de l'Asie occidentale, tellement différente, que nous ne la conservons pas même dans le genre *Ruticilla*, mais la réunissons, quoique moins typique, à la *R. leucocephala*, dans le *Chœmorrhous*, Hodgson. Ces deux espèces à calotte blanche, ont une taille supérieure aux *Ruticilla ;* mais celle dont nous nous occupons s'en éloigne moins que l'autre, ne fût-ce que par ses rectrices non bordées de noir. Elle a été décrite et figurée par Guldenstedt sous le nom de *erythrogastra*, et c'est en même temps l'*aurorea* de plusieurs auteurs (Lichtenstein, etc.), la soi-disant variété *ceraunia* de Pallas, et la *tricolor* ou plutôt *grandis* de Gould, qui l'a depuis reconnue et admirablement figurée dans la quatrième livraison de ses *Birds of Asia.*

Après avoir éliminé cette espèce, et la nominale sous les deux noms de *tricolor* et *grandis*, il faut en outre purger le genre *Ruticilla* de *cærulcocephala*, Vig., qui ne doit pas être séparée de sa *rubeculoides*. Mais qu'il soit bien entendu que c'est cet oiseau, qui n'est pas un *Muscicapide*, qu'il faut rapprocher des *Saxicoliens*, parmi lesquels nous le placerons comme type du genre *Adelura*, Bp., en compagnie de celui que nous faisons sortir de *Ruticilla*.

Ajoutez, par compensation, à ce petit genre restreint, la prétendue *Saxicola familiaris*, Steph. (*OEnanthe explorator*, Vieill.), d'après Levaillant, qui considère à tort comme sa femelle une véritable *Saxicola* nommée *sperata* par Latham, et sous le nom de laquelle se trouvent malheureusement confondues deux espèces, distinguées sur les lieux, il y a plus de vingt ans, par M. Jules Verreaux.

Celle qui doit conserver le nom de *S. sperata* a le croupion roux, et la première rémige rétrécie en pointe vers le bout.

L'autre à croupion blanc, a la première rémige sans ladite pointe, et la queue plus courte; d'où, si elle n'était pas encore nommée, notre espèce, qui ne se trouve que dans le pays des Namaquas, pourrait prendre le nom de *Sax. brevicauda !* Aucun de ces oiseaux n'est la *Motacilla caffra*, L., qui doit avoir la gorge rousse, comme la queue et les sourcils blancs.

La *Ruticilla melanura*, Less., 1840, ne diffère pas de *frontalis*, Vig., 1831, jolie espèce qui, par sa poitrine bleue et ses rectrices à large frange noire, se rapproche du genre *Cyane-cula*, dont cinq espèces pourront être distinguées indépendamment de la petite race de l'Inde : *C. suecica*, L. (*cyanecula*, Meyer; — *wolfi*, Br.); — *cærulecula*, Pall.; — *cyane*, Eversm., de la Sibérie occidentale; — *dichrosterna*, Cab., de l'Arabie, — et la *major*, d'Abyssinie.

La prétendue *Cyanecula fastuosa*, Lesson, est une *Niltava*.

Voici la phrase latine de *R. frontalis*, Blyth ex Vig. : *Fulvo-castanea : capite, collo, inter-scapilio rufo vario, et tectricibus alarum, cyaneis : rectricibus rufis fascia latissima terminali nigra.*

C'est sans doute le jeune de cette espèce asiatique, marqué par erreur comme africain, qui se trouve conservé dans le Musée de Strasbourg, sous l'indication de *Ruticilla fæmina*, ex Abyssinia : *Plumbeo-olivacea ; superciliis, genis, gula pectoreque cæruleo-plumbeis : uropygio, abdomine, crisso, tectricibus alarum inferioribus caudaque rufis : rectricibus mediis duabus ex toto, cæteris apice tantum nigricantibus.*

Ruticilla atrata, Jardine, qu'il ne faut pas confondre avec celle de Gmelin, synonyme de *R. tithys*, tandis que celle-ci est une bonne espèce plus voisine de *R. phœnicura*, porte à cause de cela, dans mon Conspectus, le nom de *R. indica*, Blyth : mais l'un et l'autre noms doivent céder la place à *rufiventris*, Vieill., qui n'est ni un *OEnanthe*, comme l'a cru cet au-teur, ni une *Thamnobia*, comme le veut Swainson ; non un oiseau d'Afrique, quoique figuré comme tel par Levaillant, t. 188, 1, mais bien cette *Ruticilla* d'Asie : *Similis R. phœnicuræ ; sed valde obscurior et fronte concolore.* Les femelles sont encore plus différentes l'une de l'autre que les mâles : celle de *R. rufiventris* est d'un gris verdâtre où le mâle est noir, et passe par degrés au jaune-cendré dans la partie postérieure du dessous du corps.

Une espèce véritablement voisine de l'*atrata*, Gm., ou *tithys*, L., est la *fuliginosa*, Vig., aux synonymes de laquelle, *plumbea* et *rubicauda*, il faut encore ajouter *R. simplex*, Less., Rev. Zool., 1840 : *Fuliginosa : remigibus ferreo-fuscis : rectricibus, caudæ tectricibus, femo-ribusque rufis.*

Nous ne pouvons trouver de caractère différentiel pour *Ruticilla cairii*, espèce proposée par M. Gerbe et acceptée par M. Degland, dont les sexes et les différents âges ne se distin-gueraient pas entre eux ni des jeunes du *Ruticilla tithys*. Nonobstant la similitude du plu-mage, il est difficile de concilier les mœurs sauvages et alpestres de la nouvelle espèce avec l'oiseau essentiellement domestique, dont un couple vient de se rendre célèbre en Allemagne, en bâtissant son nid et élevant sa couvée dans une locomotive de chemin de fer, malgré ses fréquents et rapides voyages.

Subfam. 35. TURDINÆ.	Subfam. 36. SAXICOLINÆ.		Subfam. 37. SYLVIINÆ.	
	a. *Monticoleæ.*	b. *Luscinieæ.*	a. *Sylvieæ.*	b. *Phyllopseusteæ.*
1. Zoothera, *Vig.*	13. Monticola, *Boie.*	32. Hodgsonius, *Bp.*	49. Adophoneus, *Kaup.*	55. Phyllopseuste, *Meyer.*
2. Myiophaga, *Less.*	14. Petrocossyphus, *Boie.*	33. Ajax, *Less.*	50. Curruca, *Br.*	56. Abrornis, *Hodgs.*
	15. Orocetes, *Gr.*	34. Myiomela, *Hodgs.*	51. Sylvia, *Bp.*	57. Horornis, *Hodgs.*
		35. Pogonocicla, *Cab.*	52. Sterparola, *Bp.*	58. Geobasileus, *Caban.*
3. Oreocincla, *Gould.*			53. Pyrophthalma, *Bp.*	
	16. Grandala, *Hodgs.*	36. Sialia, *Sw.*	54. Melizophilus, *Leach.*	
4. Cichlherminia, *Bp.*				
5. Turdus, *L.*	17. Kittacincla, *Gould.*	37. Niltava, *Hodgs.*		
6. Planesticus, *Bp.*	18. Copsychus, *Wagl.*	38. Petroica, *Sw.*		
7. Cichloselys, *Bp.*	19. Gervaisia, *Bp.*	39. Erythrodryas, *Gould.*		
8. Cichlalopia, *Bp.*	20. Bessonornis, *Sm.*	40. Miro, *Less.*		
9. Myiocichla, *Schiff.*	21. Thamnolæa, *Cab.*	41. Nemura, *Hodgs.*		
10. Merula, *Ray.*	22. Dromolæa, *Cab.*			
	b. *Saxicoleæ.*			
11. Geocichla, *Kuhl.*	23. Parisoma, *Sw.*	42. Adelura, *Bp.*		
	24. Bradornis, *Smith.*			
	25. Sigelus, *Caban.*	43. Chæmorrhous, *Hodgs.*		
	26. Agricola, *Verr.*	44. Ruticilla, *Ray.*		
	27. Myrmecocichla, *Cab.*	45. Cyanecula, *Br.*		
	28. Campicola, *Sw.*	46. Rubecula, *Br.*		
	29. Saxicola, *Bechst.*	47. Calliope, *Gould.*		
	30. Pratincola, *Koch.*			
	31. Oreicola, *Bp.*			
12. Catharus, *Bp.*		48. Philomela, *Br.*		

(*) Deux espèces du Muséum : *Bernieria major* et *Bernieria minor*, Bp., Madagascar.
(**) Cauda mirifice explicata.
(***) Trois espèces de Java : 1. *Drymoica polychroa*, Temm., pl. col., 466, 3.—2. *Malurus leucophrys*, Boie, 1827.— 3. *Sylvia phragmitoides*,

TURDIDÆ.

Subfam. 58. CALAMOHERPINÆ.			Subfam. 59. ACCENTORINÆ.	
a. *Sphenureæ.*	b. *Calamoherpeæ.*	d. *Ædoncæ.*	a. *Accentoreæ.*	b. *Acanthizeæ.*
59. Cynchlorhamphus, *Gould.*	67. Tatare, *Less.*	85. Chætops, *Sw.*	108. Cinclosoma, *Gould.*	
60. Heterurus, *Hodgs.*	68. Bernieria, *Bp.* (*)	86. Cercotrichas, *Boie.*	109. Accentor, *Bechst.*	
61. Eurycercus, *Blyth.*	69. Phyllostrephus, *Sw.*	87. Pentholæa, *Cab.*	110. Prunella, *Vieill.*	
62. Megalurus, *Horsf.*	70. Calamoherpe, *Meyer.*	88. Thamnobia, *Sw.*		
63. Sphenæacus, *Strickl.*	71. Calamodyta, *Meyer.*	89. Ædon, *Boie.*	111. Origma, *Gould.*	112. Sericornis, *Gould.*
64. Poodytes, *Cab.*	72. Lusciniola, *Gr.*			
65. Sphenura, *Licht.*				113. Gerigone, *Gould.*
66. Chætornis, *Sw.*	73. Tribura, *Hodgs.*			
	74. Lusciniopsis, *Bp.*			114. Pyrrholæmus, *Gould.*
	75. Cettia, *Bp.*	e. *Drymoiceæ.*		
	76. Bradypterus, *Sw.*	90. Orthotomus, *Horsf.*		115. Acanthiza, *Vig.*
	77. Neornis, *Hodgs.*	91. Arundinax, *Blyth.*		116. Smicrornis, *Gould.*
	78. Chloropeta, *Smith.*			
	79. Hypolais, *Brehm.*	92. Horietes, *Hodgs.*		
	80. Iduna, *Keyserl.*	93. Dasceocharis, *Cab.*		
		94. Prinia, *Horsf.*		
		95. Dumetia, *Blyth.*		
	c. *Locustelleæ.*	96. Suya, *Hodgs.*		
	81. Locustella, *Gould.*	97. Cisticola, *Less.*		
		98. Catriscus', *Cab.* (**)		
	82. Calamanthus, *Gould.*			
		99. Apalis, *Sw.*		
	83. Hylacola, *Gould.*	100. Drymoica, *Sw.*		
		101. Drymoipus, *Bp.* (***)		
	84. Chthonicola, *Gould.*	102. Hemipteryx, *Sw.*		
		103. Tesia, *Hodgs.*		
		104. Pnoepyga, *Hodgs.* (*Microura?* Gould.)		
		105. Oligura, *Rupp.*		
		106. Sylvietta, *Lafr.*		
		107. Comaroptera, *Sunder.*		

Kuhl. *Minimus, pallide cinereo rufus; subtus albidus, lateribus rufescentibus; pileo fusco vario; dorso nigricante maculato.*

FAMILIA 18. TIMALIIDÆ.

Subfam. 60. Garrulacinæ.	Subfam. 61. Crateropodinæ.	Subfam. 62. Miminæ.	Subfam. 63. Brachypodinæ.	Subfam. 64. Timaliinæ.
			a. *Brachypodeæ.*	a. *Timalieæ.*
			51. Picnonotus, *Kuhl.*	56. Timalia, *Horsf.* (*Napodes,* Cab.)
			52. Ixos, *Temm.*	57. Mixornis, *Hodgs.*
1. Lophocitta, *Gr.*			53. Brachypus, *Sw.*	58. Macronus, *Jard.*
			54. Otocampsa, *Cab.*	59. Myiolestes, *Müll.* (*Napothera,* Temm)
2. Psophodes, *Horsf.*			55. Loedorusa, *Cab.*	60. Napothera, *Boic.*
			56. Apalopteron, *Schiff.*	61. Laniellus, *Sw.* (*Crocias,* Temm.)
3. Sphenostoma, *Gould.*			57. Trachycomus, *Cab.*	
			58. Aleurus, *Hodgs.*	
4. Xerophila, *Gould.*			59. Prosecusa, *Reich.*	
			40. Ixidia, *Hodgs.*	b. *Caccoppitteæ.*
5. Garrulax, *Less.*	15. Crateropus,		41. Meropixus, *Bp.*	
6. Janthocincla, *Gould.*	16. Argya, *Less.*	23. Mimus, *Boic.*	42. Ixocherus, *Bp.*	62. Turdinus, *Blyth.*
			43. Sphagias, *Cab.*	63. Caccopitta, *Bp.*
7. Leucodioptron, *Schiff.*	17. Malacocercus, *Sw.*	24. Orpheus, *Sw.*	b. *Hypsipeteæ.*	64. Turdirostris, *Hey.*
			44. Hypsipetes, *Vig.*	65. Pellorneum, *Sw.* (*Cinclidia,* G.)
8. Trochalopteron, *Hodgs.*		25. Melanotis, *Bp.*	45. Ixocincla, *Hodgs.*	66. Cinclidium, *Blyth.*
			46. Hemixos, *Hodgs.*	67. Drymocataphus, *Blyth.*
9. Pteroeyclus, *Gr.*	18. Gampsorhynchus, *Blyth.*	26. Galeoscoptes, *Cab.*	47. Galgulus, *Kittlitz.*	68. Brachypteryx, *Horsf.*
			48. Microscelis, *Gr.*	69. Alcippe, *Blyth.*
10. Actinodura, *Gould.*		27. Felivox, *Bp.*	c. *Crinigereæ.*	70. Trichostoma, *Blyth.*
			49. Ixonotus, *Verr.*	71. Erpornis, *Hodgs.*
11. Otagon, *Mus. Lugd.*	19. Cutia, *Hodgs.*		50. Andropadus, *Sw.*	72. Malacopteron, *Eyton.*
12. Keropia, *Gr.*			51. Criniger, *Temm.*	
	20. Pomatostomus, *Cab.*	28. Donacobius, *Sw.*	52. Iole, *Blyth.*	c. *Certhipareæ.*
13. Alcopus, *Hodgs.*			53. Trichophoropsis, *Bp.*	
	21. Pomatorhinus, *Horsf.*	29. Buglodytes, *Bp.*	54. Setornis, *Less.*	73. Clitonyx, *Reich.* (*Mohua,* Less.)
14. Malacias, *Cab.*	22. Xiphoramphus, *Blyth.*	30. Harporhynchus, *Bp.*	55. Trichixos, *Less.*	74. Certhiparus, *Less.*

« Une des principales améliorations que nous ayons fait subir à notre système ornithologique est sans contredit la réunion dans une grande famille naturelle sous le nom de TIMALIIDES, d'Oiseaux jusqu'ici disséminés dans plusieurs familles, éloignées même l'une de l'autre, suivant leurs fausses analogies plutôt que d'après leurs véritables affinités. Tenant d'un côté aux TURDIDES, de l'autre aux TROGLODYTIDES, qui, à la rigueur, pourraient en faire partie, cette famille, par ses formes diversifiées, représente à la fois les GARRULIDES et les PHYLLORNITHIDES, et peut se résoudre en cinq séries parallèles. [*Voir* le Tableau ci-contre (1)].

(1) La *Vanga coronata*, Raffles, de Sumatra, n'étant pas la femelle de *Lophocitta galericu-lata* comme on l'avait cru à tort, c'est à la prétendue *histrionica* de Sumatra qu'il faut res-tituer ce nom, laissant l'autre, dont *rufulus* est synonyme, à la race plus petite de Bornéo. Dans le Musée de Francfort, existe une grande *Lophocitta* toute noire sans la grande tache blanche du col ni la petite sur l'œil, mais seulement avec un *point* blanc au-dessous.

J'ai quelques doutes sur la place accordée aux genres 2, 3, 4, de mon Tableau.

J'ai distingué, dans mon Conspectus, deux *Garrulax perspicillatus*, dans la diagnose du second desquels (*rufifrons*, Sw.—*Turdus fuscifrons*, Mus. Brux., de la collection Willens), il faut lire « *fronte et loris rufo*-FERRUGINEIS » et non NIGRIS. Une troisième espèce au moins est confondue avec le premier. En effet, tandis que des exemplaires de Nankin, de moyenne et petite taille, sont « *rectricibus omnibus apice nigricantibus* », un grand individu du Musée de Strasbourg, est « *rectricibus mediis cinereo-rufis, lateralibus nigricantibus* ». Le même caractère se retrouve sur ceux que s'est procurés à Kiang, en 1851, M. de Montigny, consul de France à Shangai, le même qui nous rapporte les précieux Yacks (*Poephagus grunniens*) et deux cents oiseaux vivants de la Chine.

Le septième genre du Tableau, *Leucodioptron*, a pour type un oiseau que Linné (Linné lui-même cette fois, car je n'ai pas l'habitude de rendre le grand homme responsable des erreurs du compilateur Gmelin) a reproduit trois fois dans son *Systema Naturæ*.

C'est à la fois son *Lanius faustus* et ses *Turdus canorus* et *sinensis*, mais non pas le *Lanius chinensis* de Scopoli, qui est un autre *Garrulacien*. C'est probablement *Garrulax si-nensis*, Gr., et certainement *Garrulax canorus* du Musée de Francfort. Pour qu'on ne le confonde plus avec son analogue dans la série des *Cratéropodiens*, le *Malacocercus striatus*, Sw., du Bengale, qui a usurpé le nom de *canorus*, nous donnons ici les diagnoses des deux oiseaux.

LEUCODIOPTRON CANORUM, *Schiff.* (*Turdus canorus* et *T. sinensis*, L.—*Lanius faustus*, L. *Garrulax sinensis*, Gr., *nec Blyth.*); Edwards, Birds., t. 184? ex China. *Cinnamomeo-oli-vaceus, plumis basi plumbeis, subtus vegetior, capitis collique stria mediana nigricante : orbitis superciliisque candidis : cauda rotundata, rectricibus obsolete fasciatis : rostro recto, pedibusque pallidis.*

MALACOCERCUS STRIATUS, *Sw.* (*Gracula striata*, Cuv., *Martin à queue striée*, Mus. Paris.),

» La petite famille des TROGLODYTIDES, appendice, pour ainsi dire, de la précédente, se compose des genres : *Campylorhyncus*, Spix (*Picolaptes!* Lafr. nec Less.) — *Heleodytes*, Cab., pour deux espèces, dont une nouvelle. — *Presbys*, Cab. — *Pheugopedius*, Caban. — *Cyphorinus*, Cab., avec six espèces. — *Salpinctes*, Cab. — *Thryothorus*, Vieill. — *Telmato-*

---

du Bengale. *Cinereo-cinnamomeus, subtus dilutior ; pileo albicante : cauda fusco-striata, apice nigricante : rostro pedibusque flavis.*

Ce *Cratéropodien* est très-proche de *Malacocercus griseus*, Jerd., Illustr. Ind. Zool., t. 19, que j'ai comparé dans les Musées de Francfort et de MM. Verreaux, et qui ne diffère guère que par sa tête concolore avec le dos : l'un ou l'autre est certainement *Pastor terricolor*, Hodgs. Le premier porte au Bengale le nom de *Chotorrœa* appliqué à tort à son congénère, le prétendu *Cossyphus caudatus*, Dum.

Il ne faut pas confondre ces oiseaux avec un *Calamoherpien* que Blyth a nommé d'abord *Dasyornis locustelloides*, puis *Sphœnura striata*. Qu'il soit ou ne soit pas *Megalurus striatus*, Jerdon, cet oiseau constitue le genre *Chœtornis* avec le *colluriceps* que je ne connais pas.

Le genre *Malacias* est basé sur le prétendu *Cinclosoma capistratum*, Vig. (*Sibia nigriceps*, Hodgs. — capistrata, Gr.—*Actinodura nigriceps*, Blyth), de l'Himalaya. *Rufus, dorso cinerascente ; pileo, genis, cerviceque nigris : fascia humerali alba : remigibus nigris griseo marginatis : rectricibus nigris, mediis basi cinereo-rufis, omnibus apice late griseis.*

Alcopus melanocephalus a une taille plus forte.

Dans *Alcopus picaoides*, Hodgs, la queue est très-allongée ; la forme générale rappelle le *Felivox carolinensis :* il y a un miroir blanc sur l'aile.

Le genre *Pomatostomus*, Cab., se compose des *Pomatorhinus temporalis*, Vig. — *P. ruberulus*, Gould, — et *superciliosus*, Vig., espèces ayant toutes du blanc à la queue.

C'est *P. isidori* et non pas *geoffroyi* que l'espèce de la Nouvelle-Guinée a été nommée par Lesson, *Zool. Coq.*, t. 29, 2. *Fusco-cinnamomeus, alis rufescentibus, cauda rufa : subtus rufo-cinnamomeus, gula pectoreque dilutioribus.*

Ajoutez aux vrais *Pomatorhinus* :

1. *Pom. bornensis*, Cab., Mus. Hein, p. 20, très-voisin de *montanus* de Java.

2. *Pom. melanurus*, Blyth, Journ. As. Soc. XVI, p. 451, de Ceylan, qui grimpe par habitude.

Pom. erythrogenys, Vig., de l'Asie centrale, est ainsi caractérisé : *Cinnamomeo-olivaceus ; subtus albus : fronte, genis, lateribus latissime, crissoque rufis.*

La troisième série, celle des *Mimiens*, est exclusivement américaine : aucun autre TIMALIIDE ne se trouve dans le nouveau continent. Comme les *Garrulaciens* représentent les Geais, les *Brachipodiens*, les oiseaux plus ou moins suceurs, et les *Timaliens*, les Brèves, les *Mimiens* représentent parfaitement les Grives. Il est étonnant que M. Delattre ne nous en ait pas rapporté des pays qu'il a visités et où ils abondent. Nous renvoyons, pour l'étude des genres, au Tableau général de la famille, et pour celle des espèces (négligée dans la première), à la seconde édition de mon *Conspectus Avium*.

dytes, Cab., pour l'*arundinaceus* et le *bewicki.* — *Troglodytes,* Vieill., 1807
(*Anorthura,* Rennie), — et *Cistothorus,* Cab., pour deux petites espèces à

Le genre *Melanotis* est composé de deux espèces, M. Hartlaub ayant osé plus que nous en élevant à ce rang le *Melanotis* à poitrine et ventre blanc, connu depuis longtemps dans presque tous les Musées, et qui ne diffère de *Melanotis cærulescens,* Bp., absolument que par cette circonstance.

Nous réduisons aux espèces des Antilles, *T. plumbeus,* L., et *T. rubripes,* Temm., le genre *Galeoscoptes,* Cab., conservant *Felivox* (sans doute *Pirrhocheira,* Reich.) pour le célèbre Cat-bird (*M. carolinensis,* L.—*T. lividus,* Wilson), des États-Unis.

Mimus fuscatus est, comme nous l'avons dit, une *Cichlherminia.*

Mimus montanus, Townsend, un vrai Moqueur, différent du *T. montanus,* Lafr., dont le type nous a été conservé par les soins de M. O. des Murs.

Il est difficile de décider auquel des *Mimus* à flancs grivelés du Chili doit être approprié le nom *thenka* de Molina; mais ce qui est certain, c'est que le prétendu *Mimus thilius* que Gray a créé par compilation du même auteur, n'appartient pas même à la Famille, étant, comme l'avons vu, un *Ictérien.*

Aux vrais *Mimus* enregistrés dans mon ouvrage, ajoutez : *M. gracilis,* Cab., à queue allongée, et le *Mimus columbianus,* du même auteur, qui ne diffère évidemment pas de *Mimus melanopterus,* Lawrence, Ann. Lyc. N.-York, 1845, p. 35, ex Venezuela. *Dilute cinereus, subtus albus: alis nigris: rectricibus duabus mediis nigris, apice albis : cæteris dimidiato albis.*

Mimus saturninus, Licht., Wied. et Cabanis, qui est distinct de *Mimus calandra,* Lafr. Plus, deux espèces nouvelles de Port-Famine, en Patagonie, que je viens de trouver dans les magasins du Muséum de Paris. Je nommerai la plus jolie *Mimus nebouxi* ; elle est très-proche de *M. triurus,* mais en diffère par l'absence du châtain sur le dos.

Après en avoir éliminé les espèces nominales et celles qui ne lui appartiennent pas, nous scindons le genre *Mimus* en deux, appliquant aux espèces moins typiques, propres aux îles Galapagos, et se rapprochant des Gobe-Mouches, par le bec court et déprimé, le nom d'*Orpheus.*

Au genre *Toxostoma,* qu'il faut appeler *Harporhynchus,* Cab., ajoutez :

Harp. lecontii, Bp., ex Lawrence, Ann. N.-Y. Lyc., 1851, p. 121, ex California. *Griseus; cauda fusca; rostro gracili, valde incurvo.*

Je pense que *curvirostris,* Sw., et *vetula,* Wagl., devront être réunis.

Le genre, dans la série américaine des *Mimiens,* représente les *Pomotorhinus* indiens de celle des *Cratéropodiens,* à tel point que l'on ne s'étonne pas de voir nommé Promérops de la Californie, l'oiseau figuré à la pl. 47 (non 37) du voyage de la Pérouse.

C'est également des deux séries de l'ancien et du nouveau continent de nos TIMALIIDES, que procède la famille des TROGLODYTIDES. Déjà le genre *Donacobius* semblait parfaitement intermédiaire aux deux; et voilà qu'un oiseau récemment reçu par les frères Verreaux, de la Nouvelle-Grenade, nous fournit un nouvel anneau pour resserrer encore plus étroitement cette chaîne non interrompue. Nous en formons le genre BUGLODYTES, qui se rapproche tout à fait de *Campylorhynchus : Rostrum robustum : pedes validissimi : alæ brevissimæ*,

bec court, *Tr. stellaris*, Licht. (*brevirostris*, Nutt.), de l'Am. sept., et *Tr. interscapularis*, Licht., du Brésil.

» Plusieurs sont tellement les analogues des *Myotherides*, famille de

---

rotundato-truncatæ; remigum prima brevissima, secunda longitudine media inter primam et tertiam; tertia, sexta et septima æqualibus, quarta et quinta omnium longissimis vix brevio-ribus: cauda longa, rotundata.

Buglodytes albicilius, Bp., ex Sᵗᵃ Martha. *Chocoladinus, plumis margine rufis; subtus cum vitta superciliari lacteus; uropygio rufo: tectricibus alarum inferioribus candidis: rectricibus mediis chocoladinis, unicoloribus; lateralibus nigricantibus, fascia latissima sub-terminali alba.* (Magnitud., *T. iliaci*.)

Quant à *Donacobius*, nous n'en connaissons qu'une espèce : *D. atricapillus*, Gr. ex L. *Fusco-chocoladinus, pileo, genis, cerviceque nigricantibus, uropygio flavescente: subtus flavo-cinnamomeus, lateribus nigro-lineolatis: speculo alari, rectricumque lateralium apicibus, albis.*

D. albo-lineatus, d'Orb. (*albo-vittatus*, Lafr.), n'en différerait que par une ligne blanche sur chaque côté de la tête.

Nous subdivisons la sous-famille des *Brachypodiens* en *Brachypodés*, *Hypsipétés* et *Cri-nigérés*.

Mon genre *Meropixus* a pour type un oiseau de Ceylan, introduit à tort dans le genre africain *Parisoma*, dont nous devons la connaissance à Levaillant (Afr., t. 14o), et dont Vieillot faisait, en compilant, une *Ægithina*, Gray un *Parus*, et Blyth un *Pycnonotus*. Ce sera *Meropixus atricapillus*, Bp. *Virescens, pileo nigro; subtus flavissimus: rectricibus nigricantibus, macula magna apicali candida: rostro nigro.*

Ixidia, Hodgs, est également un vrai *Brachypodien*, qui a pour type le joli petit *Mala-copteron aureum*, Eyton, ou mieux *Ixidia cyaniventris*, Blyth, de Malacca et Sumatra. *Viridis; capite, pectore, abdomineque cyaneis: crisso aureo.*

Ixocincla, Blyth, au contraire, a pour type un *Hypsipété*, que M. Cabanis considère comme un *Microscelis*, et dont j'ai fait, à tort, un *Brachypus*, en imitant Temminck. Ce n'est que fourvoyé par la similitude des noms, que l'on peut confondre *Micropus*, Sw., ou *Microtarsus*, Eyton, avec *Microscelis*, Gr.

Ixocherus, Bp., a pour type un petit *Brachypodien*, dont j'ai fait double emploi; c'est à la fois *Brachypus vidua*, de Bornéo, et *Microscelis tristis*, de Malacca, dans mon *Con-spectus*. Il se retrouve, en outre, dans le Musée de Paris, sous le nom de *Ixos sylves-tris*, Temm., de Sumatra. C'est à lui que Eyton a imposé le nom de *Microtarsus melano-leucus* (Proc. Zool. Soc., 1839, p. 102). Il ne faut pas le confondre avec *Turdus mela-leucus*, J. Gr. (Zool. Misc., p. 1), de la Chine, qui reste type et seul représentant du genre *Microscelis*, G. Gr.

M. melanoleucus, G. Gr. *Niger; subtus nigro-cinereus: capite maculaque humerali alba: alis brevibus; cauda truncata: rostro brevi apice compresso, pedibusque exilibus, flavis.*

Les autres espèces appartiennent au genre *Galgulus*, Kittlitz; la quatrième même, *squamiceps*, Kittl., ne diffère pas de la troisième, *amaurotis*, appelée *Turdus nigotori*, Temm., dans le Musée de Paris; et la cinquième, *Turdus philippensis*, a été placée par Strickland

VOLUCRES, qu'ils avaient été confondus avec eux par les meilleurs zoologistes. Nous n'avons à enregistrer que :

» 1. *Thryothorus ludovicianus, Bp., ex Lath. (littoralis, Vieill.), ex

---

parmi les *Hypsipetes*, où elle forme double emploi. Le genre *Galgulus*, en effet, tout comme *Microscelis*, par ses pieds mignons, est un *Hypsipété*.

Hemixos l'est également, mais il ne reste qu'une espèce, la seconde intruse étant un *Crinigéré*: *Criniger icterius*, Strickl., de Ceylan. *Flavo-virens, unicolor; subtus cum superciliis flavissimis.*

Il faut que M. Gray n'ait jamais vu sa prétendue *Jora familiaris*, ex Kittlitz, car, autrement, il n'aurait pu songer un moment à la placer dans ce genre, auquel elle ne ressemble nullement. C'est un *Brachypodien* voisin de *Loedorusa*, et c'est avec lui que le Dr Schiff a judicieusement confectionné son genre *Apalopteron*. Voici la phrase spécifique que j'ai prise sur l'exemplaire rapporté par M. Kittlitz, de Ravenzina :

Apalopteron familiare, Schiff., ex Kittlitz, Mem. Ac. Petersb., 1835, sp. 235, t. 13. *Majusculum : grisco-viride, uropygio flavicante : subtus sulphureum plumis basi griseis : fronte genisque nigris flavo-marginatis* (macula utrinque ad rostri basin et postice).

Aux véritables *Trichophores*, ajoutez : *Tr. canicapillus*, Hartl., Beytr. Orn. west. Afr., p. 241, ex Sierra-Leone.

Ixos susanii, Mull. in Mus. Verr. ex Sumatra. *Rufus, pileo fuscescente, cauda magis rufescente striis obsoletis : subtus albidus, pectore subcinerescente, crisso subrufescente : rectricibus inferne griseis, rachide apiceque albis : rostro brevi, pedibusque nigris.*

Le genre *Trichophoropsis*, Bp., a pour type un *Crinigéré* de Bornéo, dans la collection Verreaux. *Rufo-olivaceus, pileo, remigibus, caudaque fuscescentibus : superciliis albidis : subtus flavidus; gula alba; pectore cinereo; lateribus olivaceis : rectricibus, duabus mediis exceptis, macula candida magna interna apicali.* Ce sera *Tr. typus*, Bp., à moins qu'on n'identifie l'espèce avec *Trichophorus pulverulentus*, Mull.,'du Musée de Leyde, qui, dans tous les cas, fait aussi partie du genre.

Ajoutez :

Trichophoropsis viridis, Bp., Mus. Verr., ex Borneo. *Valde minor; olivaceus : subtus viridi-flavus : loris genisque flavis : cauda unicolore.*

Ajoutez aux *Timaliens :*

Timalia pyrrhophœa, Hartl., Rev. zool., 1844, p. 402, sp. 4, et comparez-la à

Timalia squamifrons, Pucheran, in Hombr. et J. *Affinis* Napotheræ coronatæ, Müll., *sed rostro longiore, pedibus robustioribus, etc.*

M. Cabanis veut que ma *Mixornis sumatrana*, Consp., p. 217, sp. 2, soit la vraie *gularis*, et, par une manœuvre qui lui est familière, il appelle ainsi *javanica*, Cab., ma *Mixornis gularis*, sp. 1.

La *Mixornis chloris* me semble une véritable *Timalia*.

Par contre, *Timalia maculata*, Temm., n'est-elle pas un *Macronus?*

Le genre *Turdirostris*, Hey., réuni par Gray aux *Macronus*, est appelé *Bessethera* par

B. 6

Am. s. etiam occid. *Majusculus; rufus; subtus albus, lateribus crissoque nigro-vittatis : superciliis protractis niveis : remigibus fuscis, externe, uti rectrices, rufo nigroque fasciatis.*

Cabanis. Les deux phrases suivantes serviront à distinguer deux espèces généralement confondues.

Turdirostris capistratus, Bp., ex Temm., de Java. *Rufo-olivacea, subtus fulvo-badia; pileo nigro; superciliis genisque fulvo-badiis : gula albida; crisso fuscescente : remigibus rectricibusque magis rufescentibus.*

Turdirostris capistratoides, Bp., ex Temm., de Bornéo. *Fusco-castaneus : pileo, cervice, genisque nigris : superciliis juguloque candidis : pectore fulvo-badio; abdomine fuscocastaneo.*

Ajoutez *Turdirostris nigro-capistratus*, Verr. Mus. (*Macronus nigro-capistratus*, Eyton, 1847), de Malacca. *Fusco-castaneus, remigibus, rectricibusque obscurioribus; subtus aurantio-badius, lateribus crissoque fuscescentibus : pileo, cerviceque nigris : superciliis, gulaque hinc inde nigro-marginata, albidis.*

La dixième espèce de mon Conspectus, *Myiothera poliogenys*, Müll., de Sumatra, est une *Brachypteryx*, Horsf. : *B. poliogenys*, Bp., ex Müll. *Brunnea, pileo rufescente, genis fuscocinereis : subtus rufo-isabellina, gula et vitta pectorali media albis : pedibus flavis, longissimis.*

N. B. *Brach. malaccensis*, Hartl., ne diffère pas de *Br. poliogenys*, figurée par Jerdon et Jardine.

La septième, prétendue *Myiothera leucophrys*, Temm., pl. col. 448, 1, de Java, n'est autre chose que l'*Alcippe sepiaria*, Blyth, ex *Brach. sepiaria*, Horsf., de la p. 260, qui se retrouve en triplicata à la p. 257.

Ajoutez *Brachypteryx palliseri*, Kelaart, espèce rare de Ceylan, et *Brach. superciliaris*, Verr., du cratère de Golean Gede, la prétendue seconde espèce de *Microura*, de Müller.

Le genre *Alcippe* doit trouver sa place ici. Ajoutez :

1. *Alcippe solitaria*, Cab., de Sumatra.

2. *Alcippe dumetoria*, Cab., de Java.

3. *Alcippe poiocephala*, Blyth.

4. *Alcippe nigrifrons*, Blyth, très-commune à Ceylan. *Affinis* Alc. atricipiti, Jerd., sed *pileo non omnino, fronte tantum, nigro in vittam transocularem hinc inde producta : cauda obscuriore, et nigricante fasciata; supra et in lateribus crissoque fusco-fulva : subtus pure alba : plumis axillaribus rufescentibus.*

Le type du genre *Pellorneum* étant peu connu, je le décris ici d'après les exemplaires du musée Verreaux :

P. ruficeps, Sw. (*Cinclidia punctata*, Gould. — *Hemipteryx nepalensis*, Hodgs.). *Rufo-cinereum, pileo cerviceque rufis; genis cinereo-rufis; subtus cum fascia postoculari albo-rufum, pectore lateribusque fusco-guttatis.*

Il en est de même de *Turdinus*, Blyth, genre que peu d'ornithologistes connaissent.

T. macrodactylus, Blyth. *Chocoladinus, plumis capitis squamatim, dorsi lineatim, rufocentralis : subtus cinereus fusco-nebulosus; gula alba : macula infra et pone oculari nuda.*

(43)

» 2. *Troglodytes leucogaster,* Licht., dont le *spilurus,* Vig., ne me semble pas plus différer que le *Troglodytes parkmanni,* Aud., B. of Amer., in-8° ed., 11, p. 133, t. 122. *Rufo-brunneus; subtus albo-cinereus, linea postoculari alba : tectricibus caudæ inferioribus fasciatis : rectricibus mediis tantum fasciatis, cæteris fuscis, extimis albido maculatis et apice cinereis* (1).

Le genre *Drymocataphus* se compose de deux espèces : *Brachypteryx nigro-capitata,* Eyton, 1839, de Malacca, et

Dr. fuscocapillus, Blyth, de Ceylan. *Similis* præcedenti, *sed superciliis concoloribus : cinereo-olivaceus; subtus cinereo-rufus : pileo fusco, plumis nigricante marginatis et pallide striatis : remigibus primariis marginibus pallidioribus : rectricibus extremis apice rufescentibus.*

Le genre *Clitonyx,* Reich., confondu à tort avec *Orthonyx,* doit se composer de deux espèces : le prétendu *Parus albicillus,* Less. (*senilis,* Dubus), placé par Gray dans *Certhiparus,* devant en faire partie. *Griseo-fuliginosus : capite corporeque subtus albis.*

Les *Certhipari* restants devront être mieux étudiés.

(1) Une autre belle espèce mexicaine est celle qu'on a bien voulu me dédier dans le Musée de Francfort :

Statura media : pallide cinereus, uropygio cinnamomeo, albo nigroque punctulatus : subtus albidus : cauda cinerea, supra nigro-fasciolata; rectricibus lateralibus macula subapicali nigra, apiceque late cinnamomeis.

Ces oiseaux ont besoin d'une revue sévère : plusieurs espèces sont nominales; d'autres, telles que *Thryothorus venezuelanus,* Cab.—*Thryothorus platensis,* Wied.—*Troglodytes albifrons,* Giraud, du Texas (un des *mexicanus* des auteurs antérieurs), doivent être mieux étudiées.

Thryothorus modulator, Lafr., est un *Cyphorhinus.*

Le Dr Hartlaub en a établi une autre de Colombie, dont j'ignore le nom, mais dont voici la phrase : *Totus cæsio-cærulescens; subcaudalibus albido nonnihil variegatis.*

Thryothorus coraya et *Thr. genibarbis* sont deux *Pheugopedius.*

Le premier des *Campylorhynchus* doit être :

1. *Turdus variegatus,* Gm. (*scolopaceus,* Licht. — *Campylorhynchus scolopaceus,* Spix, Av. Bras., 1, t. 79, 1.—*Opetiorhynchus turdinus,* Wied), ex Bras.?

M. Delattre a rapporté un *Campylorhynchus* voisin du *capistratus,* mais que je crois nouveau :

Rufus, nigro-guttatus et albo-lineatus, nucha pura, pileo nigricante : subtus cum superciliis latissimis albis : remigibus fuscis, maculis externis helvolis : rectricibus nigris, mediis undulatis, fascia subapicali alba.

MM. Verreaux ont reçu, de la Nouvelle-Grenade, une belle espèce élégamment tachetée qu'ils feront connaître sous le nom de *Camp. pardus.*

La vingtième Famille, celle des CERTHIIDES, ne contient que des oiseaux grimpeurs : sa première sous-famille à bec courbé, à narines découvertes, les *Certhiens* enfin, tiennent

6..

» La vingt et unième Famille, celle des Parides, se compose de deux sous-familles, dont la première, les *Pariens*, tient par les formes et les couleurs, des *Sittiens;* la seconde, les *Réguliens*, pourrait se rattacher aux *Sylviens*, des Turdides. Cette dernière n'a que trois genres : *Regulus*, Vieill., avec trois espèces; *Reguloides*, Blyth, ou *Phyllobasileus*, Cab., avec quatre; et *Cephalopyrus*, Bp., que nous instituons pour un joli petit Chanteur de l'Inde, qui n'est pas tout à fait une Mésange (1).

» Le seul oiseau de ce groupe que contienne notre collection est le com-

---

aux *Troglodytes* jusque par les couleurs du genre type. La seconde, celle des *Sittiens*, a le bec droit et les narines couvertes de plumes comme les Garrulides et les Corbeaux.

Les Certhiens se composent des genres :

Certhia, L.—*Caulodromus*. Gr.—*Salpornis*, Gr.—*Tichodroma*, Ill., et *Climacteris*, Temm.

Certhia discolor, Blyth, doit être rapprochée de *C. nepalensis*, Hodgs, dont elle diffère à peine parce qu'elle est obscure en dessous, et non blanche, à flancs ferrugineux. L'une et l'autre sont bien figurées par Gould dans ses *Birds of Asia*.

J'ai vu, chez MM. Verreaux, des exemplaires de *Tichodroma muraria*, à bec presque du double plus long des ordinaires : ils provenaient des Basses-Alpes.

Les *Sittiens* comprennent les genres :

Callisitta, Bp., non admis par Gould ;— *Dendrophila*, Sw. ;—*Sitta*, L.; —*Sittella*, Sw.,— et *Acanthisitta*, Lafr., qui se rattache en quelque sorte aux *Clitonyx* par les *Certhiparus*.

Il est maintenant bien établi que la *Sitta europœa*, L., celle qui vit en Suède, diffère autant de la *Sitta uralensis*, Licht., d'Asie, que de la *Sitta cœsia*, Wolf, du reste de l'Europe, y compris l'Angleterre : elle est caractérisée par ses flancs d'un châtain vif, tandis que l'asiatique, d'ailleurs beaucoup plus petite, les a à peine roussâtres.

Dans une de mes dernières visites à Bruxelles, où je ne manque jamais de profiter de l'aimable hospitalité de la famille Drapiez, tout en parcourant le cabinet ornithologique de mon vieil et savant ami, j'ai pris les noms d'une quantité d'espèces nommées par lui, il y a quarante ans, qui, si elles ne sont pas nouvelles à l'heure où j'écris, l'étaient certainement pour la plupart à cette époque. Ces notes sont précieuses pour éclaircir plusieurs points de synonymie, car si toutes les espèces de M. Drapiez n'ont pas été publiées, les noms de la plupart ont transpiré; et il est important de les reconnaître, ne fût-ce que pour restituer au vénérable vieillard la part qui lui est due dans les progrès de la science.

Sous le nom de *Sitta cærulea*, Drapiez, nous trouvons une *Dendrophila*, de Java, semblable à la *D. frontalis* Horsf. (*velata*, Temm.) ; sed *pileo ex toto crissoque nigris, pectore abdomineque albis nec cinnamomeis*.

Ne serait-ce pas aussi *Sitta azurea*, Less., rapportée à tort à *D. flavipes*, Sw., de l'Asie centrale?

(1) *Parus flammiceps*, Burton. (*Diceum sanguinifrons*, Hey), Blyth., Catalog., sp. 553. ex Masouri, As. centr. *Rostro brevissimo, gracili, acutissimo : alis longissimis : cauda brevi. Minimus, flavo-virens; subtus flavissimus; sincipite mentoque fulvo-rubris : remigibus rectricibusque nigris albido-limbatis.*

mun *Reguloides calendula*, Bp., ex L., si répandu par toute l'Amérique du Nord.

» Deux espèces de vrais *Pariens* se présentent à nous :

» *Parus rufescens*, Townsend : *Castaneus; abdomine medio tantum albo-cinereo : pileo, cervice, gula pectoreque nigris : genis, collique lateribus albis; et*

» *Psaltriparus minimus*, Bp., ex Townsend. Ce *Parien* pygmée appartient aussi au nouveau genre que j'ai fondé pour *Parus personatus*, synonyme de *Parus melanotis*, Sandback, et que je ne crois pas devoir réunir, ni à *Psaltria*, Temm., ni à *Orites*, Blyth, genres tous si voisins (1).

---

(1) Les *Pariens* se subdivisent en *Pareœ* et *Ægithaleœ*.

Ces derniers n'ont que trois genres : *Panurus*, Koch. — *Ægithalus*, Vig., — et *Anthoscopus*, Cab., pour une petite Mésange aquatique d'Afrique, placée par les compilateurs parmi les *Drymoica!*

Anthoscopus minutus, Cab. (*Sylvia minuta*, Shaw. — *S. anthophila*, Boie. — *Parus fuscus*, Vieill., err. — *Parus pensilis*, Licht. — *Ægithalus smithi*, Jard. et Selb. — *Æg. pensilis*, Hartl., 1844. — *Drymoica minuta, Paroides smithi* et *P. pensilis*, Gr.). Lev. Afr., t. 134. — Nat. Misc., t. 997. — Edinb. Journ. Nat. Sc., n. ser. 1, t. 5. — Ill. Orn., 3 t. 11, 1, ex Afr. merid. — *Parus capensis*, Gm., est une seconde espèce du genre.

Les *Pareœ* ont treize genres: *Bacolophus*, Cab., avec trois espèces. — *Lophophanes*, Kaup, avec deux. — *Machlolophus*, Cab. — *Melanoparus*, Bp. (*Pentheres*, Cab.). — *Parus*, L. — *Cyanites*, Kaup. — *Penthestes*, Reich. — *Pœcila*, Kaup. — *Ægithaliscus*, Cab. — *Psaltriparus*, Bp. — *Psaltria*, Temm. — *Mecistura*, Leach, — et *Orites*, Blyth, ex Moehr.

Megistina, Vieill., est fondé sur une espèce nominale.

Certhiparus, Lafr., n'appartient pas à la famille.

Parus hudsonicus, Forst., Mill. Cymel. Phys., t. 21, n'est point le jeune d'une autre, mais bien une excellente espèce propre au Canada et aux contrées boréales de l'Amérique.

Brunneo-cinereus; subtus albo-griseus lateribus fusco-castaneis : pileo cerviceque fusco-ferrugineis; genis albis : gula late nigra.

Ajoutez aussi *Parus montanus*, Gambel, Journ. Ac. Philad., t. 8, 1. *Cinereus; subtus albo-griseus, lateribus fuscescentibus : pileo, cervice, linea transoculari, juguloque nigris; superciliis, genis collique lateribus albis.*

Trois espèces de *Pœcila* à tête noire sans sourcils blancs, très-semblables à *P. palustris* d'Europe, se trouvent aux États-Unis :

1. *P. atricapillus*, L.; — 2. *P. carolinensis*, Aud., qui ne se distingue guère qu'à sa petite taille, — et 3. *P. septentrionalis*, Harris., qui se reconnaît à la teinte gris-roussâtre, à sa queue allongée à barbes externes des pennes extérieures entièrement blanches : les rémiges sont largement bordées de blanc.

N. B. Ajoutez aux vrais *Parus :*

1. *Parus elegans*, Lesson, bonne espèce depuis longtemps au Musée de Paris, et que les frères Verreaux viennent de recevoir en nombre des Philippines.

» Nous partageons les ALAUDIDES en *Pyrrhulaudiens* et *Alaudiens*, et ces derniers en *Calandrellés* et vrais *Alaudés*. Un seul genre d'Alouettes, *Otocorys*, Bp., représente la Famille en Amérique; mais on peut en énu-

---

2. *Parus nuchalis*, Jerd., Ill. B. of Ind., t. 5, de l'Inde méridionale.

Ma vingt-deuxième Famille, celle des MALURIDES, peut se considérer sous le nom de *Maluriens* (dans tous les cas synonyme) comme une branche de la grande Famille des TURDIDES, se rattachant à ceux-ci encore mieux que les *Troglodytiens* ne le font aux TIMALIIDES. En effet, elle ne se compose que des trois genres : *Malurus*, Vieill., *Stipiturus*, Less., et *Amytis*, Less., dont le dernier est tout autant un *Calamoherpien* qu'un *Malurien*. Voici quelques phrases caractéristiques de ces jolis petits oiseaux, comme échantillons de celles que je voudrais leur voir à tous :

1. *Malurus cyaneus*, Vieill., ex Gm. *Nigro-cyaneus; abdomine latissime albido : pileo, genis, dorsoque argenteo-cæruleis : alis fuscis : cauda longula apice albida.*

2. *Malurus splendens*, Blyth, ex Quoy et Gaim. *Nitide cyanea; genis argenteo-cæruleis : loris, corona cervicali et torque pectorali nigro-holosericeis : alis glaucis : cauda fusco-cærulea.*

3. *Malurus browni*, Vig. et H. *Minimus; nigerrimus, dorso uropygioque fulvo-aurantiis : alis fuscis : crisso albo.*

La Famille suivante, celle des CINCLIDES, est mieux caractérisée. Sa première sous-famille, les *Cincliens*, tient un peu encore aux TURDIDES, comme le rappelle le nom vulgaire de son type, *Merle d'eau*. La seconde, au contraire, celle des *Eupétiens*, se rattache aux Bergeronnettes.

Les genres *Cinclus*, Bechst., *Ramphocinclus*, Lafr., et *Cinclops*, Bp., forment seuls le groupe des *Cincliens*.

Les *Eupétiens* comprennent, aujourd'hui pour nous, outre le genre *Eupetes*, Temm., *Grallina*, Vieill., *Henicurus*, Temm., et *Ephthianura*, Gould.

Il faut se garder d'y joindre, comme je l'ai fait, d'après M. Gray, l'*Ajax diana*, Less., qui est un *Saxicolien*, voisin du genre *Myiomela*. Nous le vîmes pour la première fois dans le Musée de Berlin, sous le nom de *Myiothera frontalis*, Temm., ex Java, et nous nous aperçûmes de suite de l'erreur.

Ajax diana, Less. (*Lanius Notodela diana*, Less., Mus. Paris.). *Intense cyanea, capistro nigro, fronte alba : rectricibus, extimis et mediis exceptis, macula magna candida pogonii externi ad basin : rostro elongato, compresso, pedibusque nigerrimis.*

C'est par le petit genre *Ephthianura* que la *Série linéaire* nous conduit aux MOTACILLIDES. Leur première sous-famille, les *Motacilliens*, se compose des genres :

Motacilla, Scopoli, ex L. — *Nemoricola*, Blyth. — *Pallenura*, Bp., ex Pall., dont une race, peu ou point distincte de celle de Java, est fort commune à Madagascar. *Cinerea, dorso olivaceo : abdomine flavissimo; gula pectoreque albidis, collari nigro : remigibus fuscis basi albis : rectricibus nigris apice albis; extima ex toto alba.*

Budytes, Cuv. Ajoutez :

Motacilla ophthalmica, ou *lunulata*, O. des Murs, in Lefèvre, Voy. en Abyssinie, Ois., p. 94, t. 7; et aux vraies Bergeronnettes :

mérer quatre races dont une à peine distincte de l'*Ot. alpestris*, d'Europe, et d'autres non moins semblables entre elles ; ce sont :

» 1. *Otocorys cornuta*, Bp., ex Wils., que Cabanis s'approprie. (*Alauda*

M. lichtensteini, Cab., la soi-disant *Mot. capensis* adulte, *Licht.*, de Nubie (*maderaspatana*, Ehrenb. nec Auct. ; — *capensis*, Rupp.), puisque sa *M. vaillantii* est évidemment la même que *M. vidua*, Sundeval, de mon Conspectus.

Le fait est que la véritable *Mot. capensis*, L. (*afra*, Gm.,—*M. capitis Bonœ Spei*, Br.), a, dans tous les états, l'apparence du jeune âge. Voici la phrase caractéristique de l'adulte :

Fusca ; subtus alba, torque angusto, fusco, abdomine flavescente : scapularibus longissimis ; apicibus tectricum majorum alarum albicantibus : rectricibus duabus utrinque extimis albis.

L'Aguimp du Cap (*cafra ?* Verr., Mus. Paris.) est, comme on voit de suite en les comparant, plus grand que l'espèce d'Abyssinie ; son bec est plus long, ses tarses beaucoup plus forts, et ses flancs noirs et non blancs.

Les *Anthiens* sont constitués des genres :

1. *Macronyx*, Sw., aux couleurs de *Sturnella* et aux formes intermédiaires entre les *Anthiens* et les *Alaudiens*. On n'en connaît que trois espèces, la *crocea*, Less., ne différant pas de la *flaviventris*, Sw.

2. *Corydalla*, Vig., dont le type est représenté Pl. col. 101.

3. *Agrodroma*, Sw., auquel genre il faudra joindre, comme troisième espèce, l'*Alauda spraguii*, Aud., B. of Am., 2ᵉ éd., vii, p. 335, t. 486, 1843, qui n'est certainement pas une *Otocorys*.

4. *Anthus*, Bechst, et

5. *Pipastes*, Kaup, pour les *Dendronanthus*, Blyth ; et peut-être, quand les espèces étrangères seront mieux étudiées, quelques autres petits genres, mais non ceux de Kaup, qui ne me semblent pas naturels. Il ne sera pas impossible de bien déterminer les espèces en en décrivant avec soin les nuances et les grivelures.

M. Delattre n'a rapporté de San-Francisco que l'*Anthus ludovicianus*, qui semble le même dans toutes les parties des États-Unis et le long des deux Océans, soit qu'on l'ait appelé *ruber, rufus, rubens, pipiens, aquaticus* ou *hypogœus*.

Brunneo-olivaceus, plumis capitis et dorsi medio nigricantibus ; subtus pallide rufus, jugulo (gula et pectore puris) nigro-guttatis, lateribus pallide fusco-striatis : tectricibus, remigibusque albido-marginatis : rectricibus nigricantibus, extima dimidiato alba et apice albo ; secunda apice tantum externe albo : ungue postico elongato, curvo.

Aux races encore mal déterminées de ce genre, ajoutez comme bonne espèce :

Anthus euonyx, Cab., Hein. Mus., p. 14, sp. 104, de Java.

Étudiez mieux *Anthus immutabilis*, Degland ; et *Anthus tristis*, Mus. Baillonii, semblable au *pratensis*, mais beaucoup plus petit et à teintes obscures, aussi bien le roux que le gris.

Effacez après *Anthus leucophrys*, Vieill., qui n'est nullement figuré dans la Gal. des Oiseaux, la citation de la pl. 262 qui représente une Bergeronnette. Le prétendu *Anthus*, figuré Gal. des Oiseaux, t. 161, est la *Certhilauda garrula*, Smith (*albifasciata*, Lafr.), femelle.

Anthus rufigularis, Brehm, ou *cecilii*, Audouin, ne serait-il pas distinct d'*Anthus cervinus*, ex Pall., qui est le *pratensis* d'Eversmann ? Ses ailes et sa queue sont plus longues : sa

alpestris, ex America, Auct.) Wils., Am. Orn., t. 5, 4.—Aud., Am. B.,
t. 100, des États-Unis, la plus grande de toutes.

» 2. *Otocorys chrysolæma,* Bp., ex Wagl., également usurpée par Cabanis (*Alauda alpestris,* ex Mexico, Auct.), Pr. Zool. Soc., 1837, p. 111,
sp. 21, du Mexique, plus petite, etc.

» 3. *Alauda rufa,* Aud., nec Lath., changée depuis en *Al. flava,* Gm.,
mais bien à tort, puisque l'oiseau que Gmelin a appelé ainsi, d'après la
pl. col. 650, 2, venait de Sibérie, et était, par conséquent, l'*Otocorys alpestris.* Nous nous abstenons de lui donner un nom scientifique, n'étant
pas sûr qu'elle diffère de *chrysolæma.* Elle est figurée par Audubon sur la
pl. 497, sous le nom de *Western Shore-Lark,* et provient du Texas. Comparée à l'*Ot. cornuta,* elle en diffère par sa petite taille et par toutes les
pennes de la queue, sombres, unicolores, celles du milieu n'étant pas claires
comme les couvertures.

» 4. *Otocorys occidentalis,* Mac Call, Proc. Acad. N. Sc. Phil., V, 118
(Juin, 1850), de Santa-Fé, diffère de l'*Ot. alpestris* en plumage d'hiver, parce
qu'elle n'a pas les sourcils ni la gorge jaunes : elle a plus de noir sur les
joues, moins sur la poitrine, et une légère teinte roussâtre sur les parties
supérieures; le blanc du front est plus distinct; le bec plus court et plus
courbé. Elle diffère de la précédente (dont il est malheureux que son auteur
ait traduit le nom anglais pour l'appliquer en latin à celle-ci) par sa taille
plus forte et par ses rectrices médianes plus claires que les autres, et de la
couleur des couvertures de la queue.

» Nous avons déjà dit que *Alauda spraguii* (par erreur *spengleri* et
spraugeri) n'était pas un *Alaudien,* mais un *Anthien* (1). »

---

couleur tend au roussâtre et non à l'olivâtre : ses sourcils et sa gorge sont d'un gris-rougeâtre,
et cette dernière est sans grivelures. Les sourcils du *cervinus* à ailes et à queue courtes, à
teinte olivacée, sont fauves et les côtés de sa gorge très-évidemment grivelés.

(1) *Otocorys albigula,* Bp., ex Brandt, est une espèce nominale synonyme de *Otocorys
scriba* ou *penicillata.*

Alauda biloba, Rupp., est ou la même ou plutôt *Ot. bilopha,* Bp., ex Temm. (*bicornis,*
Hempr.).

Les *Pyrrhulaudiens* ne se composent que du genre *Pyrrhulauda,* Smith, 1829, que M. Jules
Verreaux avait, d'une manière plus expressive, sinon plus grammaticale, nommé *Pyrgilauda,*
noms auxquels le classique M. Cabanis veut en vain substituer son euphonique *Coraphites.*
Ajoutez à mes espèces : *Coraphites melanauchen,* Cab., Mus. Hein., p. 134, sp. 664, d'Afrique.

Les *Alaudiens,* des genres *Otocorys,* Bp., et *Calandrella,* Kaup, 1829, changé en *Calandritis* par Cabanis en 1851, forment à eux deux la série des *Calandrelleæ :* les genres *Rampho-*

CHANTEURS CURVIROSTRES.

« La grande division des CHANTEURS CURVIROSTRES, dans laquelle nous nous sommes efforcé de rassembler les nombreuses familles d'Oiseaux plus ou moins suceurs, à langue plus ou moins pénicillée, quelle que soit d'ailleurs la forme si variable de leurs becs, est, pour ainsi dire, essentielle-

---

corys, Bp. — *Melanocorypha*, Boie. — *Mirafra*, Horsf. — *Megalophonus*, Gr. — *Annomanes*, Cab. — *Alauda*, L.— *Lullula*, Kaup. — *Galerida*, Boie. — *Certhilauda*, Sw. — *Alæmon*, Keys. et Bl., forment la série des *Alaudeæ*.

Ajoutez en espèces nouvelles :

1. La Calandre d'Abyssinie, *Melanocorypha albo-terminata*, Cab. (*Al. calandra ?* Rupp.).

2. *Melanocorypha torquata*, Hodgs., de l'Afghanistan. *Similis* M. calandræ *sed minor et pallidior : nigredine laterum in pectore haud interrupta* (hinc torquata !) : *rectrice extima minime alba.* Il ne faut pas confondre cette petite Calandre claire à collier non interrompu, avec la *Melanocorypha mongolica*, qui porte le nom de *torquata*, Gm., dans le Musée de Paris.

Al. cinerea, dont *Calandrella ruficeps*, Brehm, est synonyme, est avec *brachydactyla* ou *arenaria*, le type du genre *Calandrella ;* ajoutez-y *sibirica*, *bagueira*, *pispoletta*, et une nouvelle de Cabanis, *Calandritis minor*, du nord-est de l'Afrique.

C'est aux dépens de ce genre *Calandrella* (*Coryphidea*, Blyth), que Cabanis a institué son nouveau genre *Annomanes*, pour des oiseaux beaucoup plus proches des vraies Alouettes que ne sont les *Calandrella :* son type est *Al. deserti*, Licht. (ne pas confondre avec *Al. desertorum*, Stanley), ou *isabellina*, Temm. Il faudra y ajouter *Al. pallida*, Ehrenb., et la *cinnamomea* décrite ici par moi, il y a trois ans, dans mon Mémoire sur les Tangaras.

Comme Brandt et Cabanis l'observent avec raison, l'*Alauda leucoptera*, Pall., dont *sibirica*, Gm., est le jeune, est une grosse *Calandrella*, mais non pas une Calandre.

Ajoutez en Alouettes plus typiques :

Alauda varia, Strickl., de Damara.

Alauda spleniota, Strickl., semblable à la *ruficeps*, Rupp., mais ayant une tache noire et non rousse de chaque côté de la poitrine. C'est sans doute l'*Al. ruficapilla* de Smith, mais non celle de Stephens, qui est la *rufipilea*, Vieill.

Alauda erythrochlamys, Strickl., espèce très-remarquable par son bec allongé, qui indique le passage aux *Certhilauda*. C'est pour nous une *Galerida*, Boie, genre qui a pour synonymes *Calendula*, Sw., *Erana*, Gr., et *Heterops*, Hodgs.

Cabanis voudrait appeler *Geocoraphus* les *Mirafra*, Horsf., 1820; *Chersomanes*, les vrais *Certhilaudæ*, Sw. 1827 (je dis vrais *Certhilaudæ*, parce qu'on a rangé sous ce genre des VOLUCRES d'Amérique !), et en séparer les *Alæmon*, dont *Al. duponti* est le type, sous le nom de *Thinotretes* inventé par Gloger en 1842.

Espèce ou variété, mon *Alauda cantarella* est aussi commune aux environs de Paris que dans ceux de Rome : je l'ai retrouvée dans le Musée Baillon, à Abbeville, sous le nom de *A. moreotica.*

Je ne connais pas *Alauda tigrina*, Vieill., de Ténériffe, mais c'est sans doute le jeune d'une bonne espèce.

B.

ment océanienne, n'ayant que quelques représentants sur le continent d'Asie, encore moins en Afrique, et pas un en Europe. Une seule de ses familles, celles des CÉRÉBIDES, se trouve en Amérique : elle lui est propre, peu nombreuse, et n'a fourni à **M.** Delattre qu'une race bien connue du Nicaragua, de la *Cœreba cyanea*, Vieill. *Pulchre cyanea, gula concolore; pile glauco ; fronte, loris, alis, caudaque nigerrimis; remigibus intus flavis : pedibus rubris.*

» Fem. *viridis : remigibus rectricibusque pallide fuscis* (1).

---

(1) Les exemplaires du Brésil ont la calotte moins étendue; le bec plus recourbé.

M. Cabanis, qui se permet de changer le nom de *Cœreba* de Vieillot, voire même de Brisson, en *Arbelorhina !* en distingue, en outre, deux races de Porto-Cabello.

2. *Cœreba brevipes*, Bp., ex Cab., sp. 538. *Minor, pedibus brevissimis.*

3. *Cœreba eximia*, Bp., ex Cab., sp. 529. *Pileo albidiore : rostro longiore.*

Ce n'est qu'en hésitant que nous essayons de caractériser les espèces indiquées par les auteurs en y ajoutant nos nouvelles espèces :

4. *Cœreba cœrulea*, Vieill., ex L., de Cayenne. *Media : rostro modico, arcuato : violaceo-cyanea : loris latissimis, gula circumscripte, alis, caudaque nigerrimis : pedibus flavis.*

Fem. *Splendide viridis : fronte, loris, et genis rufescentibus albido viridique punctatis : vitta mystacali cœrulea : subtus flava, in medio crissoque pure, lateribus viridi-striata; gula cinnamomea : remigibus fuscis : cauda viridi : pedibus fuscis.*

5. *Cœreba trinitatis*, Bp., Mus. Verr., ex Insula Sancta-Trinitas. *Major; alis longioribus; cauda breviori; pedibus valde robustioribus.*

6. *Cœreba gutturalis*, Gr., ex L , du Brésil. *Rostro longiore, magis arcuato : nigredine gulæ magis protracta.*

7. *Cœreba gularis*, Vieill., ex Sparrm., Mus. Carls., t. 79, de Sainte-Marthe et Colombie. *Rostro exili.*

8. *Cœreba trochilea*, Gr., ex Sparrmann (*Arb. longirostris?* Cab., sp. 531), Mus. Carls., t. 80, de Caraccas. *Major : rostro longissimo, valde incurvo.*

9. *Cœreba nitida*, Hartl. (*Arb. brevirostris*, Cab., sp. 532). Rev. zool , 1847, p. 84, de Porto-Cabello et Guajaquil. *Minor : cœruleo-turcosa : nigredine gulæ in pectus producta : rostro brevissimo, exili, vix curvo.*

10. *Cœreba cayana*, Bp.. ex L. (*Motacilla*, non *Certhia, cayana*, L., qui n'a jamais été un Dacnis ! et dont *Fringilla cyanomelas*, Gm., est le mâle, *Motacilla cyanocephala*, Gm., la femelle), du Brésil.

Aux *Diglossa* de mon Conspectus, ajoutez :

1. *D. hyperythra*, Cab. (*Unc. orbygnii* fem?) sp. 537, ex Caraccas.

2. *D intermedia*, Cab., proche de *D. cyanea*, Gr.

Aux synonymes de *D. baritula* ajoutez :

Uncirostrum sittaceum, Lafr., et *Campylops hamulus*, Licht., Abhand. Berlin. Ac , cum tab. — Hahn's Atl., t. 12, 1, mas; 2, fem.

M. Cabanis admet comme moi que les trois prétendues espèces *lafresnayii, bonapartii* et *humeralis* n'en forment véritablement que deux ; mais c'est la seconde au lieu de la troisième qu'il lui plaît de rayer du catalogue des êtres.

Ma dixième espèce doit, suivant Hartlaub, porter le nom de *Diglossa personata*, Hartl., ex Fraser, plutôt que de *D. cyanea*, Gr., ex Lafr.

Le genre *Dacnis* possède aussi plusieurs espèces très-voisines : ajoutez entre autres la belle espèce de la Nouvelle-Grenade que M. Sclater a justement nommée *pulcherrima*. Mais *D. spiza* et *atricapilla* ne forment qu'un seul et même oiseau. *D. analis*, Lafr., est synonyme de *Sylvia speciosa*, Wied, du Brésil et de Cayenne, figurée par Temminck, pl. col. 293, et dont la femelle est, comme dans ses congénères, fort différente du mâle.

Le même fait se manifeste d'une manière encore plus sensible dans le genre *Certhiola*, Sundev. L'espèce considérée jusqu'à présent comme unique se décompose en neuf, chacune des Antilles ayant pour ainsi dire sa race particulière :

1. *Certhiola flaveola*, Sundev., ex L., de Saint-Bartholomée. *Nigricans etiam in gula : superciliis, speculo alari, et apice rectricum albis : subtus cum uropygio late, et margine alarum flavis. Fem.? Superciliis et gula media flavis : speculo alarum albo.*

2. *Certhiola chloropyga*, Cab. (*N. flaveola*, Licht. nec L.) Hein, Museum, sp. 534, ex Bahia. *Pileo tantum nigricante.: gula grisea : speculo alari nullo : uropygio late flavo-virescente.*

3. *Certhiola luteola*, Cab., sp. 533, ex Lichtenst., de Porto-Cabello. *Nigricans ; subtus flava ; gula grisea : superciliis postice dilatatis, crisso, speculoque alari, albis.*

4. *Certhiola guianensis*, Cab., sp. 535, de la Guiane. *Obscurior* præcedentibus, sequenti autem *dilutior : speculo alarum vix ullo.*

5. *Certhiola major*, Cab., in nota, de Surinam. *Major : flavo colore alarum in dorso dilatato : speculo alari circumscripto.*

6. *Certhiola brasiliensis*, Sclater. *Nigricans, gula atra : superciliis albis : uropygio vix flavescente : speculo alarum nullo.*

7. *Certhiola minima*, Bp., ex Cayenna. *Similis* C. chloropygiæ, sed *duplo minor*. Fem., in Mus. Paris. *Superciliis albis : gula restricte grisea : uropygio flavissimo : speculo alarum nullo.*

8. *Certhiola minor*, Bp., Mus. Paris. *Similis* præcedenti, *sed paullo major, superciliis latissimis et speculo alari albo.*

9. *Certhiola albigula*, Bp., Mus. Paris., ex Martinica. *Media ; ex toto nigro-plumbea ; subtus flava, crisso et gula media, et superciliis angustis cum apicibus tectricum alarum remigum secundariarum, et rectricum late, albis : uropygio circumscripte viridi-flavo.*

Au genre *Conirostrum*, Lafr. (*Conirostra!* Cab), ajoutez : C. *ornatum*, Lawr., Ann. N. York Lyceum, 1851, t. 4.

Fam. **26**. EPIMACHIDÆ.

Subfam. **77**. EPIMACHINÆ.

1. Epimachus, *Cuv.*

2. Ptilorhys, *Sw.*

3. Craspedophora, *Gr.*

4. Seleucides, *Less.*

Fam. **27**. PARADISEIDÆ.

Subfam. **78**. PARADISEINÆ.

5. Cicinnurus, *Vieill.*

6. Paradisea, *L.*

7. Xanthomelus, *Bp.*

8. Diphyllodes, *Less.*

9. Lophorina, *Vieill.*

10. Parotia, *Vieill.*

Subfam. **79**. ASTRAPIINÆ.

11. Astrapia, *Vieill.*

12. Paradigalla, *Less.*

Subfam. **80**. PHONYGAMINÆ.

13. Phonygama, *Less.*

Fam. **28**. GLAUCOPIDÆ.

Subfam. **81**. GLAUCOPINÆ.

14. Corcorax, *Less.*

15. Glaucopis, *Gm.*

16. Neomorpha, *Gould.*

17. Creadion, *Vieill.*

Fam. **29**. MELIPHAGIDÆ.

Subfam. **82**. MELIPHAGINÆ.

18. Tropidorhynchus, *Vig.*

19. Leptornis, *Hombr.*

20. Xanthotis, *Reich.*

21. Moho, *Less.*

22. Entomyza, *Sw.*

23. Acanthogenys, *Gould.*

24. Prosthemadera, *Gr.*

25. Anthochæra, *Vig.*

26. Anellobia, *Caban.*

27. Manorhina, *Vig.*

28. Foulehajo, *Reich.*

29. Sericulus, *Sw.*

30. Meliphaga, *Lewis.*

31. Hypergerus, *Reich.*

32. Lichenostomus, *Cab.*

33. Pogonornis, *Gr.*

34. Anthornis, *Gr.*

35. Ptilotis, *Sw.*

36. Lichmera, *Cab.*

37. Meliornis, *Gr.*

38. Glyciphila, *Sw.*

39. Entomophila, *Gr.*

40. Conopophila, *Reich.*

Subfam. **83**. MELITHREPTINÆ.

41. Plecthrorhyncha, *Gould.*

42. Melithreptus, *Vieill.*

43. Hæmatops, *Bp.*

44. Eidopsarus, *Sw.*

Subfam. **84**. MYZOMELINÆ.

45. Acanthorhynchus, *Gould.*

46. Myzomela, *Vig.*

47. Cissomela, *Bp.*

48. Certhionyx, *Less.*

Fam. **30**. ARACHNOTHERIDÆ.

Subfam. **85**. ARACHNOTHERINÆ.

49. Arachnothera, *Temm.*

Fam. **31**. PHYLLORNITHIDÆ.

Subfam. **86**. PHYLLORNITHINÆ.

50. Philopitta, *Is. Geoffr.*

51. Phyllornis, *Boie.*

52. Yuhina, *Hodgs.*

53. Mizornis, *Hodgs.*

54. Ixulus, *Hodgs.*

55. Jora, *Horsf.*

Subfam. **87**. ZOSTEROPINÆ.

56. Zosterops, *Vig.*

57. Malacirops, *Bp.*

58. Cyclopterops, *Bp.*

59. Orosterops, *Bp.*

---

(1) Le genre *Craspedophora*, Gr., se compose maintenant de deux espèces qui diffèrent par la taille et

CURVIROSTRES (1).

Fam. 32. NECTARINIIDÆ.	Fam. 33. DREPANIDÆ.	Fam. 34. DICÆIDÆ.	Fam. 35. CÆREBIDÆ.
Subfam. 88. PTILOTURINÆ.	Subfam. 91. DREPANINÆ.	Subfam. 92. DICÆINÆ.	Subf. 93. CÆREBINÆ.
60. Ptiloturus, *Sw.*	77. Drepanis, *Temm.*	80. Dicæum, *Cuv.*	84. Cæreba, *Vieill.*
Subfam. 89. NECTARINIINÆ.	78. Himatione, *Caban.*	81. Prionochilus, *Strickl.*	85. Diglossa, *Wagl.*
61. Nectarinia, *Ill.*	79. Hemignathus, *Licht.*	82. Pachyglossa, *Hodgs.*	Subfam. 94. DACNIDINÆ.
62. Arachnechthra, *Cab.*		83. Myzanthe, *Hodgs.*	86. Certhiola, *Sundev.*
63. Cinnyris, *Cuv.*			87. Dacnis, *Cuv.*
64. Adelinus, *Bp.*			88. Conirostrum, *Orb.*
65. Anthodiæta, *Cab.*			
66. Mangusia, *Bp.*			
67. Anthobaphes, *Cab.*			
68. Panæola, *Cab.*			
69. Hedidypna, *Cab.*			
70. Leptocoma, *Cab.*			
71. Aethopyga, *Cab.*			
72. Chalcoparia, *Cab.*			
73. Chalcostetha, *Cab.*			
74. Cyrtostomus, *Cab.*			
Subfam. 90. ANTHREPTINÆ.			
75. Anthreptes, *Sw.*			
76. Cinnyricinclus, *Less.*			

encore plus par les pieds et par le plastron. — La Famille des PROMÉROPIDES, que nous avons aussi appelée

» L'espèce de *Méliphagien* dont Swainson figure la tète dans ses « Animals in Menagerie », nous paraît ètre *Tropidorhynchus buceroides.*

» Les espèces 8 et 10 du *Conspectus* sont évidemment la même, étant puisées à la même source et venant du même pays.

» L'espèce 12, *Philedon chrysotis,* Less., Voy. Coq., t. 21 *bis,* nec Cuvier, n'appartient pas à ce genre, mais forme une seconde espèce du *Xanthotis* de Reichenback, qui a pour type *Certhia carunculata,* Vieill.

» *Leptornis,* H. et Jacq., est un excellent genre non admis par Reichenback, mais réhabilité par M. Pucheran. C'est sur ce savant zoologiste que nous comptons pour dissiper les ténèbres qui couvrent encore le type que Lesson appelle *Tr. diemenensis* à la page 401 de son Traité d'Ornithologie, qui n'est pas de la Nouvelle-Hollande, mais de la Nouvelle-Calédonie.

» *Ptilotis sonora,* Gould, ne diffère pas de *Mel. vittata,* Cuv., du Musée de Paris.

» *Ptilotis cratitia,* Gould, forme le genre *Lichenostomus,* Cab., 1852,

---

IRRISORIDES, quoique beaucoup moins nombreuse en espèces qu'on ne le pense, n'en comprendra pas moins un genre *Irrisor.* Nous conservons ce nom pour une section de *Promerops.*

Mon genre *Xanthomelus* a pour type l'*Oriolus aureus,* L. (*Paradisea aurea,* Edwards nec Gm.), que le grand naturaliste suédois avait d'abord appelé lui-même *Paradisea flavo-fulva* dans la description du Muséum d'Adolphe-Frédéric.

Notre *Diphyllodes respublica,* depuis que nous l'avons fait connaître dans ce recueil, en 1849, a été décrit en détail et figuré sous le nom de *Paradisæa wilsoni* dans le Journal de Philadelphie. Quelques doutes ayant été élevés quant a l'identité des deux espèces, afin de mettre les Américains (qui ont le bonheur de posséder le type dans toute sa splendeur) à même de mieux en juger, nous publions telles que nous les avions prises sur l'imparfait exemplaire que nous n'eûmes qu'un instant, les notes inédites qui suivent :

Media quasi inter Diphyllodes et Cicinnurum *cujus rectricibus contortis gaudet. Statura* D. magnificæ : *capite obscuriore : plumis nuchalibus flavis valde brevioribus : dorso a nucha rubro plumis nigro-marginatis.*

Le genre Corcorax, Less. (*Cercoronus,* Cab.), forme évidemment le passage des CORVIDES aux GLAUCOPIDES. A cause de ses pieds et de ses courtes ailes, et malgré le manque de caroncules, nous le réunissons méthodiquement à ces derniers, comme il s'y réunit géographiquement.

C'est *melanorhamphus,* et non *melanorhynchus,* que Vieillot a le premier nommé son espèce unique.

Cabanis essaye de changer en *Heteralocha* le nom trop bien établi de *Neomorpha.*

C'est *Icterus rufusater,* et non *rufitorques,* que Lesson a nommé le *Creadion carunculatum,* oiseau de la même Famille et du même pays.

auquel il faut ajouter, comme espèce nouvelle, son *Lichen. occidentalis,* Cab., sp. 640, de la partie occidentale de la Nouvelle-Hollande.

» *Ptilotis unicolor,* Gould, forme, avec *Glyciphila ocularis,* le genre
Stomiopara, Reich. Cabanis fait de cette dernière espèce le type de son
genre *Lichmera.*

» *Meliornis mystacalis,* Gould, pourrait former un genre nouveau.

» *Meliornis australasiana* constitue, pour Reichenback, le genre *Meli-
sympotes.*

» *Melicophila,* Gould, que l'on ne doit pas regretter à cause de sa similitude avec *Melitophila,* doit céder à *Certhyonyx,* Less., mais le nom spécifique du type, *variegatus* (non moins que *picata,* Gould) doit faire place
à celui de *leucomelas,* plus ancien de tous, donné par Cuvier (*Certhia
leucomelas,* Cuv.) aux exemplaires rapportés par Péron et Lesueur de la
Nouvelle-Hollande et de Timor. *Magnitudine* Turdi minoris, *nigra etiam in
gula : subtus cum humeris latissime, uropygio, rectricibus late ad basim,
et scapularium marginibus, alba.*

. » Les *Entomophila albigularis* et *rufigularis* de Gould constituent le
genre *Conopophila,* Reichenb.

» Au nom barbare *Moho,* Less., Cabanis voudrait substituer son pédan-
tesque *Acrulocercus.*

» La *Certhia sanguinea,* Gm., des îles Sandwich, n'appartient pas au
genre *Myzomela ;* il faut l'en éloigner, comme aussi les espèces que Gray
et Reichenback ont tirées d'Hombron et Jacquinot, et qui sont des *Necta-
riniens.*

» Ajoutez par contre :

» 4. *Myzomela nigriventris,* Peale (*Myzomela arnouxi,* Verr.), ex Samoa.
Ins. Navigat. *Major : coccinea, dorsi lateribus, abdomine, crisso, alis
caudaque nigerrimis.*

» 5. *Myzomela melanogastra,* Bp. (*Phylidonyris sanguinea?* Less. nec
Certhia sanguinea, Gm. — *Certhia cardinalis?* Forster nec Gm.), ex
Ins. Tanna. *Similis* præcedenti ; *margine primariarum remigum intus
albido.*

» 6. *Myzomela sanguinolenta,* Gould ex Lath., de la Nouvelle-Hollande :
Minor, crisso albo; remigibus albo-marginatis, est bien distincte de

» 7. *Myzomela rubratra,* Bp. ex Less., des îles Mariannes : *Media : sanguinea, plumarum basi, crisso, alis, caudaque fuliginosis : remigibus unicoloribus.*

» Ajoutez encore :

» 8. *Myzomela major*, Bp., Mus. Paris., ex Ins. Carolinis ab Hombr. et Jacq. *Similis* præcedenti, *sed major et percoccinea*.

» Caractérisez ainsi :

» 9. *Myzomela erythrocephala*, Gould, d'Australasie. *Minor : nigricans, subtus griseo-fuliginosa : capite, jugulo, crissoque ruberrimis.*

» *Myzomela nigra*, Gould, est pour moi le type du nouveau genre *Cissomela : Cissomela nigra*, Bp. ex Gould, Australia : *Minor : nigra ; subtus cum uropygio albo, torque pectorali nigro.*

» Le genre *Melithreptus*, Vieill., ne doit pas comprendre *Hæmatops*, Gould, ni *Eidopsarus*, Sw., qui doivent chacun reprendre leurs types. Ce n'est pas Gould, mais Swainson qui, en 1837, a fondé le genre *Gymnophrys*, synonyme d'*Hæmatops*.

» *Sturnus virescens*, Wagl., est un *Eidopsarus*, aussi bien que *bicinctus*, Sw., *validirostris*, *gularis* et *chloropsis*, Gould.

» *Certhia lunulata*, Shaw, est le type d'*Hæmatops*, auquel appartiennent aussi *albigularis* et *melanocephalus*, Gould.

» Le genre *Himatione*, Cab., se compose de trois espèces : la véritable *Certhia sanguinea*, Gm., aux synonymes de laquelle il faut joindre *Petrodroma sanguinea*, Vieill., et *Myzomela sanguinea!* Gr.

» 2. *Himatione chloris*, Cab., *minor*, et

» 3. *Himatione maculata*, Cab., *major : minus obscura : tectricibus alarum apice albis, fascias duas macularum signantibus.*

» Il faut faire attention de ne pas confondre le genre *Ixulus*, à cause des rapports de noms, avec l'*Ixos occipitalis*, qui est un *Brachypodien*, d'autant qu'il y a également un *Ixulus occipitalis*.

» Dans les *Zostéropiens* nous avons établi les genres :

» 1. *Oreosterops*, Bp., pour le *Zosterops montana*, Mull., de Sumatra, espèce à front pâle et plumage serré, qui s'éloigne moins des *Phyllornithiens*, à taille plus forte, bec robuste, queue plus développée.

» 2. *Malacirops*, Bp., pour la petite *Z. borbonica*, Briss., de Madagascar, à plumage excessivement lâche et décomposé ; taille petite, bec court et mignon, mais courbé ; queue peu développée.

» 3. *Cyclopterops*, Bp., pour *Z. chloronota*, Vieill., *Z. curvirostris*, Blyth, nec Sw., de Bourbon, et les autres espèces africaines à bec long, recourbé, queue courte, etc.

» C'est le Tcheric (*Zosterops capensis*, Sandw.) auquel Reichenback aurait pu se dispenser d'appliquer le nouveau nom *Z. vaillantii;* et non pas

(57)

la *Zosterops madagascariensis*, que représente la pl. 132 de Levaillant.

» La *Certhia pulchella*, L. (*Nectarinia melampogon*, Ill.), appartient au genre *Panœola*, Cab.

» La *formosa* (non *famosa*) doit rester dans le genre *Nectarinia* restreint, seule avec la *tacazze*, Stanley.

» C'est au genre *Anthobaphes* qu'appartient la *Certhia violacea*, L.

» La *Cinnyris platura*, Vieill., constitue le genre *Hedydipna* avec la *N. metallica*, Licht.

» Le nom *Aethopyga* a été appliqué, par Cabanis, aux jolies espèces indiennes : *goolpariensis*, — *siparaja*, —*gouldæ*,— *ignicauda*, — *nepalensis* ou *horsfieldi*, — *saturata* ou *hodgsoni*, — *temmincki*, — *eximia*, *etc.*, auxquelles il faut ajouter *miles*, Hodgs. et *Aeth. eupogon*, Cab., de Bornéo.

» On doit regarder comme de véritables *Cinnyris* :

» La *Certhia cuprea* ou *rubro-fusca*, Shaw, — *amethystina*, Shaw, — *cyanocephala*, Gm. — *fuliginosa*, Shaw, — *stangeri*, Jard., —*pusilla*, Sw. ou *leucogastra*, bien différente de *pusilla*, Vieill., figurée par Levaillant, t. 299, — *affinis*, Rupp., — *habyssinia*, Ehrenb., — *afra*, L., — *chalybæa*, L., etc., toutes d'Afrique.

» Le genre *Anthodiaeta*, Cab., pour la *C. collaris*, Vieill., et la *chloropygia*, Jardine, peut à peine être adopté.

» *Certhia rectirostris* et *fraseri* forment mon nouveau genre *Mangusia*.

» *Cinnyris verreauxi*, Smith, est le type de mon genre *Adelinus* qui devra comprendre aussi *obscura*, Jard., — *olivacea*, Smith, — et *fusca*. Vieill.

» Le genre *Chalcoparia*, Cab., se compose de *Sylvia cingalensis*, Lath.. et de *Nect. phœnicotis*, Temm.

» *Chalcostetha*, Cab., de *pectoralis*, Temm., qu'il ne faut pas confondre avec celle d'Horsfield (*eximia*, Temm.) et d'*aspasia*, Less., qui ne diffère pas de sa *sericea*.

» Laissant pour type à *Anthreptes*, Sw., la *Certhia malaccensis*, Scopoli (*lepida* et *javanica* de Sparrmann et d'Horsfield), Cabanis a constitué son genre *Leptocoma* des *Certhia zeilonica*, L. et *sperata*, L. (*coccineigaster*, Temm.) et de la *Nect. hasselti*, Temm. (*ruber*, Less.); son genre *Cyrtotomus* de la *C. jugularis*, L. —*eximia*, Temm. (*pectoralis*, Horsf. nec Temm.) — *solaris*, Temm. — et *frœnata*, Mull. ; son genre *Arachnechthra* des *Certhia lotenia*, et *C. currucaria* de Linné.

» *Cinnyricinclus*, Less., finalement comprend deux espèces : *C. longue-*

B.   8

marii, Less. (*Anthreptes leucosoma,* Sw.) Ill. Zool., t. 23, et Birds of western
Africa, t. 17, et *Anthr. aurantium,* Verr. *Viridi-aureus, dorso uropygioque
æneo-amethystineis : subtus sordide albidus, mento amethystino : macula
hinc inde pectorali aurantia : rostro gracillimo.*

» Je ne m'étends pas davantage sur les Nectariniides ou Souimangas,
espérant que M. Jules Verreaux, qui a réuni presque toutes les espèces de
ce groupe dans sa précieuse collection particulière, ne tardera pas à en
publier une Monographie complète avec figures.

CHANTEURS DENTIROSTRES.

» Quand il s'agit de réorganisation et de progrès, point de concessions
à l'élément conservateur : en Ornithologie comme en toute autre chose, il
n'en demande que pour en abuser. Nous l'avions prévu dans notre première communication, l'ancien arrangement linéaire a laissé des traces
dans notre disposition par séries parallèles, traces que, suivant notre pro-
messe, nous nous empressons de faire disparaître. C'est évidemment sous l'influence de l'ancienne méthode que nous avons commencé la série des Chanteurs dentirostres par les Tanagrides, en les accolant aux *Dacnidiens*,
au lieu de les placer les derniers, comme ceux-ci dans la série des Curvirostres, comme les Alaudides dans celle des Subulirostres, comme surtout
leurs parfaits analogues, les Fringillides dans celle des Conirostres. N'est-il
pas aussi évident que les Laniides sont les Corbeaux, et, par conséquent,
les premiers de leur série, comme les Ampélides à narines recouvertes de
plumes, à huppe, etc., en sont les Geais? Et, pour compléter les analogies,
la nature, toujours symétrique, ne nous donne-t-elle pas une série exclusivement américaine, reconnaissable par des caractères semblables dans
les Tanagrides, en opposition aux Muscicapides de l'ancien monde ; comme
il advient absolument entre les Ictérides et les Sturnides, et, à quelques
exceptions près, entre les Fringillides et les Plocéides! Ces considérations,
et d'autres que nous croyons inutile d'énumérer, nous décident à rectifier
ainsi notre disposition générale des *Chanteurs dentirostres* avant d'en abor-
der les détails.

STIRPS 5. DENTIROSTRES.

1. LANIIDÆ.	**2**. ARTAMIDÆ.	**5**. AMPELIDÆ.	**7**. TANAGRIDÆ.
1. *Malaconotinæ.*	**6**. *Artaminæ.*	**11**. *Ampelinæ.*	**14**. *Tachyphoninæ.*
a. Vangeæ.	**7**. *Analcipodinæ.*		*a*. Ramphoceleæ.
b. Malaconoteæ.			*b*. Tachyphoneæ.
2. *Prionopinæ.*			**15**. *Tanagrinæ.*
3. *Laniinæ.*	**3**. ORIOLIDÆ.	**6**. MUSCICAPIDÆ.	*c*. Tanagreæ.
a. Corvinelleæ.	**8**. *Oriolinæ.*	**12**. *Muscicapinæ.*	*d*. Callisteæ.
b. Lanieæ.		*a*. Melænornitheæ.	**16**. *Euphoninæ.*
4. *Pachycephalinæ.*	**4**. EDOLIIDÆ.	*b*. Muscicapeæ.	*e*. Euphoneæ.
5. *Vireoninæ.*	**9**. *Edoliinæ.*	**13**. *Myiagrinæ.*	**17**. *Sylvicolinæ.*
	10. *Ceblepyrinæ.*		*f*. Nemosieæ.
			g. Helminthereæ.
			h. Setophageæ.
			i. Sylvicoleæ.

» Dans la collection Delattre, les Chanteurs dentirostres sont beaucoup plus nombreux, quoiqu'une seule de leurs Familles soit exclusivement américaine, et que des six autres, trois (la seconde, la troisième et la quatrième) n'aient aucun représentant dans le nouveau monde, et que le reste n'en ait que fort peu.

» La grande Famille des MUSCICAPIDES, déjà si restreinte par l'école moderne, circonscrite dans ses limites naturelles, ne comprendra plus que deux sous-familles, les *Muscicapiens* et les *Myiagriens;* les *Viréoniens* et les *Pachycéphaliens,* si admirablement paralléliques, tenant plutôt (les derniers surtout) aux LANIIDES. Les *Viréoniens* seuls sont d'Amérique ; et cette partie du monde n'a aucun représentant des autres sous-familles, à l'exception du petit genre *Culicivora,* Sw., qu'il vaudrait même peut-être mieux, par cette considération géographique, reléguer dans quelque autre Famille, quand même on ne lui trouverait pas de meilleure place que parmi les *Réguliens.*

Quoi qu'il en soit, nous avons précisément à cataloguer les deux petites *Culicivora atricapilla,* Sw., de Californie, et *Cul. dumicola,* Bp. ex Vieill., de Nicaragua.

Les *Viréoniens* ne nous offrent aucun oiseau à enregistrer, car l'*Icteria auricollis,* Bp., espèce un peu douteuse, et dont le genre lui-même pourrait bien ne pas être plus à sa place dans le nouvel arrangement que dans l'an-

8..

cien, dès que nous les rangeons avec les Pies-grièches, ne peut plus en faire partie!... c'était déjà trop d'en faire un Gobe-mouche (1).

» Nous divisons en deux groupes secondaires la première sous-famille des MUSCICAPIDES, c'est-à-dire les *Muscicapiens*, appelant le premier *Melænornitheæ*, et le second *Muscicapeæ*.

» La soi-disant *Muscicapa lugubris*, du baron de Muller, est peut-être une des nouvelles *Melænornis* de Sundeval; toutefois, s'il a voulu illustrer une espèce abyssinienne que nous conservons dans le Musée de Paris, nous lui trouvons un aspect *Saxicolien* qui nous la fait rapprocher des genres *Gervaisia*, Bp., et *Thamnolæa*, Cab. : nous en constituons le genre *Poeoptera*, Bp., et nous appellerons l'espèce *lugubris*, qu'elle soit ou non la *lugu-*

---

(1) Il en est de même du genre *Dulus*, Vieill., le véritable *Esclave* qu'il ne faut plus confondre avec le Palmiste (*Phœnicophilus*, Strickland) que nous avons définitivement rangé parmi les *Arremonés*. Quelle que soit la place qui convienne à ses affinités et analogies compliquées, ce genre *Ampelo-turdien* ne pourra jamais figurer parmi les *Laniides*. C'est provisoirement parmi les *Turdiens* que nous le plaçons, ne pouvant, à cause de sa penne bâtarde, lui faire accompagner l'*Icteria*, Vieill., parmi les *Tachyphoniens*. Comme on ne voit guère dans les collections que de jeunes oiseaux de ce genre, nous croyons utile de donner la description d'un exemplaire très-adulte du Musée Britannique :

Brunneo-virens, in capite subcinerascens, in uropygio ochraceus : subtus albo-flavescens, striis latis, crebris, fusco-olivaceis : remigibus rectricibusque viridi-limbatis : rostro carneo, pedibus nigris. Statura Turdi minoris.

Ajoutez en espèces nouvelles de véritables *Viréoniens* :

1. *Vireolanius icterophrys*, Bp., Mus. Verr., ex Rio negro. *Minor ; læte olivaceus, pileo, mystacibus, cerviceque plumbeis ; genis inferne albicantibus ; fronte, superciliis, macula suboculari, gula, corporeque subtus flavis, lateribus virescentibus.*

2. *Vireolanius chlorogaster*, Bp., Mus. Brit., 1842, 10, 25, 73, ex Amer. m. *Minimus : læte viridis ; subtus flavido-viridis, gula flavida : pileo, cervice, genisque ex toto plumbeis : superciliis flavissimis.*

3. *Vireo houttoni*, Cassin, Proc. Ac. N. S. Philad., V, p. 150 ; 1851 ; de Monterey.

4. *Vireo atricapillus*, Woodhouse, Proc. Ac. N. Sc. Philad., VI ; 1852.

5. *Vireosylvia philadelphica*, Cassin, Proc. Ac. N. Sc. Philad., VI, p. 153 ; 1850 ; de Pensylvanie.

Cabanis nomme *Phyllomanes ! chivi*, d'après Vieillot, ma *Vireosylvia agilis*, qui est la *Muscicapa agilis*, Wied, le *Thamnophilus agilis*, Spix, le *Lanius agilis*, Licht., et le *Vireo agilis*, Hartlaub.

Cyclorrhis ochrocephala, Tschudi, est probablement synonyme de *C. guianensis*, plutôt que de *C. flaviventris*.

bris, Mull., Nouv. Ois. d'Afrique, 1, t. 2. *Atro-cyanea : remigibus interne subtusque latissime cinereo-chalybœis.* Au reste, les *Melænornis* de Sundeval elles-mêmes sont probablement des *Bradyornis.*

» Les LANIIDES nous donnent le *Lanius elegans,* Sw., cru espèce nominale jusqu'à ce que cet individu, maintenant déposé dans les galeries du Muséum, soit parvenu dans nos mains.

» Ayant publié, il y a quelques semaines, une Monographie des *Laniens,* nous avons moins à dire sur cette Famille, beaucoup plus riche, du reste, en Afrique qu'en Amérique. M. de Lafresnaye nous écrit que notre opuscule l'a mis à même de nommer plusieurs espèces qu'il n'avait pu déterminer depuis longues années, et qu'il a reconnu entre autres le *Lanius jeracopis,* Defilippi.

» Nous regrettons que M. Brehm fils ne se soit pas aussi servi de notre travail ; car, parmi ses nouvelles espèces africaines (*Lanius assimilis, Lan. leuconotus et Lan. paradoxus*), on reconnaîtra sans peine les nôtres. De même parmi ses Alouettes, nous ne connaissons pas sa *Melanocorypha isabellina,* sa *Certhilauda meridionalis,* son *Alauda macroptera* (à comparer avec la *longipennis* d'Eversmann) ; mais nous sommes à peu près certain que son *Alauda rufescens* doit être notre *Annomanes cinnamomea,* dont la *Galerita rutila,* Muller, ne diffère pas non plus. La *Galerita flava,* Alfr. Brehm, doit aussi ne pas être autre que mon *abyssinica.* Par contre, *Annomanes deserti,* Licht., se distinguerait de l'*isabellina,* Temm., par une taille plus petite et par d'autres caractères.

» La Famille des AMPÉLIDES, pour rester naturelle, ne devra se composer que de la sous-famille *Ampelinæ.* Celle des *Pardalotiens* (*Pardalotus,* Vieill. — *Triglyphidia,* Reich. — et *Parisoma,* Blyth, genres auxquels il faudra joindre *Smicrornis,* Gould, qui s'attache aussi aux branches comme nos Mésanges), s'allie mieux avec les PARIDES : et celle des *Leiothriciens* doit se ranger avec les TIMALIIDES, dont elle constituera l'avant-dernière sous-famille.

» Cette sous-famille doit essentiellement se composer des genres *Leiothrix,* Sw. — *Fringilliparus,* Hodgs. — *Hemiparus,* Hodgs. — *Minla,* Hodgs. — *Proparus,* Hodgs. — *Sylviparus,* Burton. — *Suthora,* Hodgs, auxquels je joins sans beaucoup d'hésitation, à cause de leurs mœurs, *Conostoma,* Hodgs., qui n'est après tout qu'un *Cratérope* à bec raccourci et renflé, et même *Heteromorpha,* Blyth, et *Paradoxornis,* Gould.

» *Stachyris,* Hodgs., est plutôt un *Timalien* à placer à côté d'*Alcippe,* et

Chrysomma, Hodgs., encore plus voisin de *Timalia,* est un vrai *Timalié* qui doit prendre rang immédiatement après ce genre type.

» Le genre *Melanochlora,* Less., est trop proche de *Xerophila,* Gould, de la Nouvelle-Hollande, pour qu'on puisse l'en séparer. Il doit, avec *Oreoica,* Gould, aller le rejoindre aussi parmi les *Timaliides,* pour y former avec les genres *Psophodes* et *Sphænostoma,* un petit groupe à part, voire même une sous-famille distincte, la seconde, les *Psophodiens,* régularisant ainsi la position de ces genres anormaux parmi les *Garrulaciens.*

» Au reste, dans la Famille des AMPÉLIDES, ainsi rectifiée, le seul genre *Ampelis,* L., se distingue éminemment. Les autres s'approchent bien plus des MUSCICAPIDES, dont ils pourraient à la rigueur faire partie. Celui qui s'éloigne le moins du type, malgré son apparence de VOLUCRE, est sans contredit mon curieux genre *Hypocolius,* dont je viens avec bonheur de découvrir quatre exemplaires dans les magasins du Muséum. Je saisis avec empressement cette occasion de déclarer que c'est sur un faux renseignement que je l'ai désigné comme provenant de Californie. Le Musée de Leyde l'avait reçu du nôtre, qui en avait été enrichi par Botta, célèbre par son voyage en Californie, mais qui l'avait rapporté de son voyage au Sennaar.

» Les TANAGRIDES nous offrent, parmi les *Tachyphoniens,* mon *Ramphopis passerinii,* que M. Delattre a tué au Nicaragua.

» *Ramphocelus dimidiatus,* Lafr.

» *Pyranga æstiva,* Vieill.

» *Icteria auricollis,* Bp.

» Aucun *Tanagrien* proprement dit ne se trouve dans la collection. Chez MM. Verreaux, nous venons d'en observer un nouveau du genre *Tanagra* restreint, très-semblable aux autres espèces bleues, mais cependant bien distincte. Ce sera *Tanagra cyanilia,* Verr., ex Venezuela.

» *Similis* T. sayacæ; *sed pectore lateribusque cæruleis : obscurior* (nec capite albicante) *præcipue in pileo et in rectricibus apice fuscis : alula spuria conspicue nigro-cyanea, marginibus remigarum externis pulchre turcosis.*

» Nous pouvons énumérer, en fait de *Sylvicoliens :*

» 1. *Setophaga ruticilla,* Sw. ex L., de Californie.

» 2. *Setophaga vulnerata,* Bp. ex Wagl., de Nicaragua.

» 3. *Setophaga,* ou plutôt *Basileuterus delattrii,* Bp., espèce nouvelle de Nicaragua, semblable à mon *B. rufifrons,* Bp. ex Sw.

» *Læte viridis, subtus omnino flavus : pileo, genisque castaneis : superciliis albis.*

» Dans le *rufifrons*, la couleur est moins brillante « *cinereo-virens* » et le roux de la tête est plus étendu « *pileo cum nucha castaneis.* » De plus, on voit sur la tête « *litura longitudinali verticis albida.* »

» Dans la *Setophaga brunniceps*, Lafr., le roux de la tête est, au contraire, plus restreint (1).

---

(1) Comme le propose heureusement Kaup, rien de plus facile et opportun, que de répartir les *Setophaga* en petits groupes géographiques qui se reconnaissent aux couleurs. Ainsi celle de l'Am. s. a *alis caudaque flavo vel rubro-fasciatis.* Les espèces mexicaines se distinguent par *pectore abdomineque rubris.* Celles de l'Amérique méridionale ont *capite abdomineque ex parte flavis.*

Aux espèces énumérées dans mon Conspectus, ajoutez :

1. *Set. belli,* Giraud, B. of Texas, t. 4, f. 2; 1851.

2. *Set. rubrifrons,* Giraud, B. of Texas, t. 7, f. 1; 1841.

Mais ne les admettez qu'après examen : comparez-les surtout avec celles de Kaup, sur lesquelles, au reste, elles ont la priorité.

1. *Set. ruficoronata,* Kaup, Mus. Derb., ex Am. m.

Macula verticis rubra; fronte, loris, orbitisque flavis; plumis auricularibus nigris; rectrice extima ex toto alba.

2. *Set. leucomphonna,* Kaup, Mus. Derb., ex Bogota. *Loris, orbitis, mentoque albis : plumis auricularibus nigris : flavo colore oculum usque tantum extenso.*

3. *Set. flammea,* Kaup (*intermedia?* Hartl., 1852), Mus. Derb., ex Guatimala. *Pectore abdomineque aurantiacis : rectricibus 1-3 extimis apice tantum albis.*

Quant à la *Set. ruficapilla,* Kaup, c'est évidemment *Set. castaneo-capilla,* Cab.

Voici, d'après nature, la diagnose de *Set. melanocephala,* Tschudi, du Pérou :

Frontis lineola, loris, orbitis, cum corpore subtus omnino, flavis : rectricibus quatuor extimis albis.

Je me bornerai à décrire, sans les nommer, les espèces suivantes, de peur de double emploi.

1. *Setophaga minor; olivacea; capite fuscescente : subtus flava : macula postoculari alba.*

2. *Basileuterus medius; olivaceo-virens : subtus et in superciliis flavus : pileo, occipiteque anguste nigris.* De l'Équateur.

3. *Basileuterus majusculus; cinereo-olivascens, pileo vix obscuriore : subtus et in superciliis flavissimus : rectrice extima externe albida.*

» 4. *Rhimamphus æstivus*, Bp. ex L. Dans le Musée de Strasbourg nous avons admiré un exemplaire teint de rouge-orange sur la tête et sur la poitrine. Ne serait-ce pas dans cet état de splendeur le *S. petechia* de quelques ornithologistes? Ma seconde espèce de *Rhimamphus* doit être rayée du genre. C'est plutôt à *S. striata* qu'à *Rh. parus* que doit être rapportée, comme jeune, la prétendue *S. autumnalis*, Wils.

» 5. *Seiurus auricapillus*, Sw. ex L., de Californie. Ajoutez *Hemicocichla major*, Cabanis, de Xalapa, et comparez les *Seiurus columbianus, herminieri* et *guadelupensis* de Lesson.

» 6. *Sylvicola auduboni*, Bp. ex Townsend, qui représente à l'Ouest la *S. coronata*, L., des États de l'Est, et s'en distingue par sa gorge jaune (1).

» 7. *Myiodioctes pusilla*, Bp. (*wilsoni*, Aud. ex Bp. — *Myioctonus! pusillus*,

---

4. *Basileuterus maximus ; flavo-olivaceus, remigibus, rectricibusque unicoloribus : subtus viridi-flavus : pileo nigro ; superciliis mellinis : rostro robusto, sed valde compresso.*

Sylvia lachrymosa, Licht., Mus. Berol., du Mexique, n'est pas un *Basileuterus*, mais bien le type du genre *Euthlypis*.

C'est au même genre que Cabanis rapporte la *Motacilla canadensis*, L. (*Muscicapa canadensis*, Wilson, non L.).

(1) Ajoutez :

1. *Sylvicola olivacea*, Giraud, B. of Texas, t. 7, 1841. Du Texas.

2. *S. kirtlandi*, Baird, Ann. N.-Y. Lyceum, V, 7 et p. 217, t. 6, ex Ohio. *Plumbeo-cinereo nigro-striata, vertice, uropygioque concoloribus* (minime luteis) : *loris nigris ; orbitis albis ; subtus flavida, pectore lateribusque nigro-striatis : rectricibus extimis utrinque duabus albido maculatis.* Affinis *Sylv. coronatæ.*

Cabanis ajoute aux nombreux synonymes de mon genre *Parula*, le nouveau nom *Campsothlypis!*… il appelle *Campsothlypis pitiayumi* ma *Parula brasiliana*, qui est aussi la *Sylvicola venusta*, Hartl. : ces noms sont puisés dans ma synonymie. C'est plutôt à l'espèce du Brésil qu'à celle du Mexique que se rapporte *S. minuta*, Sw.

Sous le prétexte que ce n'est pas celui de Gloger, Cabanis change aussi en *Geothlypis* le *Trichas*, de Swainson, de moi, et de tout le monde. N'a-t-il pas raison de croire que c'est la *Trichas velata* que Swainson représente dans ses Zool. Ill., t 174, sous le nom de *Tan. canicapilla?*

Ajoutez comme neuvième espèce : *Muscicapa stragulata*, Licht., Doubl., p. 55, sp. 564, ex Bahia. Cabanis en fait sa *Geothlypis stragulata*, et moi, comme de raison, ma *Trichas stragulata.*

De ma *Cardellina rubra*, Cabanis fait, à tort, un *Basileuterus.*

Le genre *Helmitheros* est scindé en deux par cet auteur ; c'est à *S. vermivora* et *S. swainsoni* qu'il restreint ce nom.

Cab.), de Californie, en plumage d'un brillant exceptionnel, et tel que je ne l'ai jamais rencontré en Pensylvanie.

Mot. protonotarius, Gm., est le typé du genre *Helminthophaga,* Cab., et non-seulement *solitaria* et *chrysoptera,* mais *rubricapilla* et *celata* même lui appartiennent; le *Conirostrum ornatum* des auteurs américains montre avec elles une grande analogie.

Ajoutez :

H. brevipennis, Giraud, Ann. Lyc. N. Hist. N.-York, 1849, V, p. 40, ex Mexico, Texas. *Capite cerviceque cyancis : dorso et tectricibus alarum viridi-olivaceis : capitis lateribus, collo, et cæteris partibus inferioribus flavido-fuscis, in abdomine pallidiore : remigibus rectricibusque fuscis, pogonio externo splendide olivaceis.*

Familia 36. LANIIDÆ.

Subf. 99. MALACONOTINÆ.	Subf. 101. LANIINÆ.	Subf. 102. PACHYCEPHALINÆ.	Subf. 103. VIREONINÆ.
a. *Vangeæ.*	a. *Corvinelleæ.*		
1. Vanga, *Vieill.*	23. Urolestes, *Cab.*	32. Colluricincla, *Vig.*	
2. Xenopirostris, *Bp.*	24. Corvinella, *Less.*	33. Rectes, *Reich.*	
3. Artamia, *Lafr.*		34. Falcunculus, *Vieill.*	43. Cyclorrhis, *Sw.*
4. Archolestes, *Cab.*		35. Pteruthius, *Sw.*	
		36. Allothrius, *Temm.*	
b. *Malaconoteæ.*	b. *Lanieæ.*	37. Pucherania, *Bp.*	
5. Chlorophoneus, *Cab.*	25. Lanius, *L.*	38. Timixos, *Blyth.*	
6. Pelicinius, *Boie.*	26. Fiscus, *Bp.*	39. Pachycephala, *Sw.*	44. Vireolanius, *Dubus.*
7. Telephonus, *Sw.*	27. Collurio, *Bp.*	40. Psaltricephus, *Bp.*	45. Vireo, *Vieill.*
8. Harpolestes, *Cab.*	28. Otomela, *Bp.*	41. Eopsaltria, *Sw.*	46. Vircosylvia, *Bp.*
9. Laniarius, *Boie.*	29. Phoneus, *Bp.*		
10. Malaconotus, *Sw.*	30. Leucometopon, *Bp.*		
11. Rhynchastatus, *Bp.*	31. Enneoctonus, *Bp.*		
12. Dryoscopus, *Boie.*			
13. Chaunonotus, *Gr.*			
14. Hapalophus, *Gr.*			
15. Nilaus, *Sw.*			
16. Calicalicus, *Bp.*			
Subf. 100. PRIONOPINÆ.			
17. Sigmodus, *Temm.*			
18. Eurocephalus, *Smith.*			
19. Prionops, *Vieill.*			
20. Fraseria, *Bp.*			
21. Tephrodornis, *Sw.*			
22. Cabanisia, *Bp.*		42. Hyloterpe, *Cab.*	47. Hylophilus, *Temm.*

DENTIROSTRES.

sirostres.

Familia **37**. ARTAMIDÆ.	Familia **38**. ORIOLIDÆ.	Familia **39**. EDOLIIDÆ.	
Subf. **104**. ARTAMINÆ.	Subf. **106**. ORIOLINÆ.	Subf. **107**. EDOLIINÆ.	Subf. **108**. CEBLEPYRINÆ.
48. Artamus, *Vieill.*	57. Oriolus. *L*,	64. Chibia, *Hodgs.*	77. Pteropodocys, *Gould.*
49. Ocypterus, *Cuv.*	58. Galbulus, *Bp.*	65. Balicassius, *Bp.*	78. Graucalus, *Cuv.*
50. Leptopterus, *Bp*,	59. Broderipus, *Bp.*	66. Edolius, *Cuv.*	79. Campephaga, *Vieill.*
	60. Baruffius, *Bp.*	67. Dicranostreptus, *Reich.*	80. Oxynotus, *Sw.*
	61. Xanthonotus, *Bp.*	68. Bhringa, *Hodgs.*	81. Ptiladela, *Pucheran.*
		69. Chaptia, *Hodgs.*	82. Ceblepyris, *Cuv.*
		70. Dicrourus, *Vieill.*	83. Volvocivora, *Hodgs.*
		71. Drongo, *Reich.*	84. Lanicterus, *Less.*
		72. Musicus, *Reich.*	85. Lobotos, *Reich.*
		73. Buchanga, *Hodgs.*	86. Symmorphus, *Gould.*
		74. Irena, *Horsf.*	87. Lalage, *Boie.*
51. Cyanolanius, *Bp.*	62. Mimeta, *Vig.*	75. Prosorinia, *Hodgs.*	88. Pericrocotus, *Boie.*
		76. Edolisoma, *Pucheran.*	
52. Tephrolanius, *Bp.*	63. Sphecotheres, *Vieill.*		
Subf. **105**. ANALCIPODINÆ.			
53. Analcipus, *Sw.*			
54. Anais, *Less.*			
55. Psaropholus, *Jard.*			
56. Oriolia, *Is. Geoffr.*			

Familia 40. AMPELIDÆ.	Familia 41. MUSCICAPIDÆ.		
Subf. 109. AMPELINÆ.	Subf. 110. MUSCICAPINÆ.		Subf. 111. MYIAGRINÆ.
	a. *Melænornitheæ.*	b. *Muscicapeæ.*	
89. Ampelis, *L.*	95. Xenogenys, *Cab.*	107. Cyanoptila, *Blyth.*	123. Terpsiphone, *Glog.*
		108. Eumyias, *Cab.*	124. Tchitrea, *Less.*
	96. Melanopepla, *Cab.*	109. Glaucomyias, *Cab.*	125. Muscipeta, *Duv.*
		110. Cyornis, *Blyth.*	
			126. Trochocercus, *Cab.*
90. Hypocolius, *Bp.*	97. Melænornis, *Gr.*	111. Erythrosterna, *Bp.*	127. Elminia, *Bp.*
	98. Metabolus, *Bp.*	112. Xanthopygia, *Bl.*	
	99. Pomarea, *Bp.*	113. Muscicapula, *Bl.*	
	100. Monarcha, *Vig.*	114. Hemipus, *Blyth.*	128. Seisura, *Vig.*
	101. Arses, *Less.*	115. Hemichelidon, *Boie.*	
	102. Philentoma, *Egt.*	116. Muscicapa, *L.*	129. Sauloprocta, *Cab.*
	103. Piezorhynchus, *Gould.*	117. Butalis, *Boie.*	130. Leucocerca, *Sw.*
91. Lepturus, *Less.*	104. Chasiempsis, *Cab.*	118. Microeca, *Gould.*	131. Rhipidura, *Vig.*
	105. Anthipes, *Blyth.*	119. Alseonax, *Cab.*	
92. Ptilogonys, *Sw.*			132. Chelidorynx, *Hodgs.*
			133. Hypothymis, *Boie.*
93. Cichlopsis, *Cab.*		120. Charidhylas, *Bp.*	
94. Myiadestes, *Sw.*	106. Hyliota, *Sw.*	121. Dimorpha, *Hodgs.*	134. Cryptolopha, *Sw.*
		122. Ochromela, *Bl.*	135. Bias, *Less.*
			136. Megabias, *Verr.*
			137. Myiagra, *Vig.*
			138. Muscisylvia, *Less.*
			139. Symposiachrus, *Bp.*
			140. Todopsis, *Bp.*
			141. Platystira, *Jard.*
			142. Stenostira, *Bp.*
			143. Culicivora, *Sw.*

Familia **42**. TANAGRIDÆ.

Subf. **112**. TACHYPHONINÆ.	Subf. **113**. TANAGRINÆ.	Subf. **114**. EUPHONINÆ.	Subf. **115**. SYLVICOLINÆ.
a. *Ramphoceleæ.*	c. *Tanagreæ.*	e. *Euphoneæ.*	f. *Nemosieæ.*
144. Sericossypha, *Less.*	158. Buthraupis, *Cab.*	175. Tersina, *Vieill.*	185? Ægithina, *Vieill.*
145. Lamprotes, *Sw.*	159. Dubusia, *Bp.*	176. Pipreola, *Sw.*	186. Nemosia, *Vieill.*
	160. Tanagra, *L.*	177. Procnopis, *Cab.*	187. Hemithraupis, *Cab.*
146. Ramphocelus, *Desm.*	161. Spindalis, *Jard.*	178. Cyanophonia, *Bp.*	188. Granatellus, *Bp.*
147. Jacapa, *Bp.*	162. Anisognathus, *Reich.*	179. Chlorophonia, *Bp.*	189. Cardellina, *Bp.*
148. Ramphopis, *Vieill.*	163. Stephanophorus, *Strickl.*	180. Ypophaia, *Bp.*	
	164. Irisornis, *Less.*	181. Pyrrhuphonia, *Bp.*	g. *Helmithereæ.*
			190. Helminthophaga, *Cab.*
			191. Helmitheros, *Raf.*
		•	h. *Setophageæ.*
b. *Tachyphoneæ.*	d. *Callisteæ.*	182. Acroleptes, *Schiff.*	192. Basileuterus, *Cab.*
149. Pyranga, *Vieill.*			193. Setophaga, *Sw.*
150. Phœnicothraupis, *Cab.*	165. Callispiza, *Bp.*	183. Euphona, *Desm.*	194. Myiodioctes, *Aud.*
151. Trichothraupis, *Cab.*	166. Chalcothraupis, *Bp.*		195. Euthlypis, *Cab.*
152. Tachyphonus, *Vieill.*	167. Calliparæa, *Bp.*	184. Iliolopha, *Bp.*	
153. Lanio, *Vieill.*	168. Tatao, *Bp.*		
154. Comarophagus, *Bp.*	169. Thraupis, *Bp.*		
155. Icteria, *Vieill.*	170. Chrysothraupis, *Bp.*		i. *Sylvicoleæ.*
156. Orthogonys, *Str.*	171. Ixothraupis, *Bp.*		
157. Cyanicterus, *Bp.*	172. Gyrola, *Reich.*		196. Seiurus, *Sw.*
	173. Calliste, *Boie.*		•
			197. Sylvicola, *Sw.*
			198. Pachysylvia, *Bp.*
			199. Thaumasioptera, *Schiff.*
			200. Mniotilta, *Vieill.*
			201. Rhimamphus, *Raf.*
			202. Myiothlypis, *Cab.*
			203. Parula, *Bp.*
	174. Tanagrella, *Sw.*		204. Trichas, *Sw.*

« En examinant le premier tableau des CHANTEURS DENTIROSTRES qui contient les espèces à bec comprimé, réparties en quatre Familles et dix sous-familles, nous voyons figurer à leur tête la petite sous-division des *Vangés*, parce qu'elle représente plus particulièrement les Corbeaux (1).

---

(1) Le genre *Vanga* n'a que la seule espèce type *L. curvirostris*, L.—*L. olivaceus*, Vieill. (ou, pour mieux dire, *icterus*, Cuvier, car ce n'est pas l'*olivaceus* de Shaw), et *Vanga cruenta*, Lesson, sont des *Archolestes*, Cabanis, ce genre ayant pour type le formidable *Blanchot*, auquel, outre le *cruentus*, il faut adjoindre le *Malaconotus hypopyrrhus*, Hartlaub, le *Laniarius multicolor*, Gr., et mon *L. peli* du Musée de Leyde.

Xenopirostris a été institué par moi pour l'espèce à bec si extraordinaire de M. Latresnaye.

Artamia, Lafr., que je rapproche des *Vangés* malgré sa tendance vers les ARTAMIDES, a pour type l'oiseau de Madagascar dont le mâle est presque tout blanc : *Viridis; capite, collo, corporeque subtus, albis;* la femelle, rousse : *Rufa; subtus albo-cinerea; pileo, genis, cerviceque nigris.* On reconnaît le premier dans le *Lanius leucocephalus* de Gmelin, la seconde dans le *Lanius rufus* de Linné.

Le prétendu *Lanius chloris*, Cuv., du Musée de Paris, provenant de Galam, malgré sa ressemblance au *Trichophoré* du genre *Ixonotus*, Verreaux, est encore un *Vangé*. Il peut être considéré comme le type d'un genre auquel je propose d'appliquer le nom de *Meristes*, Reich., synonyme d'*Archolestes*, Caban.

Olivaceo-viridis : alarum maculis flavis magnis ; scapularibus interne flavissimis : subtus albo-cinereus.

Le type du genre de TIMALIIDES en question est, comme on sait, *Ixonotus guttatus*, Verr. : *Brunneo-olivaceus; fronte cinerascente; superciliis genisque albis; vertice fusco : subtus candidus : remigibus tectricibusque |alarum apice, rectricibus lateralibus ex toto, albis.*

Avant de passer en revue les *Malaconotés*, il est bon de déclarer que c'est au *Lanius barbarus*, L., que doit être conservé le nom générique *Laniarius*, Vieill. — *Lan. atricoccineus*, Burch., et *Lan. erythrogaster*, Rupp., Zool. Atl., t. 29, ne peuvent en être séparés; mais la Pl. enl. 358, et par conséquent le nom de *Turdus chrysogaster*, appartiennent à un *Lamprotornithien*, *Notauges chrysogaster*, Bp., comme on peut déjà le voir à la p. 415 de mon Conspectus.

Le premier genre des *Malaconotés*, *Chlorophoneus*, Cab., a pour type le véritable *Lanius olivaceus*, Shaw (*Laniarius*, non Lanius *olivaceus*, Vieill., — *oleaginus*, part. Licht.); et compte parmi ses espèces *Malaconotus rubiginosus*, Sundev., le prétendu jeune *oliva*, qui est un mâle adulte; et le *chrysogaster*, Sw., nec Gm., du Sénégal, qui ne diffère pas de l'espèce du Cap et de l'Afrique orientale, décrite sous les noms d'*affinis, similis* et *aurantiipectus*. C'est le synonyme beaucoup moins connu de *sulphureipectus*, Less., qui, selon une observation dont le mérite appartient à M. Pucheran, devra prévaloir, vu qu'il date de 1831.

C'est au *Turdus zeilonus!* L., du Cap (*Lanius bacbakiri*, Shaw, — *ornatus*, Licht.), que nous réservons le nom vacant de *Pelicinius*, Boie. — *Lanius gutturalis*, Daud., ou *perini*, doit lui être annexé malgré sa couleur rouge, ainsi que *Lan. quadricolor*, Cassin, de Port-Natal. *Similis gutturali; sed minor et cauda magis rotundata.*

Nous regardons comme un progrès l'établissement de la sous-famille des *Prionopiens*, qui tous ont quelque trace du caractère si bien développé

Nous réservons le nom de *Telephonus*, Sw. (à l'exclusion de *Pomatorhynchus*, Boie), pour les *Tschagras*. On en connaît au moins quatre espèces, dont une figure dans la *Faune européenne*, sans compter l'élégant *Lan. cruentatus*, Rupp., à poitrine rose, qui me semble devoir trouver place ici, rattachant *Telephonus* à *Laniarius*.

Harpolestes, Caban. (*Psalter*, Reich.), a pour type *Telephonus longirostris*, Sw., de l'Afrique méridionale, dont les sexes varient aussi quant à la couleur du bec.

Comme espèces typiques du genre *Malaconotus* restreint, je citerai le *Lanius boulboul*, Lath. (*Mal. rufiventris*, Sw.), de l'Afrique méridionale, et le *Lanius silens*, Rupp., t. 23 (si différent du *Saxicolien* de ce nom), de l'Afrique orientale, *Turdus æthiopicus*, Gm., auquel MM. Lafresnaye et Cabanis ont fait sagement de restituer ce nom. Il se distingue du précédent par sa petite taille et parce que, d'un blanc éclatant sur toutes les parties inférieures, il n'a aucune trace de teinte rousse sur le ventre. C'est à tort que ces deux espèces ont été placées sous *Dryoscopus* ou réunies au *Laniarius barbarus*; il faut en faire un genre et rapprocher d'elles le prétendu *Telephonus major*, Hartl., Rev. zool., 1848, p. 108.

Dryoscopus, Boie (*Hapalophus*, Gr., nec Verr.), n'aurait donc plus que quatre espèces :

1. *Lanius cubla*, Shaw, Levaill., Afr., t. 72, 1, 2, de la Cafrerie. *Medius; rostro parvo.*

2. *Lanius gambensis*, Licht. (*Mal. mollissimus*, Sw.), de l'Afrique occidentale. *Major; rostro robustissimo.*

3. *Laniarius affinis*, Gr., 1837, de l'Afrique or., Zanzibar. *Similis* cublæ ; *sed rostro capitis fere longitudine : alarum tectricibus concoloribus : remigibus rectricibusque vix albomarginatis.*

4. *Malaconotus orientalis*, Sw. (*similis?* Sw.), *Two Cent.*, p. 342, plus petit que *gambensis*, mais à jambes plus longues; le lorum gris au lieu d'être noir; les longues plumes du croupion gris foncé à la base; la queue plus courte, et les rectrices extérieures terminées de blanc.

Mais il faut lui adjoindre :

5. *Dr. atrialatus*, Cassin., ex Afr. orient. *Similis* affini; *sed major, et tectricibus alarum inferioribus nigris.*

6. *Dryoscopus sublacteus*, Cassin., 1851, p. 246. Proceed. Ac. Philad., de l'Afrique orientale. *Subtus lacteus : alarum maculis albis nullis.*

Le *Dryoscopus leucorhynchus*, Hartl., Rev. zool., p. 108, de l'Afrique occidentale, n'est pas plus un *Telephonus* qu'un *Dryoscopus*; nous en constituons notre genre *Rhynchastatus*, nommé ainsi à cause du bec variable, soit d'un sexe, soit d'une espèce à l'autre; car mon *Rhynchastatus carbonarius*, Bp., du Gabon (ainsi nommé depuis longtemps dans le Musée de Paris), n'en diffère que par son bec noir.

Le genre *Chaunonotus*, Gr., par son gros bec se rapproche un peu des *Vangés*; mais il vaut mieux le ranger parmi les *Malaconotés*.

Rostrum culmine basi depresso dilatato-rotundato, apice extremo profunde emarginato, subadunco : pedes robusti : alæ rotundatæ; remigum prima brevissima, secunda breviore decima; quarta, quinta et sexta omnium longissimis : cauda brevis, subæqualis.

dans le genre type (1), de plumes en brosses dirigées en avant du bec.

» Les Oriolides, qui ne comptaient jusqu'ici que trois genres, en compteront dès aujourd'hui huit, par suite du démembrement d'*Oriolus,* que nous scindons en cinq.

» Réservant le nom d'*Oriolus* au *galbula,* L., d'Europe, et à ses espèces voisines, nous appelons *Galbulus,* Bp., l'*auratus,* Vieill., d'Afrique, dont les

---

Son type, et son unique espèce jusqu'à présent, est *Chaunonotus sabinii,* de l'Afrique occidentale, dont *Hapalophus melanoleucus,* Verr., ne diffère pas.

Nigro-coracinus : plumis uropygii longissimis, densissimis : corpore subtus, tectricibusque alarum inferioribus, albis.

Notre genre *Calicalicus,* qui rappelle le nom local, a pour type la rare *Pie-grièche calicalic* de Madagascar, dont le mâle et la femelle sont deux des plus précieux joyaux du Musée de Paris.

Calicalicus madagascariensis, Bp. ex L. — Pl. enl., 299, 1, 2. — Levaill., Afr., tab. 73, — *Minimus; cinereus; subtus et in genis albus : gula juguloque late nigris : tectricibus alarum minoribus, uropygio, tibiis, rectricibusque lateralibus, rufis.*

Fæm. *Cinerea; subtus albida : cauda rufa.*

L'espèce de Vieillot, *Lanius rubrigaster,* enregistrée la douzième de mon Conspectus, n'est autre que *Pachycephala pectoralis,* Blyth.

Lanius mystaceus, Lath. ex Levaill., Afr., t. 65, enregistrée la quatorzième, me semble un oiseau factice.

(1) J'ai parlé ailleurs (*Monographie des Laniens*) des deux espèces d'*Eurocephalus,* et des trois *Sigmodus.* Mon genre *Cabanisia* est celui que le savant oracle des Volucres a appelé *Myiolestes,* sans penser que ce nom était déjà donné à un autre : c'est, au reste, un heureux démembrement du groupe indigeste *Tephrodornis,* Sw., lequel, outre des *Laniides,* avant d'être rectifié, contenait parmi ses espèces, bien que si limitées, des Muscicapines, des Turdides, etc., sans parler d'un Oiseau que je rapproche des Artamides, sous le nom générique de *Tephrolanius.* C'est le *Lanius gularis,* Raffles, ou *L. virgatus,* Temm., Pl. col. 256, 1, de Java.

Le type de *Cabanisia,* Bp., est *Muscicapa hirundinacea,* Temm. (*Hemipus obscurus,* Blyth), qui se trouve par toute la Malaisie.

L'africaine *Tephr. ochreata,* Strickland, à queue arrondie, à acrotarses d'une seule pièce, admirablement figurée par Fraser dans sa *Zoologie typique,* méritait un genre à part que nous établissons sous le nom de *Fraseria,* Bp.

Tephrodornis silens est, comme nous l'avons vu, un *Saxicolien,* type du genre *Sigelus.* Il en est de même du genre *Drymodes,* Gould, qui doit prendre place après *Petroica* et *Erythrodryas,* parmi les Turdides saxicoliens. Le prétendu *Gobe-mouche aux ailes d'or* figuré *Pl. IV, fig.* 2 du Voyage de l'Astrolabe, est aussi un jeune de *Petroica phœnicea,* Gould.

Le type de *Tephrodornis* reste donc *Muscicapa pondiceriana,* Gm. (*T. superciliosa,* Sw.),

plumes rigides du dos rappellent celles des *Ceblepyris*. Les grandes espèces qui portent sur la tête un ornement comparé soit à une couronne, soit à un fer à cheval, et dont le bec est plus fort et plus arqué, forment pour nous le genre *Broderipus*. Nous étendons ainsi au groupe entier le nom du savant magistrat, si célèbre par la manière dont il a popularisé, en Angleterre, le goût des sciences, nom que nous avions précédemment imposé à sa plus belle espèce. Son plumage brillant et le mérite de mon ami nous suggèrent également le nom spécifique de *refulgens* : ce sera donc dorénavant *Broderipus refulgens*. Cinq autres Loriots, parmi lesquels le *chinensis, L.*,

---

amplement pourvue de noms, et répandue par toute l'Inde : *pelvica*, *affinis*, *grisca*, lui appartiennent aussi.

Passant aux *Pachycéphaliens*, ajoutez aux *Colluricincla*, que je place à leur tête, *Coll. turdoides*, Pucheran.

Je n'ai rien à ajouter à ce que j'ai dit il y a trois ans, dans cette enceinte, sur le genre *Rectes* et ses différentes espèces avec lesquelles, et surtout avec *Rectes ferrugineus*, il faut comparer *Rectes strepitans*, Pucheran, Voy. au Pôle sud, t. 6, 1.

Réservant le nom de *Pteruthius*, Sw., aux grandes espèces du continent indien, *erythropterus*, *xanthochloris* et *rufiventris*, j'applique, en le restreignant, celui d'*Allothrius*, Temm., aux petites de l'Océanie, *œnobarbus* et *flaviscapus*.

Pteruthius spinicaudus, Pucheran, doit constituer un genre que nous nommons *Pucherania*, en honneur du digne collaborateur du professeur Geoffroy-Saint-Hilaire, qui, en nous faisant si bien connaître le type, vient de faire pressentir le groupe que sa modestie seule nous a laissé établir. La prétendue *Hylocharis orphœus*, Verr., figurée dans les Contributions à l'Ornithologie de sir William Jardine sous le nom de *Pachycephala orphœa*, Strickland, ne me paraît pas pouvoir en être éloignée.

Comme le genre précédent contient des Laniides de l'Océanie qui tiennent des *Pteruthius* et des *Pachycephala*, ainsi mon genre *Psaltricephus* contient des Laniides intermédiaires aux *Pachycephala* et aux *Eopsaltria*. Deux espèces se trouvent exposées dans le Musée de Paris; ce sont :

1. *Eopsaltria diademata*, Pucheran (*icteroides ?* Peale), que j'avais cru pouvoir, devoir même, dédier aux mânes de Hombron.

2. *Eopsaltria melanops*, Pucheran, qu'un traducteur encore plus scrupuleux pourrait, d'après les mêmes principes, s'approprier sous le nom d'*atrilarvata*, avait été par moi nommée d'après M. le docteur Jacquinot.

Une troisième, nouvelle, vient d'être reçue par MM. Verreaux, de Triton-Bay, sur la côte occidentale de la Nouvelle-Guinée.

Pachycephala orioloides, Pucheran, ne diffère pas de ma *P. astrolabi*, étant basée sur le même type figuré p. 5, fig. 3, du Voyage au Pôle sud.

Deux espèces sont confondues dans mon Conspectus sous la première de mes *Pachycephalœ*. *Muscicapa pectoralis* et *Turdus gutturalis* sont véritablement différents, quoique certainement congénères.

B.　　　　　　　　　　　　　　　　　　　　10

qu'il faut absolument réintégrer dans le système, font partie du nouveau
genre. Le nom du savant abbé philanthrope auquel mon amitié avait déjà
dédié une espèce, s'étendra également sur un quatrième genre : ce nom,
qui doit exciter tant de reconnaissance partout où a pénétré le commerce,
à cause de la théorie finalement victorieuse sur les quarantaines que nous
fûmes seuls si longtemps à soutenir envers et contre tous. Que le genre
s'appelle donc *Baruffius*, et que, par une heureuse coïncidence, l'espèce
prenne l'épithète d'*intermedius*, sous laquelle elle avait été lancée parmi les
marchands avant que je la décrivisse. Les Loriots à capuchon noir (*Me-
lanocephali* de mon Conspectus), à bec déprimé et fortement caréné, en font

---

Hartlaub distingue, en effet, la seconde espèce sous le nom de *Pachycephala gutturalis*.
Strickland appelle *P. macrorhyncha* la race à gros bec d'Amboine semblable à la *melanura*,
Gould, de la Nouvelle-Hollande, que Lafresnaye appelle *P. albicollis*, supposant que c'est
le *Laniarius albicollis*, Vieill., que Hartlaub croit être la *gutturalis*. Il n'est pas difficile de
fixer la synonymie avec le secours de la géographie; mais il ne faut pas imiter ceux qui se
complaisent à confondre les provenances aussi bien que les noms. Vieillot, Shaw et Levaillant ont probablement eu en vue la même race. Deux de celles-ci doivent s'ajouter sous
les noms *P. gutturalis*, Hartl. ex Lath., et *P. macrorhyncha*, Strickland, à celles de mon
Conspectus.

La *Muscicapa luscinia*, Kuhl., appartient au genre *Hyloterpe*, Cab.; mais forme-t-elle
une espèce, distincte de *philomela*, Boie? Les individus qui nous sont parvenus sous ce nom
sont petits, à bec garni de soies raides; ils ont la couleur du Rossignol, sont blancs en dessous, à poitrine ombrée, à rémiges et rectrices vaguement striées. Ils proviennent de Java et
de Bornéo; mais ceux de cette dernière île ont toujours la queue plus rousse. Quant à l'*Hylocharis*, non *Hyloterpe*, *orpheus*, de Verreaux, dont nous venons de parler tout à l'heure,
elle doit être rapprochée de *Pucherania spinicauda*.

Les véritables *Artamiens* sont répartis par moi en trois genres auxquels, suivant la coutume
que je maintiens fidèlement, lui trouvant moins d'inconvénients qu'à l'usage contraire, j'applique les différentes dénominations des différents auteurs, synonymes quand même!...

Laissant le nom d'*Artamus*, Vieill., aux espèces à gros bec droit : *monachus*, Temm., —
leucorhynchus, Gm., — *leucogaster*, Valenc., — *papuensis*, Temm., — *perspicillatus*, Temm.,
— *cinereus*, Vieill.; — *albiventris* et *leucopygialis*, Gould, je réserve celui d'*Ocypterus*,
Cuv., à celles à bec plus mince et légèrement arqué, dont *minor*, Vieill., peut être considérée comme le type, et dont on ne connaissait que trois autres : *personatus*, Gould, —
superciliosus, Gould, — et *sordidus*, Lath.

Ajoutez : *Artamus cucullatus*, Sclater, Rev. Cuvier., 1853; et deux autres espèces nouvelles rapportées par M. le Dr Arnoux au Musée de Paris.

La première, de la Nouvelle-Calédonie, est noire : nous l'appellerons *Ocypterus berardi*,
pour honorer la mémoire du brave amiral compagnon des Quoy, des Gaimard et des Frey-
cinet.

(75)

partie, à l'exception d'un seul, le plus petit de tous, qui mérite un dernier
genre à part. Ce cinquième genre est nommé par nous *Xanthonotus*, d'a-
près son unique espèce, pour laquelle il faudra adopter comme nom spécifique celui de *leucogaster*, imposé par Reinwardt, par cet illustre professeur de l'Université de Leyde, qui vient d'être enlevé à la science. Il
mourait le 6 mars, chargé d'années, et entouré de la vénération publique,
lorsque nous tracions ces lignes, au moment où l'Académie, dans sa haute
justice, allait peut-être s'associer ce respectable ami de l'humanité et de la
science, qui me faisait l'honneur de me nommer le sien (1). »

La seconde est entièrement grise : ce sera *Artamus arnouxi*, du nom de ce chirurgien-
major distingué.

L'espèce nommée *viridis* par Gmelin (*Analcipus hirundinaceus*, Sw.), me donne le genre
Leptopterus qui n'est autre que le *Leptopteryx*, Wagl., auquel, pour pouvoir l'adopter dans
ce sens restreint, je fais subir cette légère modification.

Ces Artamiens hirundiniformes, si je puis m'exprimer ainsi, sont tellement tranchés, que
ce n'est qu'en hésitant et à cause de sa ressemblance avec *Lept. viridis*, que j'y joins mon *Cya-
nolanius*, genre institué pour la délicieuse petite Pie-grièche bleue de Madagascar (*Lanius
bicolor*, L.), que je fais suivre par *Tephrolanius*, tout en reconnaissant que ces deux derniers genres sont autant des Lanidés que des Artamides.

La sous-famille des *Analcipodiens* est presque intermédiaire aux Artamides et aux Oriolides. *Psaropholus* surtout, ce bel oiseau du Thibet, est pour ainsi dire un Loriot rouge. Ce
n'est que faute de savoir où le placer que j'introduis ici *Oriolia*, Is. Geoffr., de Madagascar,
Oiseau anomal qui tient à la fois des *Anabates* et des *Paradisiens*, ressemblant à la femelle de
mon *Xanthomelus aureus*. Quant au genre *Anais*, Less., son véritable genre *Anais*, qu'il ne
faut pas confondre, répétons-le, avec son autre *Anais* (*Sericulus anais*, Less.) dont j'ai
fait mon genre Graculien *Melanopyrrhus*, il diffère à peine d'*Analcipus*. Ajoutons aux synonymes de ce dernier *Artamia sanguinolenta*, Geoffr., et *Lanius cruentus*, Drapiez.

(1) Les trois espèces de *Sphecotheres* (genre de Vieillot, que nous trouvons écrit *Sphecotheres*, *Specothera*, *Specotera*, *Sphecotera* dans ses différents ouvrages), sont assez bien établies dans mon Conspectus, mais leur synonymie est fort embrouillée. C'est à la première
espèce, *maxillaris*, Lath., de la Nouvelle-Hollande, qu'appartiennent les synonymes :

Sph. viridis, Vig.; — *virescens*, Jard.; — *australis* et *canicollis*, Sw., et les figures de
Gould et de Selby.

Les autres se rapportent à la *viridis* de Quoy et Gaimard, qui est aussi la *viridis* de
Gray, de Cabanis, celle enfin (*viridis*) de Vieillot, Analyse, p. 68. C'est elle que représente
la p. 107 de la Galerie des Oiseaux ainsi que la p. 21 du Voyage de l'Uranie.

Quant au *Lanius asturinus* du Musée de Paris (*Sphecothera grisea*, Less.), les deux individus auxquels ce nom a été appliqué, différents par la taille, sont chacun le jeune d'une des
deux espèces confondues ensemble.

La race de Timor, encore plus petite que la moins grande, de Java, pourrait, en outre,
être distinguée.

Comme on le voit par nos tableaux, nous avons éliminé de la famille des Édoliides, pour les faire passer aux Muscicapides, les genres *Oreas*, Temminck, justement changé en *Xenogenys* par Cabanis, et *Melænornis*, Gr., substitué à *Melasoma*, Sw., par la même raison de préoccupation du nom originairement employé. Nous commencerons donc la sous-famille des Édoliens par le genre *Chibia*, Hodgs., et nous la répertissons en douze genres.

Ces genres sont les suivants dans l'ordre naturel :

1. *Chibia*, Hodgson, auquel, par égard pour les oreilles, Cabanis voudrait substituer le nom de *Trichometopus*, et à l'unique espèce duquel il en ajoute une seconde, de la Chine, que nous enregistrons, comme *Chibia brevirostris*.

2. *Balicassius*, Bp., genre que nous instituons pour le *Corvus balicassius*, L., qui deviendra *Bal. furcatus*, Bp., ex Gm., le *bracteatus*, Gould, et une nouvelle espèce des Philippines (*Bal. philippensis*, Bp), déjà connue des Anglais.

3. *Edolius*, Cuv., que nous restreignons, comme dans le Conspectus, au groupe nommé depuis *Dissemurus* par Cabanis. Son type est bien le *Cuculus paradiseus*, L.; mais il paraît que ce nom appartient de droit à l'espèce à plumes céphaliques très-allongées, que l'on avait appelée *malabaroïdes;* lui restituant son nom primitif, il s'ensuit que le *paradiseus*, usurpateur du nom, devra s'appeler *Edolius setifer*, Temm. (car *retifer* est une erreur typographique).

Du reste, mes espèces sont bien établies, et la synonymie satisfaisante : nous n'avons qu'à ajouter, comme sixième espèce, le *Dissemurus formosus*, Cabanis, de Banta.

J'ignore à quelle espèce Reichenbach destine son genre *Dicranostreptus*, mais c'est probablement à un de mes *Edolius;* ils doivent, en tout cas, être suivis par :

4. *Bhringa*, Hodgson, auquel nous conservons ce nom barbare, quoique Hodgson lui-même l'ait depuis (1841) changé en *Melisseus;* il ne contient qu'une espèce, l'*Edolius remifer* de Temminck.

5. *Chaptia*, Hodgson, avec ses deux espèces de l'Asie méridionale, *ænea*, Vieill., et *malacensis*, Hay.

6. *Dicrourus*, Vieill., comme nous le restreignons aux espèces asiatiques à queue développée, plus ou moins voisines de son *macrocercus* (*longicaudatus*, Hay, ou *albirictus*, Hodgs., — *forficatus*, Horsf., nec L., — *longus*, Temm., ou mieux *bilobus*, Licht., etc.).

7. *Drongo*, Reich., pour le vrai *forficatus* (*Lanius fortificatus* de Linné), seul, de Madagascar.

8. *Musicus*, Reich., pour les espèces noires africaines de mon Conspectus, auxquelles il faut ajouter : *Dicrourus modestus*, Hartl. (*erythrophthalmus* du prince Paul de Wurtemberg), du Sennaar et de l'île de Saint-Thomas, sur la côte occidentale d'Afrique, et le *D. coracinus*, Verr., du Gabon. *Similis* Musico emarginato ; *sed minor, et totus nigrocoracinus, alis, caudaque splendentibus, nec opacis. Muscicapa divaricata*, Licht., est synonyme, et le nom plus ancien, de *D. canipennis*, Sw., auquel Cabanis la substitue.

9. *Buchanga*, Hodgs., ou plutôt Bp. ex H., car nous appliquons un peu arbitrairement ce nom au groupe d'oiseaux bleuâtres, la plupart à ventre blanc, de l'Asie et de la Malaisie, qui termine la série des vrais *Édoliens* qu'on pourrait appeler *Édoliés*, et dont nous connaissons cinq ou six espèces (*cærulescens*, L., — *mystaceus*, Vieill., — *cineraceus*, Horsf., — *leucophæus*, Vieill., — *leucopygialis*, Blyth, — *viridescens ?* Gould). C'est par eux que nous arrivons à :

10. *Irena*, Horsf., genre qui tient un peu des Timaliides, mais dont la première espèce *cyanogastra*, Vig., tient encore aux Édoliens, tandis que la troisième, *indica*, Hay, est tout au plus une race de la *puella*, type, de Java.

11. *Prosorinia* ou *Cochoa*, Hodgs., dont les deux espèces déjà figurées par Gould dans son coup d'essai, la Centurie zoologique des Oiseaux de l'Himalaya, viennent encore de l'être bien mieux dans ses Birds of Asia.

12. *Edolisoma*, Pucheran, enfin, genre que vient d'établir sur des bases solides cet éminent naturaliste du Muséum, pour la *Campephaga marescoti*, Gr., du Voyage au Pôle sud, Édoliide presque intermédiaire entre les Édoliens et les Céblépyriens.

Ces derniers exigent bien moins de changements que les Édoliens. Préférant répartir en trois sections les vrais *Graucalus*, les barrés, ceux à tête noire et ceux à teinte uniforme, je n'ajouterai, en effet, aux genres de mon Conspectus, que :

Ptiladela, Pucheran, pour le singulier *Choucari de Boyer*, Hombr. et Jacq., Voy. P. sud, t. 9, 3, et *Lobotos*, Reich., déjà désigné par moi dans le Conspectus, pour ma troisième espèce de *Lanicterus*, *Lanicterus lobatus*, Less., maintenant *Lobotos temmincki*, Hartlaub.

J'ai aussi amélioré la disposition des genres comme on la voit dans le tableau, en commençant par *Pteropodocys*, de la Nouvelle-Hollande, qui est en même temps le plus grand.

C'est au genre *Graucalus*, Cuv., qui est aussi le genre *Coronis*, Gloger, 1827, que Cabanis veut appliquer le nom *Coracina*, Vieill., comme si la confusion occasionnée par ce nom n'était pas encore assez grande !...

Ajoutez en espèces nouvelles :

Graucalus melanogenys (non *melanops*), Pucheran, ex Hombr. et Jacq.

Graucalus lagunensis, Bp., Mus. Paris., ex Ins. Philipp. *Similis* Gr. dussumieri; *sed subtus ex toto obscure plumbeus, crisso vix nigro-fasciato : rostro valde incurvo.*

Et observez que le *Gr. dussumieri*, Less., dont le type est au Musée de Paris, n'est pas synonyme de *Coracina fasciata*, Vieill., mais une espèce bien distincte de Manille (Mindanao) figurée à la p. 8, f. 1, du Voyage au Pôle sud.

Le *Graucalus cæsius*, Cuv., est aussi une bonne espèce de la Nouvelle-Calédonie, qu'il ne faut plus confondre avec *Corvus papuensis*, Gm.

Le prétendu *Graucalus pectoralis*, Jard. et Selby, si c'est du moins la *Ceblepyris pectoralis*, Sw. (*Picnonotus niveiventer*, Less.), est une *Ceblepyris* des plus typiques, à bec encore plus déprimé que chez la *cæsia*, Licht. (*cana* de Cuvier, *capensis?* des Auteurs) : il faut en rapprocher *Graucalus azureus*, Cassin, Proc. Ac. Phil., 1851, p. 348.

Ajoutez comme vraie *Campephaga* : *C. schisticeps*, Pucheran, ex Hombr. et Jacq., Voy. P. sud, p. 10, 1, de la Nouvelle-Guinée.

Dans le genre *Oxynotus*, Sw., si mal classé parmi les *Laniens*, les femelles sont rousses. Son type, *L. ferrugineus*, Gm., est la femelle de *Ceblepyris cinerea*, Less., bien mieux qu'*Otagon*, la *Ceblepyris ferruginea* de Blyth? C'est en tout cas *Campephaga ferruginea*, Vieill. (*cinerea*, Less.), dont *Lanius rufiventer*, Cuv., ne différerait pas, suivant M. Verreaux.

Lanicterus, Less., a pour type *L. xanthornoides*, Less. (*melanoxantha*, Licht.), Ann. Sc., 1838, p. 169.

Nigro-virescens: humeris flavissimis : iridibus et angulis oris flavis. Nous faisons aussi un *Lanicterus*, quoique Reichenbach en forme son genre *Cyrtes*, du *Turdus phœniceus*, Lath., dont *Campephaga flava* de Temminck et de Vieillot est la femelle. La prétendue troisième espèce du genre, *L. swainsoni*, Less. (*Edolius labrosus*, Sw.) : *Nigro-nitens, humeris con-coloribus : rictu labroso rubro*, n'est autre que la femelle du *xanthornoides*, qui. avait déjà été appelée *atrata* par Swainson, *ater* par Lesson, mais longtemps après que Vieillot l'avait introduite dans le système sous le nom de *Camp. nigra*.

MM. Verreaux me semblent posséder une seconde espèce (nouvelle) de *Symmorphus*, provenant de la Nouvelle-Irlande : elle est noire.

Ces infatigables collecteurs, qui, bien conseillés par le soin de la haute position qu'ils occupent dans le commerce d'histoire naturelle, ne reculent devant aucun sacrifice lorsqu'il s'agit d'enrichir la science, ont aussi rassemblé mes trois espèces de *Volvocivora*, qui ne peuvent plus être considérées comme douteuses. Une quatrième, *lugubris?* Sundevall (*Lanius silens?* Tickell, nec Auct.), en différerait par ses rectrices graduées, blanches à la pointe.

Dans le genre *Lalage*, Boie, la septième espèce, *leucomela*, Vig., de la Nouvelle-Hollande, *Nigra-coracina; subtus alba : uropygio dilute griseo : tectricibus alarum, margine remigum, et apice rectricum exteriorum candidis :* SUPERCILIIS NULLIS, doit suivre immédiatement la première, *orientalis*, Gm., de la presqu'île de Malacca, et de toutes les grandes îles environnantes, y compris les Philippines, qui s'en distingue par ses sourcils blancs, « SUPERCILIIS ALBIS. » Les femelles sont grises partout où les mâles sont noirs, et la poitrine est, chez elles, obscurement ondulée.

Il sera utile à l'étude de ce genre de fixer ainsi le *Lalage aurea*, Bp., ex Temm., Pl. col. 382, 2, et Voy. au Pôle sud, Ois., p. 10, 3, de Célèbes : *Albo nigroque varia : subtus aureo-rufa.*

Nous nommerons *Lalage uropygialis* une espèce voisine, mais plus grande, de la collection Verreaux : *Major : superciliis nullis : subtus et late in uropygio albo-rufa*, que nous n'avons cependant pas pu comparer avec *timorensis*, Mull., et dont nous ignorons la provenance.

C'est avec une incontestable sagacité que M. Pucheran a reconnu que la *Campephaga karu*, de Gould, de la Nouvelle-Hollande, différait du *Lanius karu*, Less., de la Nouvelle-Irlande, quoique l'habile ornithologiste anglais les eût confondus. En attendant que l'on en fasse un petit genre, distinguons-les indépendamment de la taille.

1°. *Lalage karu*, Bp. (*Lanius karu*, Less.), Voy. Coq., Ois., t. 12, ex N. Hibernia. *Tectricibus alarum inferioribus omnino albis.*

2°. *Lalage rufiventris*, Pucheran (*Campephaga karu*, Gould), Austr., 11, t. 61, Voy. Pôle sud, tab. 11, 1, ex Austr. s. *Tectricibus alarum inferioribus rufis : remigibus secundariis valde elongatis.*

Nous terminons la série des CÉBLÉPYRIENS par l'élégant petit genre que deux frères, Boie (François et Henri), à un an de distance, l'un du fond de son cabinet, l'autre au milieu des forêts tropicales, ont nommé, le premier, *Pericrocotus*, en 1826, le second, *Phœnicornis*, en 1827. Une seule des douze espèces qui sont un des principaux ornements de nos musées et de nos recueils de figures était connue de Linné, qui avait même placé le mâle et la femelle comme deux espèces en deux genres différents. Ajoutez à ses synonymes, pour la femelle. *Muscicapa flava*, Vieill., et, pour le mâle, *Muscicapa rufiventris* des étiquettes heureusement amovibles du Musée de Paris.

Nous ouvrons la Famille des MUSCICAPIDES par le groupe des *Mélanornithés*, grandes espèces plus ou moins noires, à bec étroit et à longues pattes, qu'il vaudrait peut-être mieux élever au rang de sous-famille sous le nom de *Monarchinæ*. Les premiers genres montrent quelque tendance vers les *Céblépyriens,* d'autres vers les *Saxicoliens;* mais il ne faut pas permettre que *Melænornis* soit troublé par l'adjonction de véritables *Saxicoliens* qui le rendrait presque synonyme de *Bradyornis.*

Metabolus, Bp., a pour type la prétendue *Colluricincla rugensis,* Pucheran, Voy. au Pôle sud, dont le plumage change en effet du roux et noir au blanc. — *Pomarea,* Bp., en diffère à peine, contenant des *Monarcha* presque aussi changeants, à pattes plus allongées que chez les typiques, telles que *Muscicapa nigra,* Sparrmann, etc. —*Monarcha velata,* Temm., est une grande *Philentoma* reconnue pour telle par Blyth, et qui seule, avec le type *M. pyrrhoptera,* Temm., constitue le genre. Ce genre doit suivre *Monarcha.* — *M. alecto,* au contraire, avec sa queue arrondie et son bec étroit et allongé, tend plutôt vers *Piezorhynchus,* Gould, genre qui doit le précéder. Son type bien connu est l'oiseau tout noir, dont la femelle est rousse, blanche en dessous, à calotte noir-bleu. — *Symposiachrus,* Bp., a pour type la *trivirgata,* qu'il était impossible de laisser parmi les *Monarcha,* car c'est un véritable *Myiagrien.* Par ces disjonctions il ne reste plus de *Monarcha* légitimes que le type du genre, *Mon. carinata,* Vig., et la *Drimophila cinerascens,* Temm.

Au singulier genre *Hyliota* ajoutez comme seconde espèce :

Hyliota violacea, Verr., du Gabon : *Violaceo-nigra; subtus albo-rufescens; macula alarum alba : alis longissimis; remigum prima brevissima, secunda quintam subæquante, tertia et quarta omnium longissimis.*

Les vrais *Muscicapiens,* réduits aux *Muscicapés,* se composent de quinze genres contenant les petites espèces à jambes courtes, modelées sur les Gobes-Mouches de notre partie du monde. Les quatre premiers genres, formés d'oiseaux plus forts et plus ou moins bleus, tiennent encore des *Monarchiens.*

Corrigez la synonymie du genre *Niltava* suivant Gould, et ce que nous en avons dit nousmême, et placez-le surtout, comme nous venons de le faire, parmi les *Saxicoliens.*

Éliminez du genre *Cyornis* la *Phœnicura rubeculoides,* Vig., qui est, comme nous l'avons vu, une seconde espèce de mon genre *Adelura,* et ajoutez, par contre, *Muscicapa hyacinthina,* Temm., Pl. col. 30, 1 mas, 2 fæm., de Timor. *Cærulea* (etiam in pectore) : *abdomine rufo.*

Cyornis elegans, Blyth, ex Temm., Pl. col. 596, 1, provient de Sumatra.

Cyornis banyumas, Bp., ex Horsf. (*cantatrix,* Boie, Pl. col. 226, 1, 2), a les joues noires dans le mâle : c'est la femelle qui les a rousses.

Le genre *Glaucomyias,* Caban. (*Stoparola,* Blyth, très-différent du mien qui est un *Sylvien*), a pour type la *Muscicapa melanops,* Vig. ; pour seconde espèce, la *thalassina,* Sw., rapportée à tort à la première, et, pour troisième, la *thalassoides,* Caban., qui est la *thalassina* de mon Conspectus, et provient de Sumatra.

La *Muscicapa indigo,* Horsf., est le type du genre *Eumyas,* Caban.

La *Muscicapa concreta,* Müll., n'a rien à voir avec les espèces dont nous l'avions rapprochée : c'est plutôt un *Myiolestes!*

Le genre *Hemipus,* Blyth, qu'il ne faut pas confondre avec *Myiolestes,* Cabanis, 1851, nec Müller, a pour type *Musc. picata,* Sykes.

Nous avons changé *Hylocharis* en *Charidhylas,* Bp., pour le genre dont la célèbre espèce du Japon est le type et qui tient un peu des *Pachycéphaliens.*

J'ajoute la diagnose de la rare *Muscicapula superciliaris,* Bp., ex Jerdon (*hemileucura,* Hodgs. —*Dimorpha albigularis,* Blyth) :

Obscure cyanea : fascia postoculari, vitta longitudinali a rostro ad abdomen, abdomine, crisso, caudaque ad basin, albis : remigibus rectricibusque nigris.

Je crois que MM. Verreaux en possèdent une quatrième espèce à queue rousse.

Le genre *Alseonax*, Caban., se compose :

De ma *Butalis terricolor*, et des *ruficauda*, Blyth, *rufescens*, Jerd., et *latirostris*, Raffles, placée à tort dans *Hemichelidon*.

C'est encore ici qu'il faudra placer :

Muscicapa muscipetoides, Kuhl et van Hass., différente de celle des auteurs. *Minor; cinereo-brunnea unicolor: subtus albida, lateribus fuscescentibus : remigibus secundariis marginibus latis, rectricibusque apice extremo, rufo-albidis : mandibula basi flava; pedibus minutissimis, fuscis.*

Muscicapa semipartita, Rupp., Faun. Abyss., p. 40, 1, est une *Bessornis* très-voisine de la *bicolor* figurée par Sparrmann, p. 46.

Nous trouvons dans les collections, sous le nom inédit de *Muscicapa tricolor*, Kuhl et van Hasselt, un Muscicapien très-voisin, sinon identique, avec la *Muscicapa rufigula*, Kuhl, que j'ai provisoirement rangée dans mon genre *Erythrosterna*.

Nigra : superciliis protractis, marginibus remigum secundariarum, rectricibus a basi ad medium, abdomine, crissoque albis : pectore rufo ; gula albo-rufescente.

Une autre espèce congénère, plus petite, nous arrive de Timor :

Minima, nigerrima; superciliis postice dilatatis : marginibus remigum secundariarum, rectricibus a basi ad medium et corpore toto subtus, albis. — Jun., punctis rufis densis.

Ceux qui par erreur ou par désir de changer, appliquent à *Butalis*, Boie, le nom primitif de *Muscicapa*, appellent *Hedymela!...* Mon genre *Muscicapa* — M. *picata*, Sw., est une espèce d'Afrique qui lui appartient.

La *Butalis grisola* d'Afrique, celle du Cap au moins, rapportée par M. Verreaux au Muséum, est une espèce distincte, facile à séparer par sa petite taille; nous la nommons *Butalis africana*. La race de Manille (*Butalis manillensis*, Bp.) s'en approche beaucoup plus que la nôtre, étant de la même taille.

Un nouveau genre à petit bec et larges ailes, *Artomyias*, Verr., du Gabon, avec son unique esp., *A. fuliginosa*, doit prendre place entre *Micræca* et *Xanthopygia*.

Les *Myiagriens* à bec plus large, à queue et ailes généralement plus développées, à tarses fort courts, sont encore bien plus nombreux. Nous réservons le nom si bien choisi de *Terpsiphone*, Gloger, pour le genre qui contient la *Muscicapa* ou *Todus paradisæus* de Linné, et ses proches espèces asiatiques et océaniennes, et commençons par lui la série. *Tchitrea*, Bp., ex Less., n'en est à bien dire que la section africaine, et *Muscipeta*, Bp., ex Cuv., ne contiendra plus que la *borbonica* et la *fulviventris*, Verr., espèce nouvelle du Gabon qui manque, comme la précédente, des longues rectrices médianes. — Ajoutez le genre *Xeocephus*, Bp., pour la *Musc. rufa*, Gr., des Philippines, dont les plumes de la tête sont tronquées et très-serrées. — *Elminia*, Bp., est établi pour l'espèce bleue, *Myiagra longicauda*, Sw., *Flycatchers*, t. 25, dont Hartlaub fait bien à tort une *Muscipeta*.

Trochocercus, Cab., a pour type *Muscicapa cyanomelas*, Vieill.

Todopsis, Bp., est un nom caractéristique pour la *Muscicapa cæruleocephala*, Quoy et Gaim., dont le bec si remarquable rappelle celui des Todiens.

Seisura, Vig., doit prendre place immédiatement près de *Myiagra*.

Aux véritables Myiagres, toutes de la Nouvelle-Hollande et des îles océaniennes, ajoutez *M. oceanica,* Hombr. et Jacquinot, Voy. au Pôle sud.

C'est près d'elles que vient se placer le genre africain *Bias,* Less., qui a pour type le *Platyrhynchus musicus,* Vieill., d'Angola, dont *Myiagra flavipes,* Sw., est synonyme, d'après le type du Musée de Paris.

Au premier aspect, ce genre paraît se rapprocher de mon genre *Smithornis;* mais il est impossible de s'en éloigner davantage par la conformation des pieds. C'est à lui que se relie le nouveau genre *Megabias* que MM. Verreaux viennent de recevoir du Gabon.

Le genre *Hypothymis,* rapporté au véritable type de Boie (si différent de l'Oiseau désigné depuis par Lichtenstein sous le même nom), et restreint dans ses justes limites, ne contiendra plus que la *Muscicapa cærulea,* L., de l'Inde (*Gobe-mouche azur,* Levaillant, Afr., pl. 53, si malheureusement confondu avec son *Azuroux,* Ois. d'Afr., pl 158, 1,2. —Pl. enl. 666, 1), et la *manadensis,* Quoy et Gaimard, seconde espèce du genre, propre à l'Océanie, comme la première, la vraie *cærulea,* est propre à l'Asie continentale. La *cærulea,* Temm., de Java, la *cærulea,* Vieill., la *torquata,* Sw., l'*occipitalis,* Vig., et la *cæruleocephala,* Sykes (femelle), appartiennent à l'une ou à l'autre espèce, suivant leur localité; il est inutile de dire que c'est bien à tort que l'*Hypothymis* océanienne, si semblable à l'indienne, a été placée sous *Myiagra.*

Rhipidura picata, Gould, et *Rh. motacilloides,* Vig., de la Nouvelle-Hollande, appartiennent au genre *Sauloprocta,* Caban. La *Muscicapa melanoleuca,* Quoy et Gaim., Astrolabe, t. 4, fig. 4, de la Nouvelle-Irlande et de la Nouvelle-Guinée, est très-voisine de la dernière, n'en différant que par son bec plus long, plus large et plus robuste, et par la proportion des rémiges; mais nous avons en son lieu et place décrit dans le Conspectus une *Leucocerca* de la Nouvelle-Irlande, figurée n° 3 de la même pl. 4. C'est encore à ce genre qu'appartient *Rh. nigritorquis,* Vig., auquel genre *Leucocerca* ajoutez *L. rhombifer,* Cab.

Muscicapa capensis, L., dont *Saxicola thoracica,* Licht., est la femelle, et *M. pistrinaria,* Vieill., ma 2ᵉ et ma 6ᵉ espèces de *Platystira,* ont été réunies en une seule, mais à tort.

Platystira leucopygialis et *castanea,* Fraser, ne sont que les deux sexes d'une même espèce qui mérite de former avec *Pl. brevicauda,* Sw., un nouveau genre (*Dyaphorophyia,* Bp.). La première est le mâle : *Coracino-nigra; gula, semitorque, abdomine, crissoque candidis.* La seconde, la femelle, dont le jeune ne diffère pas, *Castaneo-cinnamomea; pileo fusco-cinerea; gula abdomineque albis: cauda nigra.* Ajoutez aux vrais *Platystira,* Pl. *albicauda,* Strickland, de Damara, sur la côte occidentale d'Afrique, la plus grande espèce du genre, à bec plus fort et plus comprimé, à queue plus courte, à première rémige plus allongée.

Au genre *Stenostira,* que nous avions créé ensemble à Berlin avec M. Cabanis, en 1850, et qu'il me semble répudier à tort, devra probablement s'ajouter la petite *Muscicapa ruficapilla,* Sundev., de la Caffrerie.

Le genre *Pycnosphrys,* Strickland, qui a pour type *Sylvia grammiceps,* Verreaux, ne doit pas faire partie des Muscicapides; c'est plutôt un *Acanthiza* des *Accentoriens. Culicipeta,* Blyth, ne doit peut-être pas en être éloigné. Aux nombreux synonymes de *Sylvia burki,* Burton, son type, ajoutez *Neornis strigiceps,* Hodgs.

CHANTEURS FISSIROSTRES.

« Les Chanteurs fissirostres comptent en espèces atlantiques :

» 1. *Progne purpurea,* Boie, ex L., de la Californie.

» 2. *Petrochelidon fulva,* Bp., ex Vieill. (*Hirundo fulva,* Vieill. — *luni-frons,* Say. — *respublicana,* Clinton), si singulière par sa manière de bâtir ses nids en commun, variant leur structure suivant les localités.

» 3. *Hirundo rufa,* Gm. (*americana,* Wilson, nec Auct.).

» 4. *Tachycineta bicolor,* Cab., ex Vieill. (*Hirundo bicolor,* Vieill. — *viridis,* Wils.); et l'espèce occidentale :

» 5. *Tachycineta thalassina,* Cab. (*Hirundo thalassina,* Sw. — *viridis,* Sw., nec Auct.).

» Voici les douze genres dont nous composons la famille des HIRUNDI-NIDES qui à elle seule constitue la grande coupe des FISSIROSTRES, tandis qu'elle n'est en même temps que la 117e sous-famille de la classe des Oiseaux :

» 1. *Hirundo,* L. — 2. *Cecropis,* Bp., ex Boie. — 3. *Uromitus,* Bp., pour les espèces à queue filamenteuse. — 4. *Atticora,* Boie. — 5. *Progne,* Boie. — 6. *Petrochelidon,* Cab. — 7. *Tachycineta,* Cab. — 8. *Psalido-procne,* Cab. — 9. *Cheramoeca,* Cab. — 10. *Ptyonoprogne,* Reich. — 11. *Cotyle,* Boie. — 12. *Chelidon,* Boie.

VOLUCRES.

» Ayant terminé l'examen des CHANTEURS, qui forment la première tribu des PASSEREAUX, et de beaucoup la plus nombreuse, passons maintenant à la tribu des VOLUCRES. Le manque d'espace nous obligera à nous limiter à l'énumération des espèces de M. Delattre. Nous nous réservons de publier ailleurs la suite des annotations qui servent de développements et de commentaires à notre classification parallélique, et de complément à la première partie de notre *Conspectus.*

» Les VOLUCRES nous offrent deux séries parallèles, aussi parfaites que possible :

» La première, celle des ZYGODACTYLES, contient des Passereaux qui, sous bien des rapports, outre la conformation des pieds, se rattachent directement aux PERROQUETS. Cuvier, en effet, les réunissait pour former son ordre des GRIMPEURS; et nous avons été nous-même fort tenté d'établir ainsi la série générale des Oiseaux :

Vieill., car il n'est nullement prouvé que les diverses espèces admises dans ce genre méritent d'être conservées.

» Les Volucres muscivores nous offrent, parmi les *Tyranniens* si faciles à disposer en admirable parallélisme avec les *Fluvicoliens* réformés :

» L'élégant *Despotes tyrannus,* Bp., ex L., dans le meilleur et plus rare état de préservation, sans que les longues queues des différents exemplaires soient le moins du monde endommagées ;

» *Milvulus forficatus,* Bp., ex Gm., dans un état de conservation et de fraîcheur d'autant plus appréciable qu'il est difficile à obtenir et encore plus à préserver ;

» *Scaphorynchus mexicanus,* Lafr. ;

» *Sayornis nigricans,* Bp. ;

» *Todirostrum cinereum,* Less., ex L. ;

» *Myiodynastes luteiventris,* Bp., nouvelle espèce d'un nouveau genre qui en a quatre que je décrirai comparativement ailleurs ;

» *Xenops genibarbis,* Ill. ;

» Tous de Nicaragua.

» Les Dendrocolaptides, ces Pics anisodactyles, ces Grimpereaux des Volucres, sont richement représentés dans notre collection par le nombre des espèces, et par l'intérêt qu'elles offrent :

» 1. *Nasica eburneirostris,* O. des Murs ;

» 2. *Dendrocincla meruloides,* Lafr. ;

» 3. *Picolaptes delattrii,* Bp., espèce nouvelle semblable à l'*affinis* et au *souleyeti,* Lafr., mais beaucoup plus petite, et dont nous laissons à M. Lafresnaye, si compétent en fait de *Picucules,* le soin de donner une description complète ;

» 4. *Sittasomus sylvioides,* Lafr. ;

» 5. *Dendrocops multistriatus,* Eyton, dont on connaît ainsi la patrie : *Affinis* Dr. platyrostri, *cujus major : capite, collo, dorso obscuriore et corpore toto subtus, griseo-aurantiis nigro-lunulatis : uropygio, alis, caudaque fulvo-cinnamomeis : remigibus intus pallidioribus apice vix fuscescentibus : rostro nigro.*

» La 151ᵉ sous-famille, celle des *Psariens,* nous a donné une nouvelle espèce de *Pachyramphus* et qui plus est ses deux sexes si différents l'un de l'autre. Elle ressemble au *P. minor,* mais n'en a ni le col rose ni le dessous du corps noir ; ce sera :

» *P. latirostris,* Bp., *Fusco-cinereus, subtus albo-cinereus ; pileo nigro ; macula magna alba utrinque ad dorsi latera : rostro late depresso ;*

» Fæm. *Rufa, subtus albo-rufa, pileo-nigro, remigibus intus et apice nigris, cauda rufa.* Nous avons aussi :

» *Tityra semifasciata,* ou plutôt l'espèce mexicaine et de Nicaragua, confondue avec cette espèce de Spix, exclusivement brésilienne.

» Les Piprides ne nous fournissent qu'un seul représentant, *Chiroxiphia linearis,* Bp., du Pérou, mais aussi du Nicaragua, d'après les beaux exemplaires Delattre.

» Nous croyons maintenant qu'il vaut mieux répartir en quatre sous-familles, qu'en trois, la famille des Cotingides. *Cotinginæ, Gymnoderinæ, Querulinæ* et *Lipauginæ* sont les noms que nous donnons aux quatre sous-familles dont nous ajoutons la dernière, après avoir changé le nom de la seconde et les limites de la troisième.

» Les Volucres callichromes ne comptent que deux espèces, l'une et l'autre de la Famille des Prionitides, qui représente en Amérique celle des *Méropides.* Mais, entre ces deux Familles, outre l'analogie, il existe aussi, comme entre les Hirondelles et les Martinets, un certain degré d'affinité. C'est par le genre *Hylomanes* que s'effectue le passage d'un groupe à l'autre : et le *Prionites gularis,* Lafr., est presque intermédiaire entre ces deux genres.

» La première de ces espèces est le *Crypticus superciliaris,* Sandback, dont le *Momotus yucatanensis,* Cabot, ne diffère pas. Cet oiseau s'étend donc le long des deux océans, ce qui est d'autant plus étonnant que chaque localité paraît avoir son Prionite propre. Les espèces de la côte occidentale ont, qui plus est, toutes du roux, celles de l'orientale du bleu. Le nom de *Prionites momotus* nous semble devoir être réservé à l'espèce du Brésil, à nuque rousse, et celui de *Pr. bahamensis* à celle des Antilles, entièrement rousse en dessous. Nous distinguons encore celle de la Nouvelle-Grenade, qui sera, d'après M. Verreaux, *Momotus semirufus,* Sclater. Les exemplaires rapportés de Nicaragua par M. Delattre sont intermédiaires entre *momotus* et *bahamensis* pour les couleurs comme pour la localité. La calotte noire est, en effet, moins étendue que dans le *Pr. bahamensis,* mais plus que dans *Pr. momotus,* et entourée par la teinte aigue-marine même postérieurement, le bleu n'occupant que la pointe des longues plumes : les couvertures inférieures des ailes sont rousses, ainsi que le ventre et les cuisses : les appendicules des pennes de la queue sont beaucoup plus larges que dans les autres espèces : le coup d'œil exercé de M. Pucheran a distingué à cause de cela dans nos galeries ce beau Volucre, notre seconde espèce, sous le nom de *Pr. psalurus.*

(89)

» Un autre Momot, rapporté par M. Morrelet, et auquel nous donne-
rions son nom si nous ne le croyions trop semblable au *Momotus lessoni,*
Less., 1842, figuré par M. O. des Murs, Pl. p. 62, se distingue parce qu'il
a le dessous des ailes plombé et une vaste calotte noirâtre entièrement entourée d'aigue-marine tendant au bleu turquoise, à plumes postérieures
noires à la pointe. La couleur générale est d'un vert presque aussi roussâtre
en dessus qu'en dessous : la tache sur la poitrine est très-restreinte.

» Celui de Carthagène (*parvirostris?*) est encore intermédiaire.

» La brillante famille des *Trochilides* forme, à elle seule, dans ma classification, la grande division des Suspensi. Nous en connaissons maintenant, grâce aux savantes recherches de M. Gould, et surtout de M. Bourcier, trois cent vingt-deux espèces, que je répartis en quatre-vingts genres.
Je viens, après plusieurs essais plus ou moins malheureux, de subdiviser
cette famille si naturelle en cinq sous-familles :

1. Grypiens..	5 genres.	10 espèces.
2. Phætornithiens.	4	20
3. Lampornithiens.	10	49
4. Cynanthiens.	25	85
5. Trochiliens..	36	158
	80	322

» Je répartis cette dernière, aussi nombreuse à elle seule que toutes les
autres ensemble, en six groupes principaux : les *Florisugés,* les *Polytmés,*
les *Amaziliés,* les *Avocettulés,* les *Trochilés* et les *Mellisugés.*

» M. Delattre a rapporté de Californie, avec leurs nids, leurs œufs et
leurs jeunes, deux Trochiliens, les *Selosphorus ruber,* Edw., et *S. anna,*
Lesson. A force de soins, il a pu conserver en cage, pendant sept et huit
mois, un très-grand nombre de ces délicieux petits êtres, qu'il avait lui-
même élevés, et sur les mœurs desquels il a pu faire d'intéressantes observations, que nous ne saurions assez l'engager à publier.

» Le Nicaragua lui a fourni sept espèces, outre le *Trochilus colubris,* si
commun dans les États-Unis atlantiques : un Cynanthien, l'*Heliomastes
constantii,* Delattre; un Lampornithien, le *Lampornis prevosti,* Bourcier;
et quatre autres Trochiliens, tous Amaziliés, *Chrysuronia elicia,* Bourcier,
avec son nid; *Amazilius corallirostris,* Bourcier; *Saucerottia sophia,* Bourcier; *Hylocharis chrysogaster,* Bourcier, et une nouvelle petite espèce que
M. Gould s'est réservé de faire connaître.

» Notre voyageur a tiré enfin d'Arica, dans le Pérou, le *Lucifer vesper,*

   B.   12

Less., et de Cobija, dans la Bolivie, le *Calothorax yarelli*, Bourcier, l'un et l'autre appartenant au petit groupe de Trochiliens que nous nommons *Mellisugés*.

» Un seul Martinet, *Acanthylis vauxi*, Townsend, de la Californie, représente les deux familles (CYPSÉLIDES et CAPRIMULGIDES), qui terminent si bien les Volucres, comme les Hirondelles, leurs parfaits analogues, terminent les Chanteurs. De même, voyant les séries de plus haut, les Caprimulgides lucifuges ferment l'ordre entier des PASSEREAUX, faisant pendant aux Oiseaux de proie nocturnes ou Strigides, parmi les RAPACES, comme aux *Strigopides* parmi les PERROQUETS.

HÉRODIONS.

» Aucune espèce de l'ordre des Pigeons n'ayant été rapportée par M. Delattre, et aucune de celles de l'ordre des INEPTI (car c'en est un) n'ayant pu l'être, nous passons au sixième ordre, celui des HERODIONES, dans lequel nous noterons :

» 1. *Ardea cærulescens*, L., à tète légèrement pourprée, singulier état transitoire d'une livrée à l'autre.

» 2. *Egretta candidissima*, Bp., à bec entièrement d'un noir brillant, qui seul devrait empêcher d'affubler de son nom une espèce toute différente, comme on le fait dans presque tous les Musées et surtout dans les Ménageries.

» 3. *Nycticorax americanus*, Bp., le Bihoreau d'Amérique.

» 4. *Aramus guarauna*, Bp., ex Auct. (*scolopaceus*, Vieill.), singulier oiseau presque intermédiaire aux Râles et aux Grues (1).

» 5. *Tantalus loculator*, L.

---

(1) Nous nous empressons, à propos de cette Famille, de signaler comme espèce nouvelle le plus précieux des Oiseaux rapportés par M. de Montigny, consul de France en Chine, qui vient de donner donze Yacks au Muséum. Puisse son exemple être suivi !... Puissent de si nobles entreprises être toujours couronnées d'un succès aussi éclatant que le sien. Les naturalistes ne me désavoueront pas si, en donnant à un Oiseau le nom de ce voyageur éclairé, j'essaye de perpétuer la gratitude de la science.

ANTIGONE MONTIGNESIA, Bp. *Lactea : vertice nudo, rubro, papilloso ; fronte pilosa, gula, colloque subtus postice et in lateribus, fusco-cinereis : remigibus secundariis, scapularibusque elongatis, incurvis, nigris . rostro corneo-virescente : pedibus nigris.*

Cette nouvelle espèce de *Grue à long bec*, de la Mandchourie, forme, avec la *torquata*, la *leucauchen*, la *monachus* et la *leucogeranos*, un groupe pour lequel nous n'hésitons pas à adopter le nom générique d'*Antigone*, Reich., quoique nous n'ignorions pas qu'il existe

GAVIES.

» Dans l'ordre 7ᵉ, celui des Pélagiques ou Gavies, nous pouvons enregistrer :

» Parmi les Totipalmes :

» 1. Le grand Pélican blanc de Californie, non encore suffisamment étudié, mais que nous ne croyons pas différer du *Pelecanus molinæ*, du Chili,
qui s'étendrait, comme, au reste, bien d'autres oiseaux aquatiques, tout le
long de la côte occidentale des deux Amériques.

» 2. *Pelecanus trachyrhynchus*, Lath. (*americanus*, Audubon), si caractérisé par la protubérance osseuse du bec, et dont Reichenbach fait son
genre *Cyrtopelecanus*.

» 3. *Sula fusca*, Brisson.

» 4. *Phalacrocorax dilophus*, Aud., dont son *floridanus* n'est sans
doute que le jeune.

» Parmi les Longipennes ou grands voiliers, quatre ou cinq Albatrosses
dans leurs différents âges appartenant aux espèces :

» 1. *Diomedea chlororhynchos*, Lath.

» 2. *Diomedea fuliginosa*, Gm.

» 3. *Diomedea melanophrys*, Boie.

» Deux ou trois Procellarides difficiles à déterminer, à cause de leur
jeune âge, outre une petite nouvelle appartenant à mon groupe de prédilec-
tion, que Boie avait nommé *Hydrobates* et Vigors *Thalassidroma*, mais
auquel j'ai cru devoir restituer le nom Linnéen de *Procellaria*. Elle est
non-seulement typique, mais elle a toutes les formes, et notamment le tube

---

déja deux genres *Antigona*, un parmi les plantes, l'autre parmi les Mollusques, un autre
Antigonon dans le règne végétal, un *Antigonia* chez les Poissons, et avant tout un *Antigonus*
chez les Lépidoptères. C'est ainsi que *Geranium* en Botanique et *Gerania* en Entomologie, ne
nous empêchent pas de créer le genre *Geranus* pour la *Grus paradisea*, L., de l'Afrique méridionale. En effet, tandis qu'on doit ne jamais admettre deux homonymes parfaits, on doit
se contenter de la moindre différence, surtout dans des Classes, et, à plus forte raison, dans
des Règnes différents.

Notre Grue par sa couleur est intermédiaire entre l'*Antigone leucogerana* et ses autres
congénères plus ou moins bruns. D'une blancheur analogue à celle-ci, elle se distingue de toutes
par ses ailes colorées comme dans l'Oiseau sacré des Égyptiens. Presque aussi respectée en
Chine que l'*Ibis religiosa* l'était en Égypte, elle fournit à la toilette des dames d'élégants
marabous. Elle brille en effigie sur la poitrine des grands dignitaires civils, comme le Dragon
sur celle des militaires : sa voracité et son bec puissant ont parfois remplacé les armes pour
servir la vengeance et la cruauté des despotes.

nasal retroussé de la *Procellaria leachi,* dont elle se distingue principalement, ainsi que de tous ses congénères, par l'absence totale de blanc sur le croupion, le crissum et même sur les ailes. C'est, sans contredit, la plus importante découverte de M. Delattre, et il est plus qu'étonnant qu'elle ait pu échapper aux ornithologistes qui viennent d'explorer la Californie et ses parages. Nous la nommons Procellaria melania, Bonaparte. *Nigro-coracina, vel in uropygio; subtus fuliginosa : alis longissimis : cauda brevi, sed profunde furcata, tectricibus omnibus omnino nigris.*

Ma petite *Procellaria tethys,* des îles Gallapagos, si typique et si proche de la *Procellaria pelagica,* L , se distingue au contraire de celle-ci, en ce que les couvertures supérieures de la queue sont entièrement blanches (comme dans *Pr. leachi,* etc.), non blanches à pointe noire, comme dans le célèbre *Poussin des Sorcières.*

» Un Larien seulement se trouve dans cette collection ; mais c'est justement l'unique espèce enregistrée dans les catalogues de la science que nous ne connaissions pas. C'est l'*Adelarus heermanni* que vient de figurer M. Cassin dans son important supplément aux ouvrages de Wilson et d'Audubon.

Fusco-ardesiacus, pileo cerviceque obscuriore : subtus paullo dilutior; tectricibus alarum inferioribus nigris : gula, tectricibus caudæ superioribus et præcipue apicibus remigum secundariarum albicantibus; remigibus, rectricibusque apice albicantibus, nigris : pedibus nigris : rostro parvo, rubro, apice late nigro : iridibus stramineis.

Jun. *subtus pallidissime cinereus, pileo cerviceque fusco albidoque variis; cauda apice alba.*

Les Sterniens sont représentés par quatre espèces :

1. *Anous stolidus,* Leach, ex L.
2. *Haliplana fuliginosa,* Wagl., ex Gm.
3. *Thalasseus cayanus,* Boie, ex Gm.
4. *Sterna wilsoni,* Bp. (*hirundo,* Wils. nec L.).

Les Brachyptères n'ont fourni qu'*Uria townsendi,* à bec plus mince et plus allongé que dans les *Uria* d'Europe, les ailes elles-mêmes et surtout les tarses étant beaucoup plus longs.

SOUS-CLASSE **2.** PRÆCOCES.

GALLINACÉS.

» Les Gallinacés ne nous ont offert qu'une seule espèce de Nicaragua, mais nouvelle, que nous nommons, d'après notre voyageur :

(93)

» Tinamus delattrh, Bp. *Statura* T. variegati *cui similis, sed rostro valde breviore, robustiore : undulis crebrioribus : superciliis nullis : genis subroseis : gula argentea : iridibus fuscis : pedibus sanguineis* (1).

» De la Californie, ou pour mieux dire de la Bodega, ancienne colonie russe, au nord de cet État, nous avons un superbe exemplaire du Tetrao obscurus, Say, figuré dans mon *Ornithologie américaine*, et qui manquait à notre riche collection du Jardin des Plantes. Le commun *Lophortix californica*, Bp., ex Lath. (*Callipepla californica*, Gould), découvert par l'infortuné Lapeyrouse ; et *Eupsychortix parvicristata*, Gould, font aussi partie de notre collection.

ÉCHASSIERS.

» Les Échassiers nous fournissent :

» 1. *Hæmatopus niger*, Cuv., l'Huîtrier de ces parages, pour lequel le quaternaire M. Reichenbach vient de former son genre *Melanibis*.

» 2. *Porzana carolina*, Vieill., ex L., gibier commun dans les États de l'Est, que je ne m'attendais pas à retrouver dans les parages de la Californie.

» 3. *Himantopus nigricollis*, Vieill.

» 4. *Recurvirostra occidentalis*, Vig., à tête et cou légèrement cendré, à bec parfaitement conservé avec son délicat petit crochet apical.

» 5. *Lobipes hyperboreus*, Cuv., intéressant aussi par la localité.

» 6. *Limosa fedoa*, Vieill., *subtus cum alis totis cinnamomeis*.

PALMIPÈDES.

Les *Palmipèdes* rapportés par M. Delattre sont beaucoup plus nombreux et presque tous de la Californie.

1. *Anser hutchinsi*, Audubon, espèce commune dans l'ouest, mais rare dans les collections.

2. *Chen hyperborea*, Boie, ex L., magnifique exemplaire adulte qui manque encore au Muséum : *Candida, remigibus nigris*.

Aix sponsa, Boie, ex L., absolument pareil à celle des États atlantiques.

---

(1) Une espèce beaucoup plus grande, d'un tiers, à gorge blanche, venant de Colombie, avait depuis longtemps frappé l'œil expert de M. Jules Verreaux : Tinamus julius, Bonaparte. *Rufo-chocoladinus, lunulis nigris* ætate *evanescentibus, maculis parvis rufulis ornatus : subtus* in adulto *pallidior*, mare tantum *aurantio-flavescens : gula argentea : rostro brevi*, in fæm. *breviore, naribus ultramedianis*.

Jun. *fuscus rufo-striatus : subtus fere ex toto aurantio-flavidus*.

Dafila acuta, Bp., ex L., non encore distinguée de celle d'Europe.

Mareca americana, Steph., ex L., qui remplace notre *M. penelope.*

Chaulelasmus streperus, Gr., ex L.

Rhynchaspis clypeata, Leach, ex L.

Pterocyanea discors, Bp., ex L., du Nicaragua, semblable à celle des États-Unis.

Pterocyanea cæruleata, Bp., ex Licht. (*rafflesii,* King, — *cyanoptera,* Vieill.), par contre, de Californie, confirmant le fait que ce Canard se trouve sur toute la côte ouest de l'Amérique depuis le Chili.

Querquedula carolinensis, Bp., ex Auct., qui remplace sur les deux côtes notre Sarcelle commune d'hiver (*Q. crecca*).

Aythyia vallisneria, Boie, ex Wils., le délicieux *Canvass-back Duck* des Anglo-Américains, si recherché des gastronomes.

Clangula americana, Bp., Aud., Pl. 342, qui remplace en Amérique notre *glaucion,* puisque *barrowi* ou *islandica* est commune aux deux continents.

Clangula histrionica, Leach, ex Gm., qui est le Canard Arlequin, des deux mondes.

Clangula albeola, Bp., ex L., propre à l'Amérique, malgré les exemplaires tués en Europe.

Oidemia perspicillata, Flem., ex L., qui se fourvoie quelquefois sur les côtes septentrionales d'Europe.

Oidemia americana, Audubon, à bec gibbeux à jaune bien circonscrit, qui remplace notre Macreuse (*Oid. nigra*).

Oidemia deglandi, Bp., qui représente notre double Macreuse (*Oid. fusca,* Flem., ex L.), et que M. Cassin vient de nommer *Oid. velvetina,* mais qui pourrait n'être après tout que l'*Anas carbo* de Pallas, de la côte opposée d'Asie, que l'on aurait rapporté à tort à l'espèce européenne.

Les doubles Macreuses de Californie ont la gibbosité beaucoup plus forte et fournie d'une espèce de crête, et une grande tache blanc de neige (en croissant) sous l'œil. Celles du Canada ont la gibbosité un peu déprimée.

Finalement, le *Mergus merganser,* L., le *serrator,* L., et le *cucullatus,* L., propre à l'Amérique, dont le professeur Reichenbach fait son genre *Lophodytes.*

» Toutes les peaux rapportées par M. Delattre, soit de Mammifères (1),

---

(1) Parmi les Mammifères, nous avons remarqué de magnifiques Singes hurleurs et de grands Écureuils, élégamment colorés, semblables, sinon identiques, au *Sciurus dorsalis,* Gr., de Caraccas ; le Cougouar du Mexique tué en Californie, le *Lyncus rufus,* un des singuliers *Cricetiens* de l'Amérique du Nord, de nouveaux *Arvicoliens,* etc., etc.

soit d'Oiseaux, sont dans le meilleur état possible de conservation. M. Delattre, en outre, a eu soin de prendre sur chacune des espèces des notes intéressantes et de peindre même la couleur des yeux et des autres parties sujettes
à s'altérer par le desséchement. Il a aussi rassemblé, dans le Nicaragua, en-
viron trois cent cinquante espèces de Lépidoptères, dont une vingtaine non
encore décrites. Nous avons eu le plaisir de voir acquérir par les Musées
de Paris et de Bruxelles la plupart des espèces nouvelles ou intéressantes de
notre voyageur. Ceux qui connaissent son patriotisme n'auront pas de
peine à comprendre le désintéressement avec lequel il a toujours donné la
préférence à nos collections nationales, tandis que, sous bien des rapports,
elle eût pu appartenir à la munificence du si estimable directeur du Muséum de Bruxelles, dont la profonde connaissance des Passereaux du
Mexique, et des Rapaces du monde entier, n'est inférieure à celle d'aucun
autre naturaliste. »

PARIS. — IMPRIMERIE DE MALLET-BACHELIER,
rue du Jardinet, n° 12.

CLASSIFICATION ORNITHOLOGIQUE PAR SÉRIES

DE S. A. CHARLES-LUCIEN PRINCE BONAPARTE.

« Les zoologistes d'Allemagne et d'Angleterre me pressent de publier,
avec le plus de détails possible, la Classification ornithologique réformée
dont je leur ai soumis les bases aux Congrès scientifiques de Belfast et de
Wiesbaden; et des voix amicales venant à la fois d'Amérique, de Scandi-
navie, de Russie et de cette Italie qui m'est toujours si chère, ne cessent de
m'engager, dans l'intérêt, disent-elles, de la science, à en publier du moins
le cadre mis au niveau des connaissances du jour. Cette Classification est
déjà du domaine public, puisque je l'ai appliquée dans l'arrangement *pro-
visoire* des Oiseaux du Jardin des Plantes que je viens de terminer, afin que
mon savant ami, le professeur Isidore Geoffroy-Saint-Hilaire, puisse plus
facilement la soumettre à un examen approfondi, et lui faire subir toutes
es modifications que son savoir, ses vues profondes et philosophiques lui
suggéreront pour l'arrangement définitif dans les galeries nationales. Je dois
d'ailleurs céder au conseil d'un autre honorable membre de cette Académie,
professeur aussi au Jardin des Plantes, heureux, en vous communiquant cette
classification, d'avoir cette nouvelle occasion de montrer à ce respectable
ami toute ma déférence, et de soumettre, par votre *Compte rendu,* mes
vues sur la méthode naturelle aux méditations des zoologistes classificateurs
de tous les pays.

» Il serait trop long de commenter les Tableaux que je mets sous vos
yeux. Les ornithologistes saisiront ce qu'ils contiennent de nouveau et d'intéressant; et quant aux autres savants moins spéciaux, qu'il leur suffise de

B.   I

savoir que ma répartition des espèces a plus que jamais pour base, après l'anatomie ou plutôt la physiologie, la distribution géographique dont les sublimes harmonies et les merveilleux contrastes servent si bien à nous guider dans le labyrinthe de la science. Il sera évident pour tous, que la principale innovation de ma Classification actuelle consiste, en outre, dans l'établissement de groupes intermédiaires aux *Ordres* et aux *Familles*, aux *Sous-Familles* et aux *Genres;* groupes que je crois naturels, et dont les avantages compensent amplement l'inconvénient de compliquer encore l'échafaudage systématique, ne fût-ce qu'en permettant de poursuivre les séries parallèles jusqu'à des limites où on ne les avait pas même soupçonnées jusqu'ici. C'est pour pouvoir disposer en séries les espèces elles-mêmes de chaque genre, que j'ai bien des fois renversé l'ordre ordinairement suivi (et très-souvent avec amour par moi-même), lequel, par un reste de préjugé en faveur de la fameuse *série continue* (*linéaire*) qui n'était, après tout, qu'une absurde ligne en *zigzag,* peut avoir laissé des traces dans l'arrangement que je vous soumets : traces que je ferai disparaître toutes les fois qu'elles me seront signalées. »

EPITOME.

AVES.

ALTRICES.	PRÆCOCES.
1. PSITTACI.	
1. AMERICANI. 2. ORBIS ANTIQUI.	
2. ACCIPITRES.	
3. PASSERES.	
1. OSCINES. 2. VOLUCRES.	
1. Zygodactyli. 2. Anisodactyli.	
4. COLUMBÆ.	
1. INEPTI.	**7. STRUTHIONES.**
2. GYRANTES.	**8. GALLINÆ.**
	1. PASSERIPEDES. 2. GRALLIPEDES.
5. HERODIONES.	**9. GRALLÆ.**
	1. CURSORES. 2. ALECTORIDES.
6. GAVIÆ.	**10. ANSERES.**
1. TOTIPALMI. 2. LONGIPENNES.	1. LAMELLIROSTRES. 2. URINATORES. 3. PTILOPTERI.

SCHEMA SYSTEMATIS ORNITHOLOGIÆ Caroli-Luciani BONAPARTE, 1853.

CLASSIS II. AVES. — SUBCLASSIS 1. INSESSORES aut potius ALTRICES.

ORDO 1. PSITTACI.

Familia 1. PSITTACIDÆ.

a. Americanæ.
1. Macrocercinæ.
2. Conurinæ.
3. Psittaculinæ.

b. Orbis antiqui.
4. Palæornithinæ.
5. Pezoporinæ.
6. Platycercinæ.
7. Psittacinæ.
8. Nestorinæ.
9. Plyctolophinæ.

2. MICROGLOSSIDÆ.
10. Calyptorhynchinæ.
11. Microglossinæ.
12. Nasiterninæ.

3. TRICHOGLOSSIDÆ.
13. Trichoglossinæ.

4. STRIGOPIDÆ.
14. Strigopinæ.

ORDO 2. ACCIPITRES.

Fam. 5. VULTURIDÆ.
15. Cathartinæ.
16. Vulturinæ.

6. GYPAETIDÆ.
17. Gypaetinæ.

7. GYPOHIERACIDÆ.
18. Gypohieracinæ.

8. FALCONIDÆ.
19. Aquilinæ.
20. Buteoninæ.
21. Milvinæ.
22. Falconinæ.
23. Accipitrinæ.
24. Circinæ.
25. Polyborinæ.

9. GYPOGERANIDÆ.
26. Gypogeraninæ.

10. STRIGIDÆ.
27. Striginæ.
28. Ululinæ.
29. Surniinæ.

ORDO 4. COLUMBÆ.

Subordo 1. Inepti.
76. DIDIDÆ.
182. Epyornithinæ.
183. Didinæ.

Subordo 2. Gyrantes.
77. DIDUNCULIDÆ.
184. Didunculinæ.

78. TRERONIDÆ.
185. Treroninæ.
186. Ptilopodinæ.
187. Alectrænadinæ.

79. COLUMBIDÆ.
188. Lopholaiminæ.
189. Carpophaginæ.
190. Columbinæ.
191. Turturinæ.
192. Zenaidinæ.
193. Phapinæ.

80. CALÆNADIDÆ.
194. Calænadinæ.

81. GOURIDÆ.
195. Gourinæ.

O. 5. HERODIONES

82. CANCROMIDÆ.
196. Balænicepinæ.
197. Cancrominæ.

83. ARDEIDÆ.
198. Scopinæ.
199. Ardeinæ.

84. CICONIDÆ.
200. Anastomatinæ.
201. Ciconiinæ.

85. DROMADIDÆ.
202. Dromadinæ.

86. PLATALEIDÆ.
205. Plataleinæ.

87. TANTALIDÆ.
204. Tantalinæ.
205. Ibinæ.

ORDO 6. GAVIÆ

Tribus 1. Totipalmi.
88. PELECANIDÆ.
206. Pelecaninæ.
  a. Pelecaneæ.
  b. Phalacrocoraceæ
207. Sulinæ.

89. TACHYPETIDÆ.
208. Tachypetinæ.

90. PLOTIDÆ.
209. Plotinæ.
210. Heliornithinæ.

91. PHAETONIDÆ.
211. Phaetoninæ.

Trib. II. Longipennes
92. PROCELLARIDÆ.
212. Diomedeinæ.
213. Procellariinæ.
  a. Fulmareæ.
  b. Puffineæ.
  c. Procellarieæ.
  d. Prioneæ.
214. Haladrominæ.

95. LARIDÆ.
215. Lestriginæ.
216. Larinæ.
  a. Lareæ.
  b. Xemeæ.
217. Sterninæ.
218. Rhyncopinæ.

Ordo 3. Voir pages ; et .

TRIBUS 1. — OSCINES.

STIRPS 1. Cultrirostres.

Fam. 11. CORVIDÆ.

30. Corvinæ.
31. Nucifraginæ.
32. Baritinæ.
33. Fregilinæ.

Fam. 12. GARRULIDÆ.

34. Garrulinæ.
35. Ptilorhynchinæ.
36. Myiophoninæ.
37. Crypsirhininæ.

Fam. 13. STURNIDÆ.

38. Lamprotornithinæ.
39. Sturninæ.
40. Graculinæ.
41. Buphaginæ.

Fam. 14. ICTERIDÆ.

42. Quiscalinæ.
43. Icterinæ.
  a. *Cassiceæ*
  b. *Ictereæ.*
  c. *Agelaieæ.*

STIRPS 2. Conirostres.

Fam. 15. PLOCEIDÆ.

44. Ploceinæ.
45. Viduinæ.
46. Estreldinæ.

Fam. 16. FRINGILLIDÆ.

47. Passerinæ.
48. Fringillinæ.
49. Loxiinæ.
50. Psittirostrinæ.
51. Geospizinæ.
52. Emberizinæ.
53. Spizinæ.
54. Pitylinæ.
  a. *Pityleæ.*
  b. *Spermophileæ.*
  c. *Saltatoreæ.*

STIRPS 3. Subulirostres.

Fam. 17. TURDIDÆ.

35. Turdinæ.
36. Saxicolinæ.
  a. *Saxicoleæ.*
  b. *Luscinieæ*
37. Sylviinæ.
38. Calamoherpinæ.
39. Accentorinæ.
  a. *Accentoreæ.*
  b. *Acanthizeæ.*

Fam. 18. TIMALIIDÆ.

60. Garrulacinæ.
61. Crateropodinæ.
62. Miminæ.
63. Brachypodinæ.
64. Timaliinæ.

Fam. 19. TROGLODYTIDÆ.

65. Troglodytinæ.

Fam. 20. CERTHIIDÆ.

66. Certhiinæ.
  a. *Certhieæ.*
  b. *Tichodromeæ.*
67. Sittinæ.

Fam. 21. PARIDÆ.
68. Parinæ.
69. Regulinæ.

Fam. 22. MALURIDÆ.
70. Malurinæ.

Fam. 23. CINCLIDÆ.
71. Cinclinæ.
72. Eupetinæ.

Fam. 24. MOTACILLIDÆ.
73. Motacillinæ.
74. Anthinæ.

Fam. 25. ALAUDIDÆ.
75. Pyrrhulaudinæ.
76. Alaudinæ.
  a. *Calandrelleæ.*
  b. *Alaudeæ.*

STIRPS. 4. Curvirostres.

Fam. 26. PARADISEIDÆ.

77. Paradiseinæ.
78. Phonygaminæ.

Fam. 27. EPIMACHIDÆ.
79. Epimachinæ.

Fam. 28. GLAUCOPIDÆ.
80. Glaucopinæ.

Fam. 29. MELIPHAGIDÆ.

81. Meliphaginæ.
82. Myzomelinæ.
83. Melithreptinæ.

Fam. 30. PHYLLORNITHRIDÆ.

84. Phyllornithinæ.
85. Zosteropinæ.

Fam. 31. NECTARINIIDÆ.

86. Ptiloturinæ.
87. Nectariniinæ.
88. Anthreptinæ.

Fam. 32. ARACHNOTHERIDÆ.
89. Arachnotherinæ.

Fam. 33. DREPANIDÆ.

90. Drepaninæ.

Fam. 34. DICÆIDÆ.

91. Dicæinæ.

Fam. 35. CÆREBIDÆ.
92. Cærebinæ.
93. Dacnidinæ.

STIRPS 5. Dentirostres.

Fam. 36. TANAGRIDÆ.

94. Tanagrinæ.
  a. *Ramphoceleæ.*
  b. *Tachyphoneæ.*
  c. *Tanagreæ.*
  d. *Callisteæ.*
95. Euphoninæ.
  e. *Euphonieæ*
96. Sylvicolinæ.
  f. *Tanagrelleæ.*
  g. *Setophageæ.*
  h. *Helmithereæ*
  i. *Sylvicoleæ.*

Fam. 37. MUSCICAPIDÆ.

97. Muscicapinæ.
98. Myiagrinæ.
99. Vireoninæ.
100. Pachycephalinæ

Fam. 38. AMPELIDÆ.

101. Ampelinæ.
102. Liotrichinæ.
103. Pardalotinæ.

Fam. 39. LANIIDÆ.

104. Laniinæ.
105. Malaconotinæ.

Fam. 40. EDOLIIDÆ.
106. Edoliinæ.
107. Ceblepyrinæ.

Fam. 41. ORIOLIDÆ.

108. Oriolinæ.

Fam. 42. ARTAMIDÆ.
109. Analcipodinæ.
110. Artaminæ.

STIRPS 6. Fissirostres.

Fam. 43. HIRUNDINIDÆ.
111. Hirundininæ.

TRIBUS 2. -- VOLUCRES.

COHORS 1. Zygodactyli.

STIRPS. 1. Amphiboli.

Fam. 44. RAMPHASTIDÆ.

112. Ramphastinæ.

Fam. 45. CUCULIDÆ.

113. Scythropinæ.
114. Phænicophæinæ.
115. Crotophaginæ.
116. Centropodinæ.
117. Saurotherinæ.
118. Coccyzinæ.
119. Cuculinæ.
120. Indicatorinæ.

STIRPS. 2. Scansores.

Fam. 46. PICIDÆ.

121. Yunginæ.
122. Picinæ.
123. Picumninæ.

STIRPS. 3. Barbati.

Fam. 47. BUCCONIDÆ.

124. Bucconinæ.

Fam. 48. CAPITONIDÆ.

125. Capitoninæ.

Fam. 49. LEPTOSOMIDÆ.

126. Leptosominæ.

Fam. 50. GALBULIDÆ.

127. Galbulinæ.

STIRPS. 4. Heterodactyli.

Fam. 51. TROGONIDÆ.

128. Trogoninæ.

COHORS 2. Anisodactyli.

STIRPS 1. Frugivori.

Fam. 52. BUCEROTIDÆ.

129. Bucerotinæ.
130. Eurycerotinæ.

Fam. 53. MUSOPHAGIDÆ.

131. Musophaginæ.

Fam. 54. OPISTHOCOMIDÆ.

132. Opisthocominæ.

Fam. 55. COLIIDÆ.

133. Coliinæ.
134. Heliocherinæ.

Fam. 56. PHYTOTOMIDÆ.

135. Phytotominæ.

STIRPS 2. Formicivori.

Fam. 57. MENURIDÆ.

136. Menurinæ.
137. Orthonycinæ.
138. Prionopinæ.

Fam. 58. MYIOTHERIDÆ.

139. Myiotherinæ.
140. Thamnophilinæ.

Fam. 59. ANABATIDÆ.

141. Anabatinæ.
142. Synallacinæ.
143. Furnariinæ.

Fam. 60. DENDROCOLAPTIDÆ

144. Dendrocolaptinæ.

STIRPS 3. Muscivori.

Fam. 61. TODIDÆ.

145. Tæniopterinæ.
146. Tyranninæ.
147. Pipromorphinæ.
148. Todinæ.
149. Psarinæ.

Fam. 62. COTINGIDÆ.

150. Cotinginæ.
151. Coracininæ.
152. Querulinæ.

Fam. 63. PIPRIDÆ.

153. Piprinæ.
154. Rupicolinæ.

Fam. 64. EURYLAIMIDÆ.

155. Smithornithinæ.
156. Eurylaiminæ.
157. Calyptomæninæ.

STIRPS 4. Callocoraces.

Fam. 65. PITTIDÆ.

158. Pittinæ.
159. Atelornithinæ.

Fam. 66. CORACIADIDÆ.

160. Coraciadinæ.

Fam. 67. PRIONITIDÆ.

161. Prionitinæ.

STIRPS 5. [illegible]orii.

Fam. 68. MEROPIDÆ.

162. Meropinæ.

Fam. 69. ALCEDINIDÆ.

163. [illegible]
164. Alcedininæ.
165. Halcyoninæ.
166. Daceloninæ.

STIRPS 6. Tenuirostres.

Fam. 70. UPUPIDÆ.

167. Upupinæ.

Fam. 71. PROMEROPIDÆ.

168. Falculiinæ
169. Promeropinæ.

STIRPS 7. Suspensi.

Fam. 72. TROCHILIDÆ.

170. Grypinæ.
171. Phaëtornithinæ
172. Lampornithinæ.
173. Cynanthinæ.
　　a. *Patagoneæ.*
　　b. *Cynantheæ.*
174. Trochilinæ.
　　a. *Florisugeæ.*
　　b. *Amazilieæ.*
　　c. *Polytmeæ.*
　　d. *Trochileæ.*
　　e. *Mellisugeæ.*

STIRPS 8. Hiantes.

Fam. 73. CYPSELIDÆ.

175. Cypselinæ.
176. Collocaliinæ.

STIRPS 9. Insidentes (*Nocturni*)

Fam. 74. STEATORNITHIDÆ.

177. Steatornithinæ.

Fam. 75. CAPRIMULGIDÆ.

178. Podarginæ.
179. Aegothelinæ.
180. Nyctibiinæ.
　　a. *Nyctibieæ.*
　　b. *Chordeileæ*
　　c. *Nyctidromeæ.*
181. Caprimulginæ

SUBCLASSIS II. — GRALLATORES aut potius PRÆCOCES.

O. 7. STRUTHIONES (Rudipennes.)	ORDO 8. GALLINÆ. (Rasores.) Tribus I. Passerigalli (Passeripedes.)	ORDO 8. GALLINÆ. Tribus II. Gallinacei (Grallipedes.) Cohors 1. Galli Longicaudæ.	ORDO 9. GRALLÆ. Tribus I. Cursores.	ORDO 9. GRALLÆ. Tribus II. Alectorides.	ORDO 10. ANSERES. (Natatores.) T. I. Lamellirostres (Dermorhynchi)	T. II. Urinatores. (Brachypteri.)	Tam. III. Ptilopteri. (Nullipennes.)
94. STRUTHIONIDÆ. 219. Struthioninæ. 220. Rheinæ. 95. DINORNITHIDÆ. 221. Dinornithinæ. 96. APTERYGIDÆ. 222. Apteryginæ.	97. PENELOPIDÆ. 223. Penelopinæ. 98. MEGAPODIDÆ. 224. Megapodiinæ. 225. Talegallinæ. 99. MESITIDÆ. 226. Mesitinæ.	100. CRACIDÆ. 227. Cracinæ. 101. PHASIANIDÆ. 228. Phasianinæ. a. *Oreophaseæ*. b. *Phasianeæ*. c. *Galleæ*. 229. Pavoninæ. a. *Polyprectoneæ*. b. *Pavoneæ*. 102. MELEAGRIDÆ. 230. Meleagrinæ. 103. NUMIDIDÆ. 231. Numidinæ. 232. Agelastinæ. 104. ROLLULIDÆ. 233. Rollulinæ. Cohors II. Perdices. *Brevicaudæ* 105. THINOCORIDÆ. 234. Thinocorinæ. 106. PTEROCLIDÆ. 235. Syrrhaptinæ. 236. Pteroclinæ. 107. TETRAONIDÆ. 257. Tetraoninæ. 108. PERDICIDÆ. 238. Perdicinæ. 239. Ortygynæ. 240. Coturnicinæ. 241. Turnicinæ. 109. CRYPTURIDÆ. 242. Crypturinæ.	110. OTIDIDÆ. 243. Otidinæ. 111. CHARADRIIDÆ. 244. OEdicneminæ. 245. Charadriinæ. a. *Charadrieæ*. b. *Vanelleæ*. 246. Cursoriinæ. 112. GLAREOLIDÆ. 247. Glareolinæ. 113. HÆMATOPODIDÆ. 248. Hæmatopodinæ. 249. Strepsileinæ. 114. CHIONIDIDÆ. 250. Chionidinæ. 115. RECURVIROSTRIDÆ. 251. Recurvirostrinæ. 116. PHALAROPODIDÆ. 252. Phalaropodinæ. 117. SCOLOPACIDÆ. 253. Prosoboniinæ. 254. Tringinæ. 255. Scolopacinæ.	118. PSOPHIDÆ. 256. Psophiinæ. 119. GRUIDÆ. 257. Gruinæ. 258. Euripyginæ. 259. Araminæ. 120. CARIAMIDÆ. 260. Cariaminæ. 121. PALAMEDEIDÆ. 261. Palamedeinæ. 122. PARRIDÆ. 262. Parrinæ. 123. RALLIDÆ. 263. Rallinæ. a. *Ralleæ*. b. *Gallinuleæ*. c. *Fuliceæ*. 264. Ocydrominæ.	124. PHOENICOPTERIDÆ. 265. Phoenicopterinæ. 125. ANATIDÆ. 266. Cygninæ. 267. Anserinæ. a. *Ansereæ*. b. *Bernicleæ*. c. *Plectropteræ*. 268. Anatinæ. a. *Tadorneæ*, b. *Dendrocygneæ*. c. *Anateæ*. 269. Fuligulinæ. a. *Erismatureæ*. b. *Clanguleæ*. c. *Somaterieæ*. d. *Fuliguleæ*. 270. Merginæ. a. *Merganetteæ*. b. *Mergeæ*.	126. ALCIDÆ. 271. Alcinæ. 272. Phaleridinæ. 273. Uriinæ. 127. COLYMBIDÆ. 274. Colymbinæ. 128. PODICIPIDÆ. 275. Podicipinæ.	129. SPHENISCIDÆ. 276. Spheniscinæ.

Paris. — Imprimerie de Mallet-Bachelier, rue du Jardinet...

ANATOMIE ET PHYSIOLOGIE

DE LA CORNEILLE

(CORVUS CORONE)

PRISE COMME TYPE DE LA CLASSE DES OISEAUX.

Ière PARTIE.

OSTEOLOGIE.

PRESENTEE A L'ACADEMIE ROYALE DES SCIENCES DE PARIS LE 6. OCTOBRE 1835.

ACCOMPAGNEE DE PLANCHES ET DESSINEE D'APRES NATURE, ET LITHOGRAPHIE

PAR L'AUTEUR

EMILE JACQUEMIN.

PARIS,

AU BUREAU DES TRADUCTIONS, RUE ST. JACQUES, № 189, ET CHEZ TOUS LES LIBRAIRES
DE FRANCE ET DE L'ETRANGER.

1837.

DE L'IMPRIMERIE DE G. FRŒBEL À ROUDOLSTADT.

AVANT-PROPOS.

§. 1. L'extension immense donnée à toutes les branches des sciences d'organisation m'avait fait voir que l'anatomie des oiseaux n'était pas parvenue au degré de perfection que présentent aujourd'hui les autres parties de l'anatomie générale; j'ai donc voulu contribuer, autant que mes faibles moyens le permettent, à l'avancement de l'anatomie des Oiseaux. Il m'a semblé que la meilleure manière d'atteindre ce but était de prendre pour type anatomique de la classe des oiseaux la *Corneille* (corvus corone), dont l'organisation me parait se tenir à peu près au milieu de la série ornithologique, et d'en étudier l'anatomie dans tous les systèmes.

§. 2. Persuadé de l'utilité des représentations dans tout travail anatomique, et de l'avantage qu'elles ont sur les descriptions, toujours longues, minutieuses et fatigantes, mon premier soin fut de dessiner fidélement tous les organes, après les avoir mis à nu à l'aide d'une dissection consciencieuse, et le plus souvent délicate. Chaque fois que les préparations m'ont donné de la peine, j'ai décrit le procédé que j'avois employé et les moyens dont je m'était servi; c'est ce que n'avaient pas toujours fait avant moi les anatomistes et les physiologistes, qui ainsi ont retardé les progrès de la science. Ce n'est qu'après des dissections et des recherches multipliées qui m'avaient familiarisé avec l'objet de mes études, que j'ai commencé à décrire ce que j'avais vu. Les mêmes principes m'ont guidé dans mon travail sur la myologie, qui est déjà terminé, et je les suis encore actuellement pour la nevrologie, qui me fournit bien plus de faits nouveaux que toutes les parties précédentes, comme le prouvera le Mémoire que je me propose de présenter prochainement à l'Académie royale des sciences de Paris.

§. 3. Je m'apperçus bientôt que deux points surtout avaient été négligés dans l'ostéologie par mes prédécesseurs: 1º l'histoire du développement du squelette et de ses parties; 2º la pneumaticité, ou le séjour de l'air dans les tissus du corps et les cavités osseuses. Le premier de ces points appartient entièrement à ce Mémoire, pour lequel l'excellent ouvrage de MR Valentin sur l'histoire du développement de l'homme m'a fourni de nombreux matériaux. Le second point, que j'ai traité à fond dans un mémoire spécial présenté à l'Académie des sciences de Paris le 5 et le 26 Janvier 1835, n'appartient à celui-ci que par sa partie relative au squelette. [1]

EXTRAIT

DES PROCES-VERBAUX DE L'ACADEMIE DES SCIENCES.

§. 4. C'est avec un sentiment bien pénible que j'insère ici, sans y rien changer, le Rapport que M. Isidore Geoffroy a bien voulu faire à l'Académie sur le Mémoire que je publie en ce moment. J'analyserai ce travail, comme il est de mon devoir de le faire, et j'y ajouterai les justifications devenues nécessaires; le mémoire lui même servira d'appui à ce que je dirai. Cet académicien n'ayant pas pu bien lire mon Mémoire qui était écrit en allemand et en caractères gothiques, a malheureusement été conduit, je ne sais par quelle induction, peut-être à cause de la double difficulté que je viens de dire, à voir

---

1 Ce Mémoire est actuellement sous presse; il formera le 5 numéro de la *Minerve du Nord*, ou choix des Mémoires les plus importans qui paraissent sur les sciences naturelles et la médecine dans les pays étrangers, et qui se vend à Paris au Bureau des traductions rue St. Jacques № 189. Le premier numéro de *la Minerve* contient un extrait de la philosophie de la nature de Oken par Em. Jacquemin. 2 fr. II. numéro rapport de J. Müller sur les progrés de la physiolog. et de l'anat. dans ces derniers temps. 3 fr. III. n. Mémoire sur le développement du planorbis cornea par E. Jacquemin. 5 fr. IV. n. sur l'anat. et la physiol. de la Corneille, partie ostéologiq. le V. n. actuellement sous presse sur la pneumaticité ou le sejour de l'air dans les tissus et les cavités osseuses de l'oiseau, tous ces mémoires se trouvent au bureau ci dessus indiqué.

des erreurs là où il n'y en a réellement pas. Voici les termes de ce rapport.

„L'Académie nous a chargés; MM. Duméril, de „Blainville et moi, de lui rendre compte d'un mémoire „de Mr. Emile Jacquemin, écrit en allemand, et intitulé: „Anatomie et Physiologie de la Corneille prise comme „type de la classe des oiseaux, partie ostéologique.

„Ce Mémoire fort étendu et accompagné de nom„breuses figures de grandeur naturelle, toutes des„sinées par Mr. Jacquemin, comprend deux parties, „ou plutôt, car l'auteur ne les a pas séparées, traite „simultanément de deux sujets essentiellement di„stincts, et dont on apperçoit même difficilement la „liaison. A la description des diverses pièces du „squelette de la corneille se trouvent ajoutées, prin„cipalement dans la première moitié du travail, des „considérations physiologiques et anatomiques d'une „telle généralité qu'elles embrassent quelquefois, non „seulement toute la série ornithologique, mais l'em„branchement tout entier des animaux vertébrés.

§. 5. Les deux parties dont parle Mr. le Rapporteur sont: 1 num. l'introduction générale à tout l'ouvrage sur l'anatomie et la physiologie entière de cet oiseau; 2 n. la description spéciale du squelette. Comme ce mémoire est le premier de 6 au moins que je me propose de publier successivement sur le même sujet, l'introduction doit être appliquée à l'ensemble de l'ouvrage, et non, comme parait l'avoir fait Mr. J. Geoffroy, à l'ostéologie seulement. Il est certain, et généralement reconnu par tous les naturalistes allemands et par la plupart des savans français, qu'en anatomie et en physiologie on ne peut plus se borner aujourd'hui aux recherches faites exclusivement sur une seule classe, sur un seul genre ou sur une seule espèce d'animaux ou de végétaux, bien que cette espèce doive être le point de départ et le type central de comparaison. Il faut nécessairement encore considérer comparativement l'ensemble, ou au moins une partie plus ou moins grande du règne, sans quoi les observations ne pourraient être complettes, et l'obscurité régnerait dans le travail. Le célèbre Haller avait déjà adopté cette méthode de comparaison dans son *Elementa physiologiæ*; et de nos jours c'est ainsi qu'en agissent les physiologistes et les anatomistes les plus renommés.

Lorsque l'anatomie descriptive occupait encore seule les naturalistes, et qu'il ne s'agissait que de connaître le plus parfaitement possible les formes extérieures des nombreux organes de notre corps, on ne négligeait aucun tubercule, et le plus grand mérite des descriptions était d'être extrêmement minutieuses. Loin de s'élever à l'ensemble de l'organisation, et de la comparer avec celle d'autres animaux, on s'enfonçait de plus en plus dans les détails; au lieu de chercher à découvrir la véritable nature des organes, que l'histoire du développement et la comparaison avec les organes d'autres animaux, quelquefois d'une organisation très simple, peuvent seules nous apprendre; au lieu de chercher les lois générales d'organisation qui s'appliquent à l'homme et à tous les animaux, on n'examinait les organes qu'isolément, et seulement sur l'être adulte; outre qu'on ôtait ainsi à l'anatomie toute sa valeur scientifique, sa partie la plus

élevée et la plus essentielle, par laquelle elle tient aux autres sciences physiques, il y avait encore un grand inconvénient: c'est que souvent les observations les plus réelles ne pouvaient être comprises et étaient mal interprétées. Reconnaisant ces graves imperfections, il est de notre devoir de donner à la science une autre direction.

„L'auteur traite de l'influence exercée sur les ani„maux, et plus spécialement sur les oiseaux, par „les divers agens physiques avec lesquels ils sont „en rapport.

§. 6. La pneumaticité du squelette, ou le séjour et le mouvement de l'air dans les tissus du corps et particulièrement dans les cavités osseuses, n'ayant presque pas été étudiée jusqu'ici, j'ai dû nécessairement y porter davantage mon attention. C'est même là qu'est un des principaux mérites de mes recherches. Selon moi, cette partie n'est pas essentiellement distincte de l'autre, et il n'est pas difficile d'appercevoir la liaison qui existe entre elles, quoiqu'en dise le Rapporteur.

On commence aujourd'hui à reconnaître la grande influence des agens physiques sur la vie et sur ses fonctions dans l'organisme. Tous les efforts d'un de nos premiers physiologistes, Mr. Magendie, sont employés à démontrer cette influence, sur laquelle repose l'avenir de la médicine, comme il le dit lui-même dans ses excellentes leçons sur les phénomènes physiques de la vie, publiées tout récemment. Si en 1834, époque où je présentai ce Mémoire à l'Académie, et où je ne connaissais pas encore les vues judicieuses de cet habile médecin-physicien, que depuis j'ai eu l'honneur de connaître personnellement, je tenais déjà tant aux influences physiques sur les animaux, c'est que, malgré le peu d'attention qu'on leur accordait généralement, j'étais convaincu de leur importance. Cependant le génie de Mr. Carus avait déjà démontré en 1823, dans un petit traité sur les conditions externes de la vie des animaux à sang blanc et froid (Leipzig), combien la vie des animaux inférieurs dépend des influences physiques du monde ambiant. Il y a dans les sciences d'organisation des points qu'on est étonné de voir négligés par les naturalistes; il est affligeant que dans leurs recherches la plupart suivent presque aveuglément la direction généralement adoptée, et qu'ils mettent les plus grands obstacles à l'introduction et à l'admission de tout ce qui ne se rencontre pas sur cette route commune.

„Puis l'auteur passe à l'examen ou plutôt à l'ex„position de quelques unes des idées émises récem„ment par Mr. Carus sur la détermination, ou, „comme disent les Allemands, sur la signification „des diverses parties du squelette, et par Mr. Oken „sur la composition vertébrale de la tête osseuse.

§. 7. J'ai cherché en vain dans tout mon travail les passages auxquels cette phrase pourrait s'appliquer. [1]

____

1 Ce passage du rapport ayant donné lieu à une analyse erronnée de mon mémoire dans le journal l'Institut que publie Mr. Eugène Arnoult, je dûs restituer aux choses leur véritable valeur, et relever les fautes qui s'étaient glissées dans cette analyse. Malheureusement la lettre que j'envoyai à ce journal le 30 juillet 1835, et que

5

„De ces deux parties du travail de Mr. Jacquemin,
„l'une descriptive, l'autre spéculative, la première
„seule fera le sujet de notre rapport et motivera les
„conclusions par lesquelles nous le terminerons.

§. 8. Il est malheureusément trop vrai qu'on a très
souvent qualifié de spéculatif, comme on le fait encore
quelquefois, les observations les plus ingénieuses et les
plus positives des anatomistes qui les premiers ont commencé à travailler dans une direction philosophique, et
à voir dans l'organisation animale non pas des faits isolés
et sans liaison, mais bien des lois générales se rattachant
intimement les unes aux autres. Il y aurait beaucoup à
dire sur cette malheureuse interprétation des inventions
les plus heureuses de la science; mais ce n'est pas ici
que nous pouvons le faire.

„En effet, la seconde partie a déjà été livrée à
„l'impression et publiée par son auteur: dès lors les
„usages de l'Académie ne lui permettent plus de la
„comprendre dans son jugement.

§. 9. L'extrait sommaire qui a paru de ce travail dans
les *Annales des sciences* s'occupe, comme on peut le voir,
de tout le mémoire, et non d'une des prétendues deux
parties seulement. Je ne conçois pas pourquoi Mr. Is.
Geoffroy s'obstine à voir toujours dans ce mémoire deux
parties distinctes.

„Au surplus, n'en eût-il pas été ainsi, vos Com-
„missaires eussent cru peut-être devoir ou la passer
„de même sous silence (cette 2. partie), ou n'en
„donner qu'un apperçu sommaire. Les généralités
„anatomiques sont empruntées, au moins en ce qu'elles

„ont d'important, à MM. Oken et Carus, et ce n'est
„pas dans ce rapport qu'il conviendrait de discuter
„les opinions de ces célèbres anatomistes.

§. 10. Les deux célèbres naturalistes-philosophes ver-
ront eux mêmes comment et jusqu'à quel point j'ai em-
prunté de leurs généralités anatomiques.

„Pour les généralités physiologiques, elles appar-
„tiennent bien pour la plupart à Mr. Jacquemin;
„mais il faut reconnaitre en elles non des résultats
„deduits des faits par une habile et logique abstrac-
„tion, mais des apperçus très hypothétiques dont les
„preuves restent à produire, et dont quelques uns
„sont tellement en dehors du cercle des faits positifs
„et des idées universellement admises, que leur
„démonstration, alors même qu'ils seraient complète-
„ment vrais, semble absolument impossible dans
„l'état présent de la science.

§. 11. Comme dans cette phrase malheureusement fort
générale aucun fait particulier n'est cité, je n'ai jamais
pu savoir à quelle partie de mon travail il fallait l'appliquer; je n'ai donc même pas pu en profiter pour mon
instruction, et j'ai dû la laisser telle qu'elle est, à moins
que je ne l'applique à toute la partie physiologique de
mon travail, comme semble l'entendre Mr. le rapporteur.
Dans ce cas, il faudrait défendre chacun de mes faits;
comme le mémoire lui-même est là pour les faire appré-
cier, je citerai seulement les principaux. Le premier est
la pneumaticité, ou l'introduction et le séjour de l'air dans
le corps, et les modifications qu'il y produit. Je ne pense
pas que les savans y trouvent, comme Mr. Is. Geoffroy,

---

j'imprime ici, ne put être insérée, „toute polémique (me
répondit Mr. Arnoult) en dehors de l'Académie étant
interdite au journal.“ Voici cette lettre.

„Mr. J'ai remarqué dans le 114. numéro (15 juillet
„1835) de votre journal une erreur, sans doute involon-
„taire, mais qu'il est de mon intérêt de signaler.

„Je regrette que dans l'analyse de mon mémoire por-
„tant pour titre: *Anatomie et Physiologie du Corvus
„corone pris comme type de la classe des oiseaux,*
„vous ayez confondu cet autre mémoire intitulé: *Re-
„cherches anatomiques et physiologiques sur la respi-
„ration et les phénomènes qui en sont la conséquence.* *
„Vous renvoyez, en effet, pour les détails de cette
„analyse, au № 90 de votre journal; j'ouvre ce numéro,
„et je n'y trouve autre chose que la lettre que j'ai
„adressée à l'Académie, lettre tout-à-fait étrangère d'ail-
„leurs à mon premier mémoire, puis qu'elle ne renferme
„qu'un résumé des faits contenus dans le second, c'est-
„à-dire dans mon travail sur la respiration.

„Pour les mêmes détails vous renvoyez aussi au № 87
„de votre journal, et j'avoue qu'il m'a été impossible
„de trouver dans ce numéro un seul mot de ma publi-
„cation.

„Le Mémoire écrit en allemand, analysé dans votre
„114 №, renferme seulement la première partie de l'a-
„natomie et de la physiologie de l'oiseau que nous venons
„de nommer, c'est-à-dire l'ostéologie; la seconde partie,
„qui comprend la myologie, est presque terminée; les
„autres divisions qui viendront compléter l'anatomie de
„tous les systêmes paraitront successivement.

---

* Ce mémoire s'imprime dans ce moment; il formera le 5 cahier de la
Minerve du Nord, qui se vent au bureau des traductions, rue St.
Jacques 189, à Paris.

„Les généralités que j'ai du nécessairement exposer
„dans mon introduction à l'ouvrage entier, ne s'appli-
„quent pas seulement à la première partie. Mon In-
„troduction d'ailleurs ne comprend pas uniquement les
„généralités: j'y entre, au contraire, dans des recher-
„ches assez étendues sur les influences physiques aux-
„quelles l'oiseau se trouve soumis, recherches qui jus-
„qu'ici avaient été négligées, telles que la pneumaticité,
„ou l'ensemble des phénomènes causés par la présence
„de l'air dans les tissus du corps de l'oiseau. Ce n'est
„donc pas sans étonnement que j'ai remarqué dans votre
„№ 114 que vous divisiez mon mémoire en deux parties,
„dont l'une eût été la description des diverses pièces
„du squelette, et l'autre des considérations physiques
„générales.

„Je divise non seulement la tête en sections, nommées
„peut-être à tort vertèbres, mais encore tout le sque-
„lette; et je regarde comme un des points les plus im-
„portans de mon travail d'avoir fait marcher de front
„en ostéologie la nouvelle doctrine avec l'ancienne mé-
„thode. Cette manière de procéder régnera dans toutes
„les autres parties de l'anatomie qu'il me reste à traiter.

„À la page 226, seconde colonne, vers la fin de l'ar-
„ticle, je trouve une phrase qui m'a singulièrement
„frappé; je ne l'attribue qu'au traducteur qui aura mal rendu
„le passage de mon mémoire. Je ne puis mieux répondre
„à ce qu'on y dit que par la publication de mon travail.
„Au reste, je puis assurer d'avance que je me suis bien
„gardé et que je me garderai toujours d'admettre des
„apperçus hypothétiques, non déduits de faits positifs
„basés sur une observation logique et consciencieuse.

„Paris, le 30 juillet 1835.

Agréez, etc.

E. Jacquemin.“

1 *

des apperçus très hypothétiques et dont les preuves restent à produire. Le second point physiologique important de mon mémoire est la naissance et le développement successif du squelette et de ses pièces osseuses; point, on peut le dire, tout nouveau, et qu'on n'avait pas habitude de comprendre dans l'ostéologie, où est cependant sa véritable place. Je ne crois pas non plus que ce soient des apperçus tellement en dehors du cercle des faits positifs et des idées universellement admises, que leur démonstration semble absolument impossible dans l'état actuel de la science. Toutes mes autres observations physiologiques se rapportent principalement à ces deux points, selon moi capitaux.

„Le mérite de Mr. Jacquemin considéré seulement „comme observateur et comme descripteur est heu„reusement beaucoup mieux appréciable. Le point „de départ des recherches entreprises par ce zélé „physiologiste, est cette remarque, que les classi„fications ornithologiques les plus généralement sui„vies reposent trop exclusivement sur les caractères „fournis par les modifications du bec et celles des „pattes. Cette remarque qui, au reste est loin „d'être nouvelle, est vraie et l'on peut dire évidente „par elle-même.

§. 12. C'est précisément parce que ce fait est très anciennement connu que je me borne à n'en dire que quelques mots; je ne conçois pas pourquoi Mr. J. Geoffroy dans un simple rapport entasse quatre fois plus de mots, que moi dans mon mémoire, sur un point si généralement admis: puis il continue:

„Il est manifeste en effet que les modifications du „bec et celles des pattes, en traduisant à l'intérieur „les conditions essentielles de la nutrition et de la „locomotion terrestre ou aquatique, ne nous appren„nent presque rien sur celles ni des sensations, ni „de cet autre mode de locomotion, la locomotion „aërienne qui a une si grande importance dans la „vie de l'Oiseau, et dont l'idée générale renferme „en soi et fournit comme ses corollaires tant de „notions sur les données du type ornithologique. Ces „lacunes dans la science, et le systême trop exclu„sif dont elles sont les conséquences, ont déja été „signalées depuis longtemps; et plusieurs auteurs, „parmi lesquels deux de vos commissaires (Mr. de „Blainville le premier) ont même cherché depuis un „plus ou moins grand nombre d'années à rétablir, „parmi les caractères qui servent de base à la clas„sification, les plus importans de ceux qui avaient „été négligés. C'est dans le but de s'associer à „ces efforts et dans l'espoir d'en compléter les résul„tats que Mr. Jacquemin a entrepris le travail dont „nous rendons compte. Mais il n'a pas tardé à dé„couvrir dans son sujet de nouvelles sources d'intérêt „scientifique, et c'est ainsi que ses recherches ont „pris une extension que l'auteur lui-même n'avait pas „prévue à leur début.

„L'Anatomie descriptive n'est plus, comme elle „l'était encore au commencement du Siècle dernier, „l'anatomie tout entière. Il ne suffit plus de re„cueillir les faits pour ainsi dire bruts et tels que

„les fournit l'observation immédiate: après celle ci, „après la description, il faut la comparaison, puis „après elle et par elle la généralisation: dans cette „nouvelle direction de la science dont on peut rap„porter à Bichat le premier honneur, le raisonne„ment a pris une importance qu'il n'avait jamais eue; „mais l'observation n'a rien perdu de la sienne, car „une comparaison féconde, une généralisation heu„reuse supposent la connaissance préliminaire et la „connaissance détaillée, précise, approfondie des „faits de détails. Mr. Jacquemin a donc été par„faitement fondé à croire qu'il rendrait à la zoologie „et à l'Anatomie un service important si, étudiant „dans tous ses détails et avec un soin scrupuleux „l'organisation externe et interne d'un Oiseau, il „donnait aux ornithologistes et aux ornithotomistes „une description étendue, complète, précise, à la„quelle ils pûssent à l'avenir ramener avec certitude „comme à un type conçu les résultats de leurs pro„pres travaux, soit pour en noter les différences, „soit pour en constater les analogies.

„La conception seule de ce plan d'une immense „étendue et d'une exécution longue et laborieuse fait „honneur au zèle de Mr. Jacquemin et atteste en „lui le plus louable dévouement pour la science. Il „ne se proposerait rien moins que de faire pour la „Corneille ce que, dans ces derniers temps, Mr. „Bojanus a fait pour l'Emyde européenne, et Mr. „Straus, mais avec des difficultés bien plus grandes „en raison de l'extrême petitesse des objets, pour „le hanneton commun. Ce serait, comme on le voit „un de ces projets dont l'exécution, digne de la plus „haute estime lorsqu'elle est entièrement et habile„ment achevée, est encore honorable pour son au„teur alors même qu'elle n'est point complètement „satisfaisante.

„De l'important ouvrage que Mr. Jacquemin an„nonce ainsi l'intention de publier, une seule partie „est jusqu'à présent terminée, l'Ostéologie, une autre „commencée et, assure l'auteur, déja très avancée, „la Myologie. La première seule a été présentée „à l'Académie; elle est aussi la seule qui nous soit „connue.

§. 13. Depuis ce temps j'ai présenté à cette même Académie deux autres mémoires. Le premier présenté le 16 mai 1836 s'occupe de l'ordre de l'insertion des plumes et des muscles qui servent à leur mouvement. Le deuxième, présenté le 22 mai 1837, traite de la Myologie, c'est lui qui m'a coûté le plus de peine, mais non pas toutefois sans récompense.

„Elle se compose de huit planches, dont chacune „renferme plusieurs figures assez exactes et cor„rectes, et de soixante dix pages in folio en petit „texte allemand: c'est comme on le voit presque „un volume. Après quelques généralités sur la „symmétrie du squelette, sur sa légéreté et sa „dureté, sur les mouvemens principaux de ses diver„ses pièces, sur les rapports de celles ci avec les „muscles, l'auteur passe successivement en revue „les os de la tête, ceux du tronc et des membres,

„suivant un ordre peu différent de celui que l'on
„trouve adopté dans les traités élémentaires d'Ana-
„tomie. Les noms qu'il a adoptés de préférence pour
„les diverses pièces osseuses sont aussi ceux qui
„sont le plus généralement usités. Il les a empruntés
„le plus souvent à la nomenclature de Mr. Cuvier,
„quelquefois à celle de Mr. Meckel.

§. 14. Il n'y a que quatre planches, mais chacune
d'elles est double. Une au trait avec les lettres d'indication des parties, et l'autre ombrée où l'absence de ces
mêmes lettres qui, au dire des artistes nuisent à la sy-
métrie et à la beauté, laisse la vue et l'éxamen libres.

§. 15. Convaincu avec Gœthe que dans toute étude
scientifique une terminologie laconique, à l'aide de laquelle
les objets [sont clairement désignés, présente les plus
grands avantages, et qui, une fois choisie, ne devrait ni
varier, ni se traduire en passant dans une autre langue,
je n'ai rien changé aux dénominations le plus généralement
admises. Toutes les fois qu'il s'agissait d'une partie récemment découverte, ou que je crois avoir vu le premier
j'ai adopté la nomenclature de l'inventeur, ou celle que
l'Analogie des parties chez d'autres animaux éxigeait.

„Quant à la correspondance des pièces du squelette
„de l'Oiseau avec celles du squelette de l'homme
„et des mammifères il néglige souvent de la donner,
„principalement dans le cas ou les analogies sont
„obscures. Lorsqu'il la donne c'est ordinairement
„d'après Mr. Cuvier ou d'après Mr. Meckel, quel-
„quefois d'après lui-même, et alors il n'est pas tou-
„jours heureux dans ses déterminations,

§. 16. Voyez tout ce que j'ai dit à cet égard dans
mon mémoire.

„les descriptions sont en général éxactes, mais elles
„laissent parfois à désirer sous le rapport de la pré-
„cision et par suite de la clarté. Les relations des
„os avec les parties molles sont presque entière-
„ment omises, et c'est une lacune très facheuse,
„mais les recherches ultérieures de l'auteur sur les
„autres systèmes organiques lui permettront de la
„compléter facilement. A cet égard son travail myo-
„logique formera non seulement la suite utile, mais
„le complément nécessaire à son premier mémoire.

„Quoique le genre corbeau soit par une rencontre
„fort regrettable pour Mr. Jacquemin, l'un des types
„sur lesquels plusieurs auteurs et par exemple, Mr.
„Tiedemann dans son excellente Anatomie des Oi-
„seaux ont le plus porté leur attention et donné le
„plus d'observations; quoique le squelette chez les
„Oiseaux en général comme chez les mammifères,
„ait été beaucoup plus souvent et soit beaucoup plus
„complétement connue que les parties molles, le
„mérite de Mr. Jacquemin ne se borne pas entièremeut
„à avoir rassemblé dans son ouvrage et revu ce qu'on
„savait avant lui. Décrivant successivement chaque
„pièce du squelette de la corneille, non pas avec
„cette précision et l'on peut dire cette minutie, d'ail-
„leurs utile, qui caractérise la plupart des traités
„d'Anatomie humaine, mais du moins avec beaucoup
„plus de soin qu'on ne l'avait encore fait, Mr. Jac-
„quemin ne pouvait manquer d'apercevoir un grand

„nombre de détails, les uns vus avant lui, mais
„négligés, les autres encore inobservés. Il en a été
„ainsi par exemple, lorsque Mr. Jacquemin s'est
„occupé des parties dont la petitesse ou la position
„rend l'étude plus difficile, par exemple, des os de
„l'oreille et de la région auriculaire. Mais il est
„surtout une série de faits que Mr. Jacquemin a
„recherchés et receuillis avec un soin et une atten-
„tion très grandes. Nous voulons parler de tout ce
„qui se rapporte aux trous aérifères des os, depuis
„si longtemps connus, mais sur lesquels il reste
„encore tant à apprendre. L'auteur a depuis étendu
„ses recherches sur ce sujet a plusieurs autres espè-
„ces d'Oiseaux appartenant à divers groupes, et il
„en a fait l'objet d'un mémoire particulier presenté
„il y a quelques semaines à l'Académie, et renvoyé
„par elle à une autre commission.

„Nous ne devons point terminer ce rapport sans
„indiquer au moins en quelques mots un travail assez
„étendu que n'annonçait point le titre du mémoire
„de Mr. Jacquemin, et qui n'a que des connexions
„fort indirectes avec tout ce qui précède: c'est un
„travail comparatif sur l'état de l'ossification aux
„divers âges du poulet et du jeune Canard avant et
„après l'éclosion, et du geai à quatre époques de
„son jeune âge.

§. 17. Je pense que dans l'état actuel de la science
l'Ostéologie ne peut plus se passer de remonter à la
naissance et à l'histoire du développement des pièces
osseuses. Je crois qu'elles forme une partie essentielle
et importante du sujet, et non pas une portion qui n'aurait avec lui que des connexions fort indirectes comme
s'exprime Monsieur le Rapporteur.

„En plaçant ce travail comme une sorte d'appendice
„à la fin de son mémoire anatomique sur la Corneille,
„l'auteur a eu l'intention de suppléer à des recher-
„ches analogues qu'il avait désiré, mais n'a pu faire
„sur l'état fœtal et le jeune âge de la Corneille
„elle même. Les observations qu'il a faites dans ce
„but sont très nombreuses; leurs résultats sont mal-
„heureusement rapportés avec une briéveté qui les
„prive d'une grande partie de l'intérêt qu'ils pourraient
„offrir. L'auteur en en présentant ici un simple ré-
„sumé, parait avoir le projet de les reprendre par
„la suite et d'en faire, après les avoir revus et
„complétés, le sujet d'un mémoire spécial. Nous ne
„pouvons que désirer que ce projet ait son accom-
„plissement. Le travail qui forme la partie la plus
„étendue et la plus importante du mémoire de Mr.
„Jacquemin, sa description ostéologique de la Cor-
„neille, nous parait de même pouvoir être améliorée
„sous plusieurs rapports. Il gagnera assurement beau-
„coup en intérêt quand l'auteur aura rendu des de-
„scriptions plus complètes et plus précises, bien plus
„encore en méthode et en clarté, quand il aura
„éliminé ou pour le moins séparé les conditions géné-
„rales qui viennent si souvent non sans étonner par-
„fois le lecteur et sans jeter quelque confusion dans
„son esprit, se mêler à l'exposition des faits.

„Tel qu'il est néanmoins les faits que renferme

„ce mémoire, et qui sont les résultats de recherches
„laborieuses et souvent délicates, suffiront pour le
„rendre très digne de l'intérêt des zootomistes, et
„pour faire désirer que l'auteur, réalisant ses pre-
„miers projets fasse successivement pour tous les
„systèmes organiques ce qu'il vient de faire pour
„le système osseux.

„Nous pensons donc que le mémoire dont nous
„venons de rendre compte, et qui est le premier
„travail de quelque étendue qu'ait produit Mr. Jac-
„QUEMIN, ce zélé observateur a mérité les encoura-
„gemens de l'Académie.

§. 18. C'est en m'appuyant sur le bienveillant en-
couragement de l'Académie royale des sciences par l'organe de ses illustres commissaires que j'ai publié ce travail,
et que je continue sans relâche la réalisation de mon
projet dont l'éxécution infiniment plus difficile que je l'avais
pensé d'abord me présente à chaque pas des obstacles
à vaincre. De retour dans mon pays natal, la France, je
prie l'Académie de croire que je redoublerai d'efforts dans
mes travaux successifs pour captiver son attention, fier
de me savoir sous la protection de son égide.

„Signé à la minute: DUMÉRIL, DE BLAINVILLE, et
J. GEOFFROY ST. HILAIRE, *rapporteur.*

„L'Académie adopte les conclusions de se rapport.
Certifié conforme,
„Le sécrétaire perpétuel pour les sciences naturelles,
FLOURENS.

HISTOIRE TRÈS ABRÉGÉE DE LA SCIENCE DANS CES DERNIERS TEMPS.

§. 19. Dans le siècle dernier la philosophie et les
sciences naturelles firent parallèlement chacune leur route.
Les philosophes KANT et SCHELLING, en Allemagne, sont
les premiers qui se sont efforcés de les rapprocher. Le
dernier en se rapportant principalement aux Elémens chimiques des corps et à leurs métamorphoses successives:
ce qui lui semblait, à juste titre un objet bien digne de
la philosophie. C'est OKEN qui avec un génie supérieur,
a le premier pénétré dans la philosophie des sciences
naturelles qui n'avait été qu'indiquée, pour ainsi dire, par
SCHELLING pour la physique et la chimie, et par STEF-
FENS d'une manière déja plus positive pour le règne in-
organique. Le nom de OKEN sera porté à la postérité la
plus reculée; à lui s'attache aujourd'hui tout ce que nous
avons de plus avancé dans l'étude de la philosophie de
la nature.

§. 20. Il serait bien difficile de classer les naturalistes
actuels selon la direction ou de leurs recherches purement
philosophiques ou purement empiriques. La plupart ont
poursuivi et poursuivent encore ces deux directions à la
fois. Dans ce cas est OKEN lui-même, KIESER, MECKEL,
CARUS, NEES D'ESENBECK, DÖLLINGER, HORKEL, WOLFF,
SOEMMERING; en france CUVIER, DUVERNEY, DUTROCHET,
SERRES, BÉCLARD, GEOFFROY &c, &c. Dans les autres
pays étrangers, HOME, BAUER, HAMILTON, RUSCONI, MON-
DINI, CONFIGLIACHI &c. &c., TIEDEMANN, EMMERT, HOCH-
STETTER, RUDOLPHI, et quelques autres sont peut-être les

seuls restés invariablement attachés à l'empirisme pur,
et qui se tiennent le plus possible écartés de toute considération philosophique.

§. 21. En Italie et en Angleterre la philosophie a eu
très peu d'influence sur les sciences naturelles, on continue d'y suivre la direction qu'en Allemagne on avait
abandonnée déja dès le commencement du 19 siècle. En
France, Mr. GEOFFROY a eu le grand mérite de se tenir
toujours avec plus ou moins de bonheur attaché à la
doctrine philosophique, au milieu de grands obstacles, et
en présence d'hommes entièrement dévoués à l'empirisme,
et d'y être toujours revenu lors même que ses tentatives
incertaines l'avaient conduit à des erreurs quelquefois
grossières et même souvent ridicules.

§. 22. En France encore une autre idée très heureuse
avait pris naissance et fut généralisée par les efforts de
quelques hommes éminemment célèbres, c'est celle de
l'étude comparée des organes dans tous les animaux et
dans toutes les plantes devant servir nécessairement d'introduction aux considérations philosophiques nées en Allemagne, et s'associer avec elles. C'est CUVIER de Mont-
belliard qui vers la fin du dernier siècle fonda cette science
qui depuis a fait de si étonnans progrès, en Allemagne
surtout où elle fut accueillie avec empressement: C'est
par elle que dans ce pays, et par Mr. GEOFFROY, en
France, on fut conduit à cette loi si importante et si fon-
damentale savoir: que tous les organes qui entrent dans
la composition des animaux de tout le règne sont des
modifications ou des métamorphoses infinies les uns des
autres, et d'un état typique.

§. 23. Cette loi fut nommée *unité de Composition.*
C'est elle qui a conduit à toute une nouvelle branche de
l'Anatomie comparée appelée *signification ou importance
et rôle des organes.* En effet le règne animal se compose d'une série d'animaux consistant en une série d'organes qui sont d'autant plus importans qu'ils sont plus
généralement répandus. Les plus essentiels à la vie animale existent chez tous les êtres depuis les zoophytes
jusqu'à l'homme; et à mesure qu'ils perdent de leur importance ils disparaissent en descendant vers les animaux
d'une organisation plus simple. Il en résulte des règnes
ou degrés d'une importance différente parmi les organes
ce qui est exprimé par leur signification ou rôle dans la
série de ces mêmes organes. CUVIER lui-même avait déja
pressenti cette branche de la science, qui fut avancée
surtout pas les travaux de OKEN, GEOFFROY ST. HILAIRE,
CARUS, SPIX, HUSCHKE &c. &c.

§. 24. C'est alors aussi que l'histoire du développement des animaux commençait à être considérée comme
elle le méritait. Un organe n'est véritablement connu
que lorsqu'on l'a vu dans toutes les phases de son développement. Déja au commencement de notre siècle OKEN
avait vivement senti la haute influence de cette méthode.
HUMBOLDT pénétré de son importance dans les deux règnes
organiques, toujours habitué à voir la nature en grand,
considéra le développement de tout l'ensemble du règne
végétal, ses modifications selon les régions de notre globe,
sa disparition graduée à mesure qu'on s'élève sur les
montagnes ou qu'on s'approche des pôles, et il créa la
Géographie des plantes, branche fort importante de la

physique de notre globe, laquelle branche est par ce qu'elle a de plus essentiel, évidemment l'histoire géographique du développement du règne végétal tout entièr à la surface de notre globe.

§. 25. De ces hautes vues sur la naissance et le développement des êtres organisés en grand dans des règnes entiers, on ne pouvait manquer d'entrer bientôt dans les détails, et ici nous ne prétendrons pas citer tous les travaux nombreux qui ont été faits sur le développement des plantes et des animaux pris dans les différentes classes et familles naturelles. Ce n'est pas ici le lieu où il convient de parler des laborieux travaux de Meckel, Rathke, J. Müller, Carus, Ehrenberg, Velpeau, Raspail, Mirbel, Brown, Mohl, Valentin, Purkinjé, et un grand nombre d'autres naturalistes célèbres. Le but définitif de la noble émulation qui m'encourage à m'associer à leurs importans travaux est la part de mérites que j'espère m'acquérir dans la direction utile et caractéristique qu'on leur a imprimée à notre époque.

DE QUELQUES INCONVÉNIENS TRÈS GRAVES ATTACHÉS, SELON MOI, À LA MÉTHODE ACTUELLEMENT SUIVIE EN ANATOMIE COMPARÉE, ET DE LA NÉCESSITÉ D'ÉTABLIR DES TYPES DE COMPARAISON.

§. 26. On sait que l'éxamen comparatif des organes pendant le développement et au terme de l'acroissement est le seul moyen qui puisse amener à la découverte des lois générales de l'organisation, et nous faire connaître les opérations constantes de la nature créatrice au milieu d'une foule de modifications variées. On sait aussi que Swammerdam, Daubenton, Blumenbach, Meckel, Vicq-d'Azyr et Cuvier, le chef de l'Anatomie comparée, et un grand nombre d'autres, ont donné successivement à cette science une étendue très grande; et que tous les Naturalistes et Médecins s'empressent de lui fournir de nouveaux documens. De sorte qu'il en est résulté une accumulation immense de faits, qui, simplement recueillis et assemblés ne sont pas restés ainsi. Il était réservé à notre époque de produire des hommes de génie capables de les rapprocher et d'en déduire des lois générales servant de bâse à une doctrine très vaste, la *philosophie de la nature*. Malheureusement on s'est souvent trop hâté dans la déduction de ces lois; car d'un côté les faits d'Anatomie comparée sur lesquels on les fondait avaient été quelquefois recueillis d'une manière superficielle, et n'étaient pas logiquement démontrés, et d'un autre coté leur nombre était souvent trop petit.

Néanmoins ces doctrines ont été d'une grande utilité pour la science et lui ont fait faire d'immenses progrès. Nous rappellerons seulement les nombreux travaux de Mr. Oken, et particulièrement son ingénieux ouvrage sur la philosophie de la nature (2. édition)[1] qui, surtout en

---

1 De ce système de la philosophie de la nature la première partie a paru au Bureau des traductions allemandes, rue St. Jacques. № 189 (prix 2 francs). Les autres parties de cette philosophie ainsi qu'un très grand nombre de traductions des plus célèbres naturalistes d'Allemagne,

14

France, n'a pas été malheureusement très comprise le plus souvent, son histoire naturelle pour tous les états qui vient de paraître récemment, les parties primitives et les tables d'Anatomie comparée de Mr. Carus.

§. 27. Mais soit qu'on se fut condamné à accueillir simplement les faits, soit qu'on les eut classés et comparés pour arriver à des généralités, un inconvénient très grave n'en restait pas moins toujours attaché à ces directions données aux recherches. Au lieu d'approfondir l'organisation d'une espèce convenablement choisie dans chaque famille naturelle, et de comparer ensuite les études spéciales sur les autres de ces espèces avec l'espèce choisie, pour en faire ressortir des lois générales qui auraient été bien appréciées, on préférait toujours sauter d'un genre à l'autre, d'une famille à l'autre, et parcourir ainsi des classes tout entières en peu de lignes, en comparant d'une manière qui ne pouvait être que superficielle les divers organes dont on n'avait étudié ni la naissance, ni la marche successive de développement qu'on ne connaissait, par conséquent, que très imparfaitement. De ce vice dans les recherches est née une foule d'erreurs que la science est encore loin d'avoir toutes rejetées.

§. 28. Un autre inconvénient presque aussi grave que celui là et que l'on rencontre dans la plupart des traités d'Anatomie comparée, c'est le peu de soin qu'on prend d'indiquer exactement l'espèce qu'on a étudiée. Cet inconvénient va même si loin, que dans l'excellente anatomie et physiologie des Oiseaux publiée par Mr. Tiedemann, il n'y a pas vingt muscles dont la description s'accorde avec ceux qu'on voit chez la Corneille. On remarque des différences dans le nombre, la situation, la forme et même dans la fonction; il semble que chaque description soit le résumé d'un nombre plus ou moins grand d'observations faites sur des individus d'ordre et de famille très différens, puis confondus ensemble, de telle sorte que cette description est plutôt une chose idéale que l'éxamen fidèle de parties qui se présentent chez un Oiseau déterminé. Il peut arriver que cette description soit éxacte pour le Canard et qu'elle ne le soit pas pour la poule, aura beaucoup de rapport avec l'Anatomie du faucon et qu'elle différera entièrement de celle de l'Autruche &c. &c. Il pourrait même se faire qu'une pareille description ne s'accordera avec l'Anatomie d'aucun Oiseau, mais qu'elle se rapprocherait de l'Anatomie de tous. Même dans le cas où l'on apporterait plus de soin dans l'indication des espèces qui ont servi aux investigations anatomiques, l'inconvénient dont je parle n'en demeurerait pas moins, tant qu'on décrira telle partie d'après la poule et l'autre d'après l'aigle; ainsi de suite. On sent que par cette méthode on ne pourrait jamais avoir une idée bien arrêtée de l'organisation, et cependant c'est elle qui introduite par Blumenbach, Cuvier, leurs fondateurs, est aujourd'hui presque généralement suivie, non seulement pour la Myologie que je citais en exemple, mais pour tout le système de l'organisation. Pour que cette méthode fut éxacte il

---

tels que: J. Müller, Rathke, Carus, Trevibanus, Barkow, Gloger, Meyer, Rapp, Plagge, Bær, Graba, Brehm, Staudinger, Gœppert, Ct. de Buquoy, Wagler, Wagner, Hartig, se trouvent en manuscrit, et se vendent également à ce même bureau.

faudrait qu'on eut étudié **toutes** les espèces, chose qui peut-être jamais ne sera réalisée.

§, 29. On voit donc combien la science est flottante, incertaine, sans bâses bien assises, tant qu'on ne part point comme je le propose de l'étude approfondie d'une seule espèce pour chaque famille naturelle à laquelle on rapporte ensuite les modifications de toutes les autres. Cette espèce convenablement choisie je l'appelle *type*, comme le prouve mon titre, c'est dans le but de remplir cette lacune pour les Oiseaux que j'ai entrepris ces recherches.

Partant d'une espèce type bien étudiée on pourrait aisément indiquer aux auteurs quand ils se trompent dans leurs recherches; tandis qu'aujourd'hui lorsqu'un éxamen répété me démontre que les descriptions de mes prédécesseurs ne s'accordent pas avec ce que je vois sur la Corneille, je ne puis affirmer qu'ils se soient trompés puisque je le répète, les modifications sont si grandes que ce qui est vrai pour une espèce l'est rarement pour l'autre, et que la science ne saurait être servie par des descriptions générales dans lesquelles on prétend exposer l'état le plus ordinaire, car souvent cet état n'est vrai pour aucune espèce en particulier.

§. 30. Quand je dis d'approfondir l'organisation d'une espèce, j'entends qu'il faut éxaminer éxactement jusqu'à un certain degré, sans entrer dans des détails trop minutieux, tous les organes isolément, et les systèmes qu'ils composent d'abord pendant tout le développement depuis leur naissance jusqu'au terme de leur accroissement, et ensuite sur l'être adulte.

§. 31. Je serais heureux si, par les travaux que je poursuis, je pouvais contribuer quelques peu à la disparition des inconvéniens qui ressortent des faits que je viens d'énoncer. Ces faits sont, selon moi, de la plus haute importance, l'un signalant un défaut commun aux Anatomistes même les plus célèbres, et l'autre indiquant pour l'étude une méthode plus positive et plus précise que toutes celles que l'on a suivies jusqu'ici; il fait sentir une lacune tellement grande dans l'histoire de la naissance et du développement de chaque organe chez la plupart des êtres organisés que le naturaliste en est effrayé, et qu'il faut encore des recherches très nombreuses et très difficiles avant que nous connaissions cette histoire pour toutes les familles qu'offre la série des corps organisés.

Déja de nombreux travaux ont été faits; nous nous bornerons à rappeler l'excellente Anatomie du Hanneton commun par **Mr. Hercule Stráus-Durkheim**, celle de **Mr. Bojanus** sur l'Emyde européenne, &c. &c.

---

§. 32. La première partie de l'Anatomie et de la physiologie de la Corneille, *l'Ostéologie*, que nous allons commencer maintenant, je la partage en *deux divisions*. I num. l'histoire du développement du squelette considéré dans son ensemble, et II num. l'histoire de chacune de ses pièces osseuses, et description de ces pièces chez l'être adulte.

I. NUMÉRO.

HISTOIRE DU DÉVELOPPEMENT DU SQUELETTE CONSIDÉRÉ DANS SON ENSEMBLE.

§. 33. **Mr. de Bær** est le premier qui a démontré que chez le poulet vers la quatorzième heure d'incubation il se forme ce qu'il appelle *Strie primitive*, ce qui est une accumulation de globules rangées par séries dont la direction est transversale à l'axe longitudinal de l'oeuf. Cette strie est le rudiment à la fois et du système nerveux central et spinal et de la colonne vertébrale. Par un second acte de développement cette strie se subdivise en une partie centrale fluide et nerveuse et en une partie périphérique plus consistante qui forme un tube qui enveloppe la première. C'est dans ce tube que naissent les premiers rudimens du crâne et de la colonne vertébrale, et qu'ils se développent d'une manière tout à fait semblable aux anneaux de la trachée artère D'après **Pander, Döllinger** et **d'Alton** (hist. metamorph. p. 35) c'est vers la 30. heure d'incubation que ce tube se forme chez le poulet, et d'après **Mr. de Bær** (dans *Burdach* physiolog. p. 247) ce serait vers la fin du premier jour.

§. 34. A cette époque une seconde membrane épaisse provenant aussi de la membrane séreuse de l'embryon qui s'est partagée en deux parties, se roule sur elle-même et forme un second tube placé inférieurement et parallèlement à l'autre suivant l'axe longitudinal de l'embryon. C'est dans ce second tube que se forment les premiers rudimens des os de la face, des os qui entourent et qui contiennent les organes des sens encéphaliques, les os de l'appareil du vol, et enfin les os du bassin et des extrémités inférieures. Les rudimens pour les extrémités naissent entre ces deux tubes sur la ligne de démarcation.

A. *DE LA NAISSANCE ET DU PREMIER DÉVELOPPEMENT DES PIÈCES OSSEUSES QUI NAISSENT DANS LE TUBE SUPÉRIEUR:*

Ce tube donne naissance comme nous venons de le voir au crane et à la colonne vertébrale proprement dite.

§. 35. *Le Crâne* nait comme les vertèbres par des renflemens qui ne diffèrent des autres que parce qu'ils sont plus volumineux. Ils constituent les premières traces des vertèbres encéphaliques entre lesquelles se logent les organes des sens et les pièces osseuses qui les renferment provenant du tube inférieur. C'est cette introduction qui est la première et la plus essentielle cause de la modification profonde dans la forme des vertèbres encéphaliques.

§. 36. *La vertèbre nasale* commence la série de ces vertèbres encéphaliques: elle renferme les organes d'olfaction. Le crane forme à l'origine une petite vessie membraneuse, homogène, close, contenant un liquide qui est la bâse de la substance nerveuse.

§. 37. Vers le quatrième jour d'incubation commencent à se former les rudimens de *la vertèbre frontale*, qui est la sécónde des vertèbres encéphaliques; ce sont surtout les rudimens des frontaux qui forment une boule membraneuse fortement saillante en avant, dépassant les rudiment de la vertèbre nasale.

§. 38. Les rudimens de *la vertèbre pariétale*, la troisième vertèbre encéphalique, surtout les rudimens des pariétaux forment une seconde boule ou anneau membraneux plus petit que la première et réunie avec elle.

§. 39. *La vertèbre occipitale*, qui est la quatrième des vertèbres encéphaliques est la moins avancée de toutes; c'est dans la région occupée plus tard par le trou occipital qu'elle est le plus prononcée.

§. 40. En avant de la vertèbre frontale se trouve un espace triangulaire et étroit dans lequel sont placés les organes d'olfaction, et les diverses pièces de la vertèbre nasale provenant du tube inférieur.

§. 41. Entre la vertèbre pariétale et la frontale vers la base du crâne naissent les parties inférieures de l'orbite, provenant de ce même tube inférieur et appartenant à la vertèbre frontale.

§. 42. Enfin, en avant de la vertèbre occipitale entre elle et la pariétale se forme un bourelet qui indique la naissance du rocher, et les organes de l'audition.

§. 43 Chez l'homme a l'époque, où les fentes branchiales ne sont pas encore entièrement fermées et où le corps d'OKEN est encore d'un volume notable, et lorsque les extrémités forment des tubercules arrondis, la vertèbre frontale est encore membraneuse et fort mince; elle constitue la paroi supérieure de la cavité buccale et de la cavité nasale alors encore réunies ensemble. Les rudimens des pièces osseuses qui constituent les parois inférieures de l'orbite naissent et se développent chez l'homme, au commencement, comme chez le poulet. Elles forment pour plusieurs Anatomistes une vertèbre particulière et intercalée.

La vertèbre pariétale et la vertèbre occipitale sont de même encore membraneuses. Les parties osseuses qui entourent et contiennent les organes de l'audition, présentent d'abord les mêmes conditions de naissance et de développement chez l'homme que chez le poulet. Elles forment, pour plusieurs Anatomistes une vertèbre encéphalique particulière de sorte que pour eux il y a six vertèbres à la tête au lieu de quatre.

§. 44. Chez un autre embryon humain de la septième ou huitième semaine, long de 9 lignes ½, la partie horizontale du frontal avait un tiers de ligne; Crista Galli formait une petite ligne saillante. L'orbite etait dirigé d'avant en arrière et présentait une forme triangulaire. La place assignée pour le sphénoïde était occupée à cette époque par un long sillon, et le rocher etait dirigé d'arrière en avant et du dehors en dedans; le trou occipital présentait une forme arrondie; la partie postérieure de la tête était surtout très développée: toute la tête etait très longue proportionnellement au reste du corps. [1]

§. 45. Le développement des vertèbres de la colonne épinière proprement dite commence de plus bonne heure et fait des progrès plus rapides que dans les vertèbres

encéphaliques. C'est dans la région cervicale de cette colonne qu'on voit naitre le premier des points ou amas arrondis de globules opaques placées sur les deux côtés de la ligne mediane du corps; ils ont pris bientôt la forme carrée, et se trouvent séparés l'un de l'autre par des intervalles membraneux et clairs. Le nombre de ces paires d'amas ou de rudimens de vertèbres augmente rapidement, de sorte que en peu de temps toutes les vertèbres ont pris naissance et se distinguent. [2] C'est la partie antérieure du corps des vertèbres, celle qui correspond aux apophyses latérales antérieures qui s'ossifie la première. De là l'ossification marche en arrière et vers la ligne mediale.

KERKRING admet chez l'homme trois points d'ossification pour chaque vertèbre en exceptant toutes fois l'epistropheus et les vertèbres de l'os sacrum. NESBITT (Ossific. p. 67) sans indiquer le nombre de points d'ossification fait remarquer que pendant le sixième mois de la grossesse le proc. odontoïd. epistroph. présente un point d'ossification qui lui est particulier, comme MAUCHART l'avait déja indiqué (de capit. articulatione p. 9). Il dit que vers le troisième mois toutes les vertèbres à l'exception de la première vraie et des cinq dernières fausses, ont des points d'ossification. SÖMMERRING (l. cit. 236) admet deux points d'ossification pour l'atlas, quatre pour l'epistropheus et trois pour les vertèbres cervicales et dorsales. D'après SONFF toutes les vertèbres ont trois points d'ossification; l'épistropheus seul en a quatre. Il dit que les vertèbres cervicales s'ossifient les premières, puis les pectorales, les abdominales, et enfin que c'est l'atlas qui s'ossifie tout à fait le dernier.

Suivant MECKEL, l'atlas, toujours chez l'homme, présente deux points d'ossification, un pour chacun des arcs latéraux, et il s'en forme un troisième pour le corps de la vertèbre après la naissance. D'après ce même auteur chez le chien et le chat cette vertèbre ne diffère point des autres (arch. I. p. 605). L'epistropheus se forme de cinq ou de sept points d'ossification, dans le dernier cas il y en a deux pour les parties latérales, deux pour le proc. odont., deux pour les arcs du canal qui renferme l'artère vertébral, et un pour le corps de la vertèbre (loc. cit. p. 603). Les autres vertèbres cervicales ont d'abord trois points d'ossification, un pour le corps, et deux pour les parties latérales arquées. Plus tard il se forme encore un quatrième point pour le canal de l'artère vertébral, qui est le plus marqué sur la septième vertèbre cervicale (loc. cit. p. 595). Les vertèbres dorsales et lombaires ont chacune trois points d'ossification; les trois vertèbres sacrées antérieures se forment de cinq points d'ossification, et les deux autres de trois points seulement. Ces deux dernières diffèrent encore des autres par ce que chez elles c'est le corps qui s'ossifie le premier (dans le 3ème et 4ème mois), puis les arcs latéraux (p. 608. 609). C'est

---

[1] Consultez VALENTIN, manuel de l'hist. du développem. 1837. p. 221. MECKEL, additions à l'anat. et à la physiol. V. I. Cah. I. pl. V. XII. XVII. XXVII. et MECKEL archiv. I. pl. VL. f. XIV.

[2] Outre les anciens auteurs MALPIGHI, HALLER, TREDERN, WOLF, consultez parmi les modernes PANDER, DÖLLINGER et D'ALTON (développ. du poulet. p. 11), SÖMMERRING (Ic. embr.), RATHKE (*Meck.* arch. V. XIV. p. 2), WEBER (même arch. 1837), J. MÜLLER (développ. des part. génit. 1830) et BURDACH (de fœt. hum.).

un phénomène qui est causé par la position courbée de l'embryon. Les observations d'Albinus (Jc. oss. fœt. p. 54. 57) s'accordent tout à fait avec celles de Meckel que nous venons de citer. D'après Béclard (*Meck.* arch. VI. p. 405. 415) les arcs latéraux des vertèbres naissent dans la septième semaine, et l'ossification du corps de toutes les vertèbres commence quelques jours après. Les deux points extrêmes de la colonne vertébrale font seuls exception (p. 407) Nicolaï a trouvé que dans le troisième mois les arcs latéraux de l'atlas présentent un point d'ossification d'une demi ligne d'épaisseur. Les arcs latéraux de l'epistropheus offrent le même degré de développement. C'est pendant le cinquième mois que commence l'ossification du corps des vertèbres, et pendant le sixième celle du process. odont. Les autres cinq vertèbres cervicales ont une strie ossifiée d'une $\frac{1}{4}$ ligne de longueur pour les arcs latéraux pendant le troisième mois, et une autre strie peu distincte pour le corps; cette dernière est plus développée dans les vertèbres dorsales; les vertèbres lombaires présentent quarte petits points blancs dans leurs arcs latéraux et cinq dans le corps. Vers la fin du quatrième mois on voit des points d'ossification dans le corps des trois fausses vertèbres du sacrum.

D'après Ritgen l'atlas se forme par trois points d'ossification, l'epistropheus par cinq, et le autres vertèbres cervicales par trois paires de ces points. Enfin d'après les recherches de Mr. Valentin l'ossification des vertèbres varie: Il se forme d'abord de petites taches isolées qui, en se réunissant, forment des points d'ossification. On en compte ordinairement trois pour les vertèbres dorsales dont deux pour les arcs latéraux et un pour le corps. Il doute si ce dernier ne doit pas sa naissance à deux points d'ossification. Les apophyses des vertèbres ont deux points d'ossification, et si c'est un seul point il est partagé en deux parties. Dans ce cas est le proc. odont. Les apophyses transversales et l'épine dorsale, les arcs qui forment le canal vertébral &c., les arcs latéraux sont les plus longs et les plus étroits dans la région cervicale et dans la partie supérieure de la dorsale; ils sont plus larges et plus courts pour les vertèbres dorsales inférieures et les vertèbres lombaires. En partant du cinquième mois le corps présente les mêmes rapports que chez l'adulte. D'après Sömmerring, Meckel et Béclard, la colonne vertébrale et spinale n'atteint le terme de son ossification chez l'enfant que vers la fin de sa première année. [1]

B. *DE LA NAISSANCE ET DU DÉVELOPPEMENT DES PIÈCES OSSEUSES QUI NAISSENT DANS LE TUBE INFÉRIEUR :*

Ce tube donne naissance aux premiers rudimens, comme nous l'avons déja dit, des os de la face, des os qui entourent et qui contiennent les organes des sens encéphaliques,

des os de l'appareil du vol, et enfin des os du bassin et des extrémités inférieures.

§. 46. Ce tube n'est jamais aussi complet que le tube supérieur. Il est interrompu d'espace en espace comme l'est la série des pièces osseuses aux quelles il donne naissance. Les os de la face et ceux destinés à recevoir les organes des sens, sont si profondément modifiés par cette fonction dans leur forme et dans leur position, qu'il a fallu du temps et un génie comme celui de Mr. Oken pour découvrir que c'étaient encore des parties de vertèbres. Chez l'homme le sternum se compose d'une série de pièces parallèles à la colonne vertébrale spinale réunie avec cette dernière par les côtes.

§. 47. Forcé de revenir dans la seconde partie du mémoire sur la naissance et le développement de chaque os en particulier, il est inutile d'entrer ici dans des détails sur le développement des pièces osseuses qui naissent dans le tube inférieur, et je passerai immédiatement à l'exposition de mes propres observations sur la naissance et le développement du squelette de l'embryon et du jeune âge de l'oiseau. [2]

OBSERVATIONS COMPARATIVES SUR LA NAISSANCE ET LE DÉVELOPPEMENT DES PIÈCES OSSEUSES DU SQUELETTE DE L'EMBRYON ET DU JEUNE ÂGE DU POULET.

§. 48. Le célèbre Cuvier s'était proposé de combattre, dans les leçons d'histoire naturelle qu'il fesait au collège de France pendant l'année 1830, et qui fut la dernière de sa glorieuse carrière, la philosophie de la nature. Cette philosophie née en Allemagne, commençait à cette époque à se propager en France. C'était surtout la doctrine de l'unité de composition des pièces osseuses dans la série animale qu'il se proposait de renverser. Pour démontrer jusqu'à l'évidence la fausseté de cette doctrine, il avait insisté, comme principal argument, sur l'histoire du développement des pièces osseuses chez le fœtus. Malheureusement la mort vint frapper ce grand anatomiste, et l'empêcha d'entreprendre une réfutation qui n'aurait fait que démontrer, au reste, que, malgré son grand talent et son vaste génie, cette philosophie était à l'abri des attaques de l'empirisme vers lequel Cuvier se sentait le plus souvent porté. Les préparations qu'il fit faire pour atteindre son but existent encore dans le galeries d'Anatomie comparée au Jardin royal des plantes à Paris.

L'examen comparatif de ces préparations chez l'Oiseau m'a conduit au résultat suivant:

I. M NAISSANCE ET DÉVELOPPEMENT INTRA-OVULAIRE DU SQELETTE DU POULET.

§. 49. La série des préparations commence par un embryon de deux centimètres $\frac{1}{2}$ de longueur à peu près de 8 à 10 *jours d'incubation* (pl. I. f. vii).

---

1 Outre les auteurs déja cités consultez encore: Flamm (*Meckel* arch. I. p. 594. 611. et arch. VI. p. 399. 404. Anat. II. p. 266.), Weber (dans *Meckel* arch. 1827. p. 230.), Hildebrand (Anat. II. p. 163. 165).

2 J'ai déja envoyé, en 1836, à l'Académie royale de Bruxelles un extrait très abrégé de ces recherches qui a été inséré dans le 4. et 5. numéro de son bulletin de cette même année 1836.

21

Les rudimens de ce petit squelette sont encore tous membraneux et ne présentent pas de traces visibles d'ossification à la loupe. Le crâne n'est encore qu'une enveloppe mince, transparente, à travers laquel ou aperçoit les ramifications des vaisseaux. Sur les faces latérales de la tête, dans la partie qui correspond au temporal on distingue un point opaque qui indique la naissance de parties osseuses de l'audition. La colonne vertébrale forme un tube noueux dont chaque tube ou renflement indique une vertèbre naissante. Ces renflemens sont le plus développés dans la région cervicale, et le moins dans la region lombaire et surtout dans la région sacrée. Les rudimens membraneux pour les os de la face, et notamment ceux des pièces osseuses de l'appareil de la mastication, sont de tous les plus marqués, et les mieux limités. Les côtes s'annoncent par des stries parallèles tracées dans une membrane mince. Les vestiges des os du bassin sont de tous les moins visibles, confondus presque encore entièrement avec les autres parties de cette région : les extrémités antérieures et postérieures se présentent au même point de développement. Leurs articulations s'annoncent par de forts renflemens membraneux. Les rudimens de leurs os longs forment des tubes cylindriques membraneux et creux; les doigts fort rudimentaires ont leur nombre à peine distinct. Au reste tout le squelette est assez préparé pour recevoir la solidification que lui apporte la matière terreuse. Il est bien probable que de parties terreuses se sont déja introduites, mais elles sont encore trop imperceptibles pour être saisies à la loupe.

§. 50. *Embryon de 13 jours d'incubation. Introduction des mollécules terreuses.* Le développement du squelette avait fait des progrès très rapides pendant ces trois ou quatre jours. Il avait cinq centimètres de longueur. *La mâchoire inférieure* est de toutes les pièces la première à s'ossifier; elle avait fait de si surprenans progrès que les cinq pièces qui la composent ordinairement étaient presque entièrement formées, de sorte qu'il m'a été impossible de m'assurer, pour le poulet, si chacune de ces pièces possède un point d'ossification à elle propre, ainsi que cela me parait à peu près démontré. La 2ème pièce ossifiée est *la partie antérieure de l'Intermaxillaire*, elle avait commencé à se solidifier par sa pointe. La 3ème se compose des *os propres du nez* dont chacun avait commencé par un seul point d'ossification encore peu développé. La 4ème *la partie orbiculaire du frontal.* 5ème *la partie écailleuse du temporal.* 6ème *les parties saillantes de l'occipital* et du *basilaire.* On voit que c'étaient toutes les parties externes de la circonférence de la tête qui avaient commencé l'ossification et que les autres situées plus intérieurement, et par cela plus cachés étaient restées membraneuses. 7ème *la partie cervicale de la colonne des vertèbres* avait commencé à s'ossifier, chaque vertèbre par deux points d'ossification qui déja avaient pris la forme carrée et qui appartenaient au corps de la vertèbre. 8ème *les vraies côtes* avaient commencé par un point d'ossification placé assez près de leur extrémité vertébrale. 9ème *la partie moyenne de la Clavicule Coracoïde.* 10ème *la partie antérieure de l'omoplate.* 11ème *la partie moyenne de l'humerus.* 12ème celle

du *cubitus.* 13ème du *radius.* 14ème des *deux branches du métatarse.* 15ème de la *première phalange* et de la *deuxième du second doigt.* 16ème enfin, toute *la Clavicule* s'était ossifiée.

Dans les extrémités postérieures, les pièces correspondant à celles que nous venons de nommer pour les extrémités antérieures, se trouvaient à peu près au même dégré de développement. Les rudimens des os du bassin étaient restés membraneux, et les points d'ossification des vertèbres dorsales et coccygiennes étaient à peine visibles.

§. 51. On voit donc que dans cette première distribution de la matière terreuse dans les diverses parties du squelette ce sont les pièces osseuses qui naissent dans le tube inférieure ou abdominale, qui ont reçu de préférence la matière terreuse; dans ce cas se trouvent: la machoire inférieure, les deux clavicules, et les extrémités antérieures et postérieures. Quant au tube supérieur, il n'y avait que les points les plus externes des rudimens des os du crâne et des vertèbres cervicales qui s'étaient faiblement chargés de mollécules terreuses.

Pour ce qui est de la fonction des organes, on voit que le jeune poulet avait tout d'abord besoin du bec et des pattes. Le premier pour casser sa coque et les secondes pour marcher.

§. 52. 17ème *Jour d'incubation. Introduction de mollécules terreuses dans plusieurs autres parties du squelette et agrandissement de celles qui avaient déja commencé à s'ossifier.* Le squelette avait 8 centimèt. ½ de longueur; la tête surtout s'était prodigieusement accrue. — 17. *L'os carré*; 18. *le lacrymal*; 19. *l'omoïde* (hérisséal, de Mr. Geoffroy, ainsi nommé du nom de l'Académicien Hérissant qui en a parlé le premier en 1750, en lui imprimant le nom d'omoïde, ou petite omoplate) ont pris naissance, le premier et le second par plusieurs points d'ossification, le troisième par un seul. Les cinq points primitifs de l'oissification de l'occipital sont à cette époque très distincts. L'un pour la pièce moyenne placée au dessus du trou occipital, l'un pour chaque pièce latérale; un pour la pièce articulaire et un pour le basilaire, qui déja à cette époque est assez avancé dans son développement. Les vertèbres cervicales commencent à former leurs apophyses latérales chacun par un point d'ossification particulier, tandis que les points d'ossification pour les autres vertèbres ont continué de s'agrandir. 20. *Les appendices sternales des côtes naissent* par des points placés vers leurs extrémités sternales. 21. *Le sternum* tardif dans son développement commence bientôt aussi à présenter deux faibles points d'ossification pour son corps un sur chaque côté; les quatre autres points pour les apophyses antérieures et postérieures ne sont pas encore visibles. A cette époque la plus grande énergie du développement se manifeste dans les extrémités. 22. Il nait des points d'ossification au milieu de chaque *phalanges*, et les autres points d'ossification déja commencés dans ces mêmes extrémités ont pris un accroissemeut prodigieux. 23. *L'ischion* s'est chargé faiblement de matière terreuse, tandis que les autres os du bassin sont encore à l'état membraneux.

§. 52. 19ème *Jour d'incubation.* Les pièces qui déja

ont commencé leur ossification continue de s'accroître; le tronc qui était en arrière par comparaison aux extrémités et à la tête se hâte pour les atteindre; et cette partie manifeste un développement surtout empressé. Le sternum présente dans sa partie extérieure des stries opaques qui indiquent la naissance des points d'ossification pour la partie postérieure de cet os. Dans les extrémités postérieures le péronée a pris naissance par un point placé vers son extrémité supérieure et le pouce présente un point d'ossification au milieu de sa première phalange. Voilà toutes les pièces osseuses qui ce jour avaient pris naissance. Il est presque inutile d'ajouter que les autres pièces ne sont pas restées stationnaires.

Tout ce qui s'était ossifié jusqu'ici et jusqu'au moment de l'éclosion a tiré sa matière terreuse de l'œuf, chose qui n'aura plus lieu pour le développement extra-ovulaire auquel nous passons maintenant.

II. Ab NAISSANCE ET DÉVELOPPEMENT EXTRA – OVULAIRE DU SQUELETTE DU POULET.

§. 54. *Du jeune poulet le 1ère jour après l'éclosion.* Le développement extra-ovulaire est infiniment plus lent que le développement intra-ovulaire; il s'opère principalement dans les os du crâne, dans ceux du tronc, et notamment dans les pièces osseuses de la ligne médiane; c'est-à-dire dans les pièces qui prennent naissance dans le tube primitif supérieur. 24. *L'etmoïde* (pl. I. f. 1. *c'*) l'os le plus caché, dont le développement était peu remarquable à l'état fœtal, commence après l'éclosion à se solidifier dans sa lame verticale; la cloison qui sépare les deux orbites, est encore membraneuse *(d)*; le temporal est encore séparé des os qui se souderont plus tard avec lui *(i)*; et l'osselet de l'ouie est à peu près au terme de son accroissement. Toutes les autres pièces osseuses de la tête n'ont pas changé et sont restées telles que nous les avons vues au 19ème jour d'incubation, avec cette différence qu'elles ont acquis un peu plus de consistance (pl. I. f. 1. *a, b, e, f, g*). Les sutures sont encore membraneuses *(h)*; celle qui est commune au frontal et aux pariétaux est encore la moins près de s'ossifier. Les deux parties du frontal même ne sont pas encore réunies. Quant à la colonne vertébrale, les corps, les apophyses et les surfaces articulaires des vertèbres cervicales sont presque formés *(k)* Les *vertèbres lombaires* et *sacrées (x)* sont toujours les moins développées de toutes. 25. Elles commencent à cette epoque leur évolution osseuse chacune par un seul point d'ossification, pour le corps, à peine visible, les deux autres points pour les apophyses latérales se formant plus tard. Les os du bassin sont à la moitié de leur accroissement *(w, y, y')*; l'ischion se fait surtout remarquer par son développement très prononcé *(y')*; les vertèbres coccygiennes continuent à se charger encore de molécules terreuses *(z)*. La dernière de ces vertèbres, d'une forme si singulière chez l'adulte se compose chez le jeune poulet d'un assez grand nombre de vertèbres rudimentaires. Chez le canard, Mr. LAURILLARD (Conservateur du Cabinet d'Anatomie comparée au Musée royal du Jardin à Paris), et moi en avons trouvé *cinq*. Je crois, au reste, que leur nombre varie beaucoup dans les différentes espèces et même dans

les individus d'une seule espèce. [1] Le sternum, toujours tardif dans son développement, présente *six* points distincts d'ossification, dont les deux pour son corps se soudent de bonne heure, de manière qu'il n'en existe plus que *cinq* pendant très longtemps. Les deux points primitifs d'ossification pour le corps étaient placés sur les deux cotés de la crista sternalis encore membraneuse à cette époque un peu plus avant et sur les deux côtés sont placés les points d'ossification pour les deux apophyses sternales antérieures; ceux pour les deux apophyses sternales postérieures se trouvent plus en arrière et sur les deux côtés de la ligne médiane de cet os et constituant deux branches bifurqués. Son bréchet (crista sternalis) est encore entièrement membraneux *(l, o, l')*. La portion ossifiée des cotes est encore très écartée ds celles des apophyses sternales *(l'')*.

§. 55. *Du jeune poulet de quatre jours.* Ici ce n'est plus uniquement l'activité vitale qui dirige le développement, l'exercice des fonctions a sur lui une grande influence et apporte de notables changemens dans sa marche. Les os des extrémités postérieures, jusqu'ici en retard par comparaison aux extrémités antérieures, présentent beaucoup d'accroissement. Les points d'ossification du sternum s'étendent rapidement. Le reste du squelette est demeuré dans le même état à peu près qu'à l'époque précédente.

§. 56. *Du poulet de neuf jours.* 27. *Les apophyses de l'os carré*, la lame horizontale du sacrum ont commencé leur ossification. Les vertèbres coccygiennes se sont accrues rapidement, notamment la dernière. Le bréchet s'est solidifié en partant de l'endroit de la réunion de deux points d'ossification du corps.

§. 57. *Du poulet de quatorze jours.* Le squelette a beaucoup augmenté de volume sans que de nouvelles pièces osseuses se soient montrées. Le dépôt de la matière cornée sur les pieds et le bec a commencé à se colorer. Les vertèbres sacrées et lombaires, tardives jusques là, se sont sensiblement accrues. C'est à ce moment que chez le poulet il est plus facile de distinguer le nombre de ces vertèbres si intimement soudées dans l'adulte. En comptant la vertèbre qui porte la dernière paire de côtes il existe chez cet Oiseau *vingt cinq* vertèbres partant de ce point jusqu'à l'extrémité de la colonne, dont *quatre lombaires*, *douze* sacrées et *neuf* coccygiennes. Les trois dernières vertèbres du coccyx se réunissent pour n'en former qu'une seule, en sorte que le poulet adulte n'a plus que *sept* vertèbres au coccyx. Les appendices sternaux des côtes se rapprochent l'un de l'autre et tendent à se réunir aux apophyses latérales épaisses du sternum. Les extrémités inférieures ont pris beaucoup d'accroissement. Leurs surfaces d'articulation qui, chez le poulet, sont les premières de tout le squelette à s'ossifier, n'ont pas encore acquis toute leur solidité. La rotule et les os sesamoïde si lents à se former ne présentent pas encore de traces d'un noyau osseux; tout le reste du squelette est comme dans le poulet précédent, sinon que les parties se sont agrandies, il serait donc

---

[1] J'insiste sur ce fait qui n'a pas encore été observé jusqu'ici que je sache.

inutile d'y revenir en plus de détails. [1] La pneumaticité commence dans l'humerus, qui est, après les pièces osseuses qui entourent l'oreille interne, la première pièce dans la quelle l'air pénètre. Remarquons que le poulet est un très mauvais volier chez le quel la pneumaticité ne parvient jamais à un grand développement.

§. 58. *Du poulet de dix huit jours.* L'occipital présente les cinq pièces qui le composent encore séparées l'une de l'autre Les os qui servent à la mastication, étant déja entrés en pleine fonction, ont acquis presque toute leur solidité, mais leurs sutures sont encore très apparentes, ainsi que toutes celles de la tête et notamment du crâne. L'intermaxillaire, la lame horizontale et triangulaire de l'ethmoïde, ot les os propres du nez sont très nettement séparés des os qui les environnent. Le siphoneum est encore entièrement membraneux. Le lacrymal formé chez le poulet d'une lame large, saillante, s'applique sur les apophyses antérieurs des frontaux, dont il est, au reste nettement séparé. Son apophyse est encore membraneuse de même que les cornets de l'ethmoïde. Le développement du tronc continue à se faire avec lenteur par rapport aux os de la face et des extrémités. Les vertèbres cervicales touchent au terme de leur évolution; les côtes ont pris beaucoup de solidité. 28. *Leurs apophyses postérieures* (hamus) ont pris naissance par un point d'ossification particulier, ce qui démontre bien que ce sont des os distincts et non pas de simples appendices costales. Les os du bassin continuent à être tardifs dans leur développement; j'ai été surpris plusieurs fois de voir la portion postérieure de l'ilium s'arrêter brusquement dans son accroissement d'avant en arrière, et de remarquer au dessous de lui une lame osso-cartilagineuse croître dans cette même direction. L'ossification de l'Ischion et du pubis se fait encore dans cette même direction. L'Omoplate, l'intermaxillaire, et les pièces de la machoire inférieure offrent aussi cette même direction dans leur accroissement; tandis que les os plats du bassin et du crâne ainsi que de plusieurs autres parties prennent naissance par un point d'ossification placé au centre et s'étendent vers la périphérie qui se forme la dernière. Les apophyses latérales des vertèbres sacrées commencent leur développement en sens horizontal, pour former ce que j'appelle la lame horizontale du sacrum.

La partie de l'appareil du vol qui tient au tronc participe à la lenteur de développement de ce dernier; le sternum montre encore les cinq points d'ossification; celui pour son corps a pris une grande extension et a formé la portion antérieure du bréchet. La fourchette (furcula) est formée, tandis que la clavicule coracoïde est encore privée de son extrémité sternale. 29. *Les deux osselets du carpe participent* de la lenteur que manifestent les extrémités d'articulation de tous les os du squelette. Les

---

1 J'ignore si c'est à ce propos que Mr. J. Geoffroy, dans son rapport m'accuse de briévété en disant: ,,Les observations que l'auteur a faites dans ce but, sont très nombreuses; leurs résultats sont malheureusement rapportés avec une briévété qui les prive d'une grande partie de l'intérêt qu'ils pouvaient offrir.'' Noy. le Rapport, au commencement.

premières traces de leurs points d'ossification à peine visibles à cette époque sont encore profondément cachées dans le centre de ces osselets rudimentaires. Au reste, toutes les parties du bras prennent à cet époque un accroissement surtout actif. Les surfaces articulaires des os de l'épaule sont les premières de tout le squelette qui se solidifient.

§. 59. *Du poulet de vingt cinq jours.* Le squelette s'est considérablement accru en volume. Les articulations des membres et des vertèbres cervicales se fortifient beaucoup; celles du tronc sont en arrière. Les sutures des os de la face tendent à disparaitre: le reste est dans le même état.

§. 60. *Du poulet de quarante quatre jours.* Le développement du squelette marche uniformément dans toutes les parties, chaque os tend, à acquérir la forme qui lui est propre chez l'adulte, en suivant les impulsions d'une force vitale qui agit d'une manière dont la nature intime nous sera encore longtems inexplicable. Le système musculaire exerce surtout une influence notable sur le squelette encore fléxible. L'articulation mobile entre la machoire supérieure et le crane par l'intermaxillaire et la lame horizontale de l'ethmoïde, a pris toute sa solidité. Le jugal formé de deux points d'ossification, s'est réuni avec le maxillaire supérieur. Les vertèbres lombaires et sacrées le plus tardives de toutes les vertèbres se sont considérablement accrues: Les cinq points d'ossification pour le sternum sont assez étendus pour faire voir la ferme définitive de cet os chez l'adulte.

§. 61. *Du poulet de soixante quatre jours.* On remarque que l'animal a continué de se développer sous le rapport du volume, quant aux détails il n'y a de nouveau que ceci: la cloison qui sépare les orbites est encore en partie membraneuse: toutes les apophyses des vertèbres sont indiquées, en général toutes les parties du squelette ont pris naissance à l'exception seule des os sesamoïdes.

§. 62. *Du poulet de quatre vingt-treize jours.* Toutes les pièces osseuses sont parvenues à peu près maintenant à présenter la forme qu'elles auront chez l'adulte, cependant leur développement n'est pas achevé, n'ayant pas acquis encore toute la solidité nécessaire. Les parois de l'orbite, les articulations des os du tronc, celles de l'aile, à cause du peu de développement de la faculté de voler chez le poulet, sont encore à terminer; les apophyses antérieures et postérieures du sternum se sont enfin réunies avec son corps. 30. Ce n'est qu'à cette époque qu'apparaissent les noyaux osseux pour les *osselets sesamoïdes,* destinés à fortifier les articulations des phalanges du pied, et quelquefois de l'épaule et de la main.

§. 63. *Du poulet de cent trente quatre jours.* Il est bon maintenant de revenir un peu en détail sur diverses pièces osseuses en particulier: Les os de la face sont tous soudés ensemble ainsi que les cinq pièces de l'occipital; même les os les plus tardifs de la tête, c'est-à-dire ceux cachés dans son intérieur tels que: 31. *Le palatin* qui nait par plusieurs points d'ossification, l'omoïde, le sphenoïde sont maintenant près du terme de leur accroissement. Les faces articulaires des vertèbres, la suture des os du bassin, surtout celle de l'ischion auquel il manque encore toute la partie postérieure, la réunion des

pièces élementaires de toute la dernière vertèbre coccygienne sont encore à l'état cartilagineux. Les cinq points
d'ossification du sternum se sont enfin réunis, mais le
bréchet est encore membraneux dans sa partie postérieure,
ainsi que la portion inférieure et articulaire de la clavicule coracoïde. La rotule est aussi presque complète.
L'osselet sesamoïde de l'épaule ne se développe pas chez
le poulet où le peu d'usage de l'aile ne nécessite pas son
existence.

§. 64. *Du poulet de cent quarante jours, terme de
l'accroissement du squelette.* Ce terme de l'accroissement
est atteint au moment où tous les os sont parvenus à leur
entier développement; en conséquence les détails que nous
avons à donner concernent les parties qui atteignent ce
terme les dernières: Tous les os du crane sont formés
et soudés; la cloison des orbites est achevée; les cornets
de l'ethmoïde se sont faiblement chargés de molécules
terreuses; chez un grand nombre d'Oiseaux la séparation
des orbites n'est même jamais complète et les cornets
restent cartilagineux; dans le tronc il n'y avait plus à
former que les articulations, à compléter les os du bassin
et à achever la réunion intime des côtes avec le sternum
et les vertèbres. La partie postérieure du bréchet, la
spina sternalis, les rotules, les deux os du carpe et les
os sésamoïdes ont maintenant archevé leur évolution.

OBSERVATIONS COMPARATIVES SUR LA NAISSANCE ET LE DÉVELOPPEMENT DES PIÈCES OSSEUSES DU SQUELETTE DE L'EMBRYON ET DU JEUNE AGE DU CANARD.

§. 65. Je n'ai pas voulu interrompre l'histoire com-
parative de la naissance et du développement des pièces
osseuses chez le poulet, pour y intercaler les observations
aussi nombreuses que j'ai faites à cet égard sur le canard
domestique. Il m'a semblé que j'apporterais plus de clarté
dans l'exposition si je traitais séparément de l'évolution
de chacune de ces espèces, en prenant comme type et
point central de comparaison le poulet auquel je rappor-
terai, avec certitude, les modifications que m'offrirait
l'étude sur le canard. Cela me présentera l'avantage de
n'être pas obligé de revenir sur toute cette portion de
mes recherches qui se trouverait être identique avec mes
observations déja exposées sur le poulet.

§. 66. La différence la plus caractéristique entre ces
deux espèces est la rapidité surprenante qui a lieu dans
le développement du squelette du canard, de sorte que
ce dernier a atteint le terme de son accroissement dès le
soixante dixième jour, tandis qu'il en faut cent quarante
au poulet. Ce qui constitue une différence du double.

I. M. NAISSANCE ET DÉVELOPPEMENT INTRÀ-OVULAIRE DU SQUELETTE DU CANARD.

§. 67. *De l'embryon de treize jours d'incubation.*
pl. I. f. 6. Le petit squelette n'a que cinq à six centimètres de longueur. Il est très remarquable que la force
de développement si intense chez le canard, ne se manifeste point pendant sa vie fétale; le petit squelette en

question ne présente rien qui soit plus avancé que chez
le poulet du même âge, qu'au contraire le tronc est même
proportionnellement plus en arrière aux extrémités chez
le canard que chez le poulet. Les rudimens des côtes et
des os du bassin par exemple sont moins marqués.

§. 68. *Embryon de dix sept jours d'incubation.* A
cette époque la progression du poulet sur le canard est
encore plus sensible. Dans la tète l'ossification s'est portée
sur les mèmes pièces que chez le poulet, mais les points
d'ossification sont encore plus écartés l'un de l'autre et
les rudimens de l'os carré, du lacrymal, du palatin, ce de
l'ethmoïde encore moins avancés. Les apophyses costales
n'étaient même pas encore visibles, le sternum tout à fait
membraneux ainsi que les phalanges de la main et du
pied; le point d'ossification de la clavicule coracoïde encore
très petit: le reste se trouvait comme chez le poulet de
cet âge.

§. 69. *Embryon de vingt trois jours d'incubation.*
Le développement des pièces osseuses de la tète a atteint
maintenant l'état qu'il présente chez le poulet de dix neuf
jours d'incubation.

II. M. NAISSANCE ET DÉVELOPPEMENT EXTRÀ-OVULAIRE DU SQUELETTE DU CANARD.

§. 70. *Du canard au moment de l'éclosion.* Le sternum est prèt à recevoir la solidification terreuse; tout le
reste du squelette est comme chez le poulet au moment
de son éclosion.

§. 71. *Du jeune canard de onze jours.* Les dents
minimes qui garnissent les bords de ses machoires apparaissent; le sternum par une singularité qui m'a toujours
beaucoup frappée continue de conserver son état membraneux. Les vertèbres sacrées ne peuvent pas encore
bien se démêler, à cause de l'état trop rudimentaire des
côtes.

§. 72. *Du canard de vingt un jours.* Le crâne est
au même dégré d'ossification que chez le poulet de vingt
jours, mais le tronc est proportionnellement plus en arrière; le sternum et les apophyses postérieures des côtes
(hamulus) continuent de rester membraneux. C'est à cette
époque que l'on peut compter le plus surement les nombre
des vertèbres de la portion postérieure de la colonne. Il
y a chez le canard *quatre* vertèbres lombaires, *onze* sacrées et *sept* coccygiennes dont la dernière est composée
de cinq à six vertèbres rudimentaires réunies. Le premier
de ces rudimens cependant, celui qui touche la vertèbre
précédente reste souvent isolé, de sorte qu'on pourrait
compter pour le canard huit vertèbres caudales: le reste
est comme chez le poulet.

§. 73. *Du canard de trente deux jours.* Rien ne
m'a été plus surprenant, dans mes recherches que les
progrès faits par le jeune canard pendant les onze derniers jours. Le développement avait été si considérable
que l'animal avait acquis plus que le double de sa grandeur précédente, et se trouvait arrivé à plus des $\frac{3}{4}$ de
sa crue définitive: chose d'autant plus remarquable que
le développement avait été très lent jusques là, comme
si une cause inconnue en avait paralisé les progrès.

Mais cet accroissement rapide du canard ne s'était pas
effectué avec la même simultanéité que chez le jeune

poulet; aucune nouvelle pièce ne s'était solidifiée. Celles qui déja avaient commencé leur ossification, avaient aussi pris seules de l'extension. L'ossification était donc définitivement au même degré qu'au vingt unième jour, comme le prouvent les détails que nous allons donner. Les parois de l'orbite étaient encore membraneuses, les côtes étaient toujours dans le même état, et ce qu'il y a encore de plus étonnant, est que le sternum, qui avait augmenté du double de son volume était resté à l'état membraneux; les os du bassin étaient également dans le même état.

Les extrémités antérieures sont encore très petites et l'omoplate est privé encore de sa partie postérieure; l'humerus n'est pas encore percé d'un trou aërien.

§. 74. *Du jeune canard de quarante sept jours.* L'animal est parvenu presque à sa grandeur définitive, les os du bassin, les apophyses postérieures de côtes et les extrémités antérieures ont surtout fait des progrès; il est à remarquer que dans l'évolution de cet oiseau, les extrémités antérieures se trouvent en retard, dans leur marche, sur les extrémités postérieures; ce qui n'a pas lieu pour le poulet; phénomène que je n'ai jamais pu expliquer. Les os du bassin ont fait de si étonnans progrès que déja ils tendent à se souder; mais chose qui est surtout à noter, est que ce n'est qu'à cette époque si retardée que le sternum se reveille pour ainsi dire et commence à s'ossifier, non pas par six points d'ossification, comme chez le poulet, mais par deux seulement formant deux bandes sur les côtés, correspondant par leur situation aux deux points d'ossification pour les appendices antérieures du sternum chez le poulet. On voit distinctement que c'est par le bord latéral qu'a commencé l'ossification de cette pièce importante, bord qui chez cet oiseau reste toujours constamment distinct du corps de l'os qui est encore entièrement membraneux ainsi que son bréchet: tout le reste se passe comme chez le poulet.

§. 75. *Du jeune canard de soixante sept jours.* Déja le cinquante troisième jour les parties osseuses cachées dans l'intérieur de la tête tel que le sphénoïde, le palatin, l'ethmoïde dans sa lame verticale avaient commencé à s'ossifier, chose qui se continue maintenant avec activité, mais c'est surtout dans le sternum que se portent principalement à cette époque les matières terreuses, en sorte qu'il ne lui manque plus qu'une partie postérieure de son corps, et le bord inférieur de son bréchet, pour être entièrement achevé. J'avoue que dans tout le développement rien ne m'a paru plus remarquable que la rapidité surprenante de la formation du sternum chez le canard. Elle a eu lieu d'une manière fort simple par la réunion des deux points d'ossification qui s'étaient formées dans les parties latérales du cet os, et qui en s'étendant avaient gagné toute la surface de l'os et de son bréchet. Chez le poulet l'ossification du sternum commence déja dans l'œuf; chez le canard elle ne commence qu'au 47ème jour de son jeune âge, et néanmoins nous voyons qu'au 67ème jour, il est déja entièrement formé, tandis que chez le poulet il ne l'est que vers le 130ème jour; par où il est démontré combien la nature a de ressources pour arriver à son but. C'est alors aussi que commence l'introduction de l'air dans l'humérus. Les os du carpe ont pris naissance, mais la rotule et les os sesamoïdes ne présentent

pas encore de trace d'ossification. Dans la tête on remarque encore que l'apophyse postérieure de la machoire inférieure, dont le développement est si lent chez le poulet, avait entièrement achevé sa formation. Les os du bassin quoique encore à la moitié de leur développement tendent déja à se réunir, chose qui n'a lieu chez le poulet que tout à fait à la fin lorsque tous ses os sont développés.

§. 76. *Du canard de soixante dix jours, terme de l'accroissement du squelette.* L'état général de son ossification est le même que chez le poulet au terme de son accroissement. Les différences sont peu sensibles: les orbites ne sont pas entièrement séparées chez le canard. On remarque un petit trou arrondi en avant de l'entrée du nerf optique; l'ethmoïde est encore peu solidifié ainsi que les os du bassin qui ont bien leur forme, mais pas encore toute leur solidité.

DE QUELQUES OBSERVATIONS SUR LE DÉVELOPPEMENT DU GENRE CORBEAU.

§. 77. *De la jeune pie de dix à douze jours.* L'état de son développement osseux à cette époque correspond à peu près à celui du jeune poulet de vingt cinq jours. Les os de la face ont déja commencé à se réunir; à peine on distingue encore les cinq pièces primitives de la machoire inférieure, mais la séparation des os du crâne est encore extrémement marquée; la cloison des orbites est encore presque entièrement membraneuse; la séparation des ailes sphénoïdales du frontal est très caractérisée; le lacrymal est encore entièrement membraneux ainsi que la plupart des apophyses des os de la tête, tel que l'apophyse orbiculaire du temporal, l'apophyse orbiculaire de l'os carré. Les cinq pièces primitives de l'occipital sont déja réunies.

Les vertèbres cervicales touchent au terme de leur développement. Les diverses pièces des côtes ne sont pas encore entièrement réunies, leurs apophyses postérieures (hamus) sont encore membraneuses. Les portions déja ossifiées de l'ilium, de l'ischion et du pubis sont encore très écartées l'une de l'autre et réunies seulement par des membranes. Ici nous rencontrons encore pour le sternum un troisième type de développement différent de celui du poulet par six points d'ossification, et de celui du canard par deux points d'ossification en se rapprochant toutes fois davantage de celui du canard. On voit se former d'abord chez la pie deux points d'ossification. Un pour chaque apophyse latéral antérieur, puis un troisième pour le corps de l'os; ces points se réunissent bientôt et s'étendent en arrière sur toute la surface du sternum, sans qu'on remarque de traces de points d'ossification particuliers pour les deux apophyses latérales postérieures.

Les apophyses sternales des côtes se rapprochent l'une de l'autre et tendent à se réunir avec le sternum. Les portions articulaires des os des extrémités sont encore cartilagino-membraneuses et faciles à détacher du reste de l'os; celles des phalanges du pied sont plus avancées dans leur solidification.

§. 78. *Du jeune geai* (Corvus glandarius *Lin.*) *de quinze jours.* Les os du crâne sont intimement réunis; les appendices costales moitié ossifiées, et non encore réunies avec les côtes. Les os du bassin se touchent; la lame supérieure du sacrum est moitié ossifiée; l'oiseau est parvenu à peu près aux deux tiers de sa grandeur: le reste est à peu près comme chez le poulet de quarante quatre jours.

§. 79. On voit par tout ce qui précède, que 1 num. le développement extra-ovulaire du système osseux est infiniment plus lent que son évolution fétale; 2 num. que les os plats et notamment ceux du bassin, sont beaucoup plus tardifs que les os longs; 3 num. que les pièces qui servent à la mastication et celles des extrémités se développent les premières et le plus promptement; 4 num. que le développement du squelette présente cette direction générale de la périphérie vers la ligne médiane du corps; 5 num. qu'il y a au moins trois types de développement pour le sternum et pour tout le reste du squelette; celui du poulet, celui du canard et celui du genre corbeau; 6 num. que le développement intra-ovulaire jusqu'au trente deuxième jour est très lent chez le canard, mais qu'à partir de cette époque il devient si actif, qu'au soixante dixième jour il est aussi avancé à peu près que chez le poulet au cent quarantième jour.

Quant à l'homme nous ne connaissons que quelques observations faites par Mr. Valentin dans lesquelles on a observé comparativement le développement des pièces osseuses, comme nous venons de le faire pour le poulet, le canard et le geai. Dans un embryon de 6 lignes, éxaminé par cet habile observateur, les rudimens des vertèbres proprement dites étaient cartilagineux, ainsi que les rudimens cartilagineux des corps des vertèbres (ou peut être des disques cartilagineux interposés entre les vertèbres proprement dites) se montraient sous forme de stries parallèles minces, blanches, séparées par des stries larges et opaques; deux lignes blanches, assez épaisses régnaient tout le long de la face supérieure du canal vertébral, ainsi que E. H. Weber l'avait déja observé (*Meckel* arch. 1827 p. 240). La vertèbre pectorale la plus antérieure était placée à trois quarts d'une ligne du trou occipital; les rudimens minimes des vertèbres cervicales étaient placés entre ces deux points. La dernière seule de ces vertèbres présentait un petit point cartilagineux; les vertèbres cervicales inférieures ne se

distinguaient en rien des premières vertèbres pectorales supérieures; le crâne ne présentait pas encore aucune trace de cartilage, ce qui était d'autant plus interessant que Mr. Valentin avait trouvé, dans un embryon de mouton presque de la même grandeur, toute la base du crane cartilagineuse. L'éxamen que E. H. Weber avait fait d'un embryon de 8½ lignes, l'avait conduit au même résultat. Quant aux pièces qui naissent dans le tube inférieur, ce sont les rudimens des côtes qui paraissent les premiers. Ceci établit une distinction essentielle par rapport au poulet chez lequel ce sont les os de la mastication, la machoire inférieure, les maxillaires et inter maxillaires qui d'apres mes observations naissent les premiers.

Chez l'embryon du chien de 5½ lign. les côtes se font remarquer, étant composées de matières plus opaques, déja avant qu'elles prennent l'aspect cartilagineux. Le cartilage, pour le sternum, se développe plus tard que celui pour les côtes, il est encore membraneux chez l'embryon de six lignes et sur celui de 8 lign. de longueur; il est encore privé de son processus xiphoïd. chez l'embryon de 8½ lign. d'après le dessin de E. H. Weber (l. c. pl. III. f. 7). La même chose a lieu pour le dessin de Blumenbach (spec. phys. comp. 1789. 4. f. 1). Dans un embryon de 6 lign. il n'y a pas encore trace de cartilage dans les rudimens du bassin et de extrémités; chez celui de 8 lign. l'humerus et le fémur ont pris un peu de consistance cartilagineuse; l'omoplate et le bassin forment des masses opaques et arrondies, la clavicule est fort grèle sans traces de cartilage.

§. 80. Aussitot que les os s'approchent du terme de leur évolution, l'air qui s'est borné jusqu'ici à remplir les huit poches pneumatiques de la cavité pectoro-abdominale, pénètre dans leur intérieur, de sorte que la pneumaticité augmente à mesure que les pièces osseuses marchent vers leur entier développement. Aussitot le développement terminé, les os commencent lentement à s'endurcir, à être de plus en plus privés de liquides, phénomène dont la marche est certainement aussi régulière que celle du développement dont nous venons de faire l'histoire, et sur laquelle on ne possède encore aucun document précis.

IIᵉ PARTIE.

HISTOIRE DU DÉVELOPPEMENT DE CHAQUE PIÈCE OSSEUSE EN PARTICULIER ET DESCRIPTION DE LEUR ÉTAT CHEZ L'ÊTRE ADULTE.

§. 81. Cette partie se subdivise naturellement en deux chapitres: 1 num. *développement et description des pièces osseuses qui naissent dans le tube supérieur, c'est-à-dire le crâne et la colonne vertébrale proprement dite,* et 2 num. *développement et description des pièces osseuses qui naissent dans le tube inférieur,* venant se réunir avec les précédentes et compléter ce que dans la philosophie de la nature on appelle, à tort, vertèbres;

nous lui imprimons le mot section afin d'éviter toute confusion qu'il pourrait y avoir avec les parties du squelette que les anciens anatomistes appelaient vertèbres.

Avant de commencer ces deux chapitres il faut, pour l'intelligence des faits que nous y allons exposer, que nous rappelions d'abord l'état général de la pneumaticité, ou du séjour de l'air dans les tissus et les cavités osseuses chez l'Oiseau, tel que je l'ai exposé dans mon mémoire qui s'imprime actuellement sur cette importante question physiologique et physique.

A. *DE LA PNEUMATICITÉ, OU DE L'INTRODUCTION, DU SÉJOUR ET DU MOUVEMENT DE L'AIR DANS LES TISSUS DU CORPS ET LES PHENOMÈNES QUI EN SONT LES CONSEQUENCES.*

§. 82. Parmi tous les agens physiques du milieu ambiant, l'air est celui dont l'influence sur l'organisation est la plus énergique. Chez l'oiseau cette influence, ou comme disait Cuvier, la quantité de respiration, ce qui revient au même, parvient à un très haut degré de développement. L'air entre par les deux narines, traverse les deux larynx, pénètre le poumon, perce cet organe dans des points non déterminés, entre dans la cavité pectoro-abdominale pour y remplir huit poches pneumatiques, situées de telle manière qu'elles entourent les organes les plus volumineux de cette cavité, et qu'elles amènent de l'air par des ouvertures particulières dans l'intérieur des os. Les huit poches pneumatiques dont j'ai donné la figure et la description, dans mon mémoire que je viens de citer, sont: *la poche pneumatique sousclaviculaire, la sousscapulaire, la pectorale, la sternale, la sous-costale, la sous-fémorale, l'abdominale* et enfin *la sacrée.* Pour fournir de l'air aux os des bras et des jambes qui, chez les bons voiliers, sont pneumatiques jusqu'aux dernières phalanges, la poche pneumatique sous-scapulaire envoie un prolongement au trou pneumatique de l'extrémité supérieure de l'humérus; l'air entre par ce trou, il sort par plusieurs petits trous sur la face interne de l'extrémité inférieure, remplit les cellules entre les muscles de l'articulation huméro-cubitale, et pénètre dans le cubitus et le radius par des petits trous placés irrégulièrement à l'extrémité supérieure de ces os. L'air sort du radius et du cubitus par des trous à leur extrémité inférieure et la même chose se répète dans l'articulation carpienne, comme nous l'avons vu se passer dans l'articulation huméro-cubitale. On peut en dire autant des extrémités inférieures avec la différence que jamais ces dernières ne présentent un état pneumatique aussi développé que dans les extrémités supérieures. Pour fournir de l'air aux vertèbres cervicales, la poche pneumatique pectorale envoie deux prolongemens tout le long du cou, placés dans les canaux latéraux de vertèbres.

§. 83. La tête présente une petite circulation aérienne particulière. Pour fournir de l'air aux os qui la composent, il se détache du courant de la respiration une petite quantité d'air qui traverse la trompe d'eustache, arrive dans la caisse du tympan; de là il pénètre par deux groupes de trous, ordinairement très distincts, l'un supérieur et l'autre inférieur, dans les os du crane et par le trou de Galvani, percé dans la paroi postérieure de l'antivestibulum, dans les cavités placées entre les canaux demi-circulaires.

§. 84. Enfin, je remarquerai que pour fournir de l'air à la machoire inférieure, la nature a produit chez tous les Oiseaux, un canal, membraneux chez les mauvais voiliers, et osseux chez les autres. Il se dirige de la caisse du tympan vers le trou pneumatique de la machoire

inférieure situé sur la face supérieure de son apophyse interne. Mr. Nitzsch, qui en a parlé le premier, là nomme *siphonium.*

§. 85. Tous les os des bons voiliers avancés en âge et qui ont vécu en liberté, sont privés de moëlle et remplis d'air. C'est à la suite de longues recherches que j'ai reconnu la nécessité de ces trois conditions. Les squelettes de nos collections d'anatomie comparée étant tirés pour la plupart d'Oiseaux qui ont vécu dans nos ménagéries, ne présentent jamais la pneumaticité bien développée; voila pourquoi les observations faites sur ces Oiseaux ne peuvent conduire qu'à des inductions erronées.

Aucun os, dans toute la série ornithologique, n'est exclu de la pneumaticité, de même qu'aucun os n'est constamment pénétré d'air chez tous les Oiseaux. Les variations à cet égard sont fort nombreuses, même chez les individus d'une seule espèce; elles dépendent de l'âge et des diverses conditions externes sous lesquelles ils ont vécu. Pendant la vie embryonnaire et avant que le jeune oiseau ait commencé à exercer le vol, l'air ne s'avance guère que dans les poches pneumatiques de la cavité pectoro-abdominale. La marche que prend l'air dans l'intérieur du corps présente une direction d'avant en arrière; d'abord c'est la poitrine seule qui reçoit l'air; ensuite ce fluide s'avance dans les extrémités et la queue. L'osselet de l'ouie est pneumatique chez tous les bons voiliers adultes; il présente un ou plusieurs trous aériens, à une ou à ses deux extrémités, et un canal dans son intérieur. Cette disposition exerce une influence notable sur l'audition de l'Oiseau, et rend cet osselet très léger.

Les Oiseaux de proie étant tous d'excellens voiliers, la pneumaticité parvient chez eux au plus haut degré de développement. Les gallinacées au contraire, d'un port lourd, pour la plupart mauvais voiliers et vivant ordinairement sur le sol, présentent généralement la pneumaticité peu développée. Elle l'est encore moins chez la plupart des palmipèdes et notamment chez les plongeurs. Chez le *Sphenicus demersus* elle est même tout à fait nulle. La pression de l'air pendant la loco-motion, notamment pendant le vol est une des causes principales de la pneumaticité en sorte que cette condition physique et organique fait de progrès, ou mieux l'air pénètre de plus en plus dans les diverses parties du corps, à mesure que l'Oiseau exerce ses fonctions aériennes.

§. 86. Le premier résultat de cette circulation de l'air dans l'intérieur du corps est de sécher la moëlle des os, et de faire évaporer les liquides qu'il rencontre sur son passage; ainsi se trouve expliquée cette grande pauvreté des fluides dans l'Oiseau adulte, la grande oxidation de tous les tissus de son corps, enfin la solidité et la légereté qui sont d'une si grande importance pour le vol. Cette circulation de l'air pouvant être considérée comme une seconde respiration qui a beaucoup de rapport avec celle qui s'opère chez les insectes par les trachées, je lui ai imprimé le nom *de respiration trachéenne* afin de la distinguer de l'autre portion qui a lieu dans les poumons, et qui constitue *la respiration pulmonaire.* Une conséquence de cette grande respiration à laquelle on ne fait pas attention et que je cite précisément à cause de cette négligence, c'est le chant si magnifique et si continue de certains Oiseaux qui ne pourrait pas être si fort et si soutenu, et cela sans fatigue apparente, chez un animal aussi petit que le rossignol, par exemple, si le grand développement de la respiration n'amenait pas dans le corps un volume immense d'air.

B. *DIVISION DU SQUELETTE EN 8 RÉGIONS.*

Rien n'est plus important en Ostéologie que la division naturelle du squelette fondé sur son développement et sur la fonction du système nerveux qu'il renferme.

§. 87. Voyons d'abord comment chez l'homme, le type universel de toute comparaison animale, la colonne vertébrale est subdivisée. Guidés par le principe fondamental de toute division anatomique, le fonctions du système nerveux, nous voyons qu'il y a d'abord deux parties. 1 num. *la tête* siège des organes des sens et de la portion du système nerveux qui les vivifie, et 2 num. *tout le reste du corps* renfermant l'autre partie du système nerveux qui vivifie le cinquième sens, commun à toute la surface du corps.

§. 88. Cette seconde partie doit nécessairement se subdiviser encore selon les systèmes d'organes qui vivifie la partie du système nerveux qu'elle renferme. En se tenant également pour cette seconde subdivision aux organes des sens connus les plus importans dans l'organisme, nous voyons que le sens, commun à toute la surface du corps, le toucher, se trouve confié cependant plus spécialement à deux organes; les mains et les pieds, et qu'il y a certaines vertèbres qui laissent échapper les nerfs qui vont les vivifier. Ce sont les trois dernières vertèbres cervicales et les deux premières vertèbres dorsales, portant les deux premières côtes qui laissent échapper les nerfs pour le bras, et les cinq vertèbres lombaires pour les extrémités inférieures.

Outre ces deux régions vertébrales, les vertèbres brachiales et les vertèbres lombaires pour la jambe, il y a encore cinq vertèbres abdominales qui portent les fausses côtes, cinq vertèbres sacrées et cinq vertèbres coccygiennes, mais dont la dernière n'est qu'un tubercule cartilagineux. Dans la partie supérieure de la colonne nous avons au cou des vertèbres qui envoient des nerfs au larynx, à la trachée artère et à la glande thyroïde: leur nombre est également de cinq; car en examinant bien la seconde vertèbre du cou, ou l'epistropheus, on y remarque de plus les autres vertèbres, un prolongement dentaire en avant, qui se forme par un point d'ossification à lui propre, assez longtemps séparé du reste de la vertèbre, et qui n'est effectivement qu'une vertèbre rudimentaire se soudant avec l'épistropheus pour former avec lui une vertèbre complèxe.

Il nous reste maintenant encore dans toute la colonne vertébrale cinq vertèbres dorsales, portant les cinq dernières paires des côtes sternales. Nous voyons donc que chez l'homme la colonne vertébrale se divise en huit régions ou étages: 1 num. *les vertèbres encéphaliques*, quatre; 2 num. *vertèbres cervicales*, cinq; 3 num. *vertèbres brachiales*, cinq; 4 num. *vertèbres pectorales*, cinq; 5 num. *vertèbres abdominales*, cinq; 6 n. *vertèbres*

lombaires, cinq; 7 num. *vertèbres sacrées*, cinq; 8 num. *vertèbres coccygiennes*, cinq.; en tout *trente neuf vertèbres*.

§. 89. Dans cette subdivision de la colonne vertébrale que je regarde, avec Mr. Oken (consult. *Oken* hist. nat. pour tous les états, vol. IV. p. 163 et suiv. 1836) comme la plus rationnelle et la seule naturelle, il n'y a rien qui pourrait choquer l'esprit même le plus empirique, si ce n'est d'avoir rangé les deux vertèbres, de qui partent les deux premières côtes, dans la région brachiale. Mais il faut considérer que les nerfs, auxquelles elles donnent passage, se rendent au bras; que les artères pour les côtes qu'elles portent proviennent de l'aorte ascendante, et même de l'artère brachiale, et non pas de l'aorte descendante, comme cela a lieu pour les autres côtes; que les veines de ces deux côtes, au moins toujours celles de la première paire ne se rendent pas dans la veine impaire qui reçoit le sang des autres paires, mais vont se rendre en haut dans la veine brachiale.

On voit qu'il y a là assez de faits pour démontrer que ces côtes ne sont pas de même nature que les autres, quoi qu'elles aient la même forme et qu'elles appartiennent pour l'empirique à la même division: mais elles en sont au contraires essentiellement distinctes pour le physiologiste philosophe, qui pénètre plus loin dans la nature intime des organes.

§. 90. On voit donc que rien n'est plus précis que les subdivisions que la nature a faites dans la série vertébrale, que bien loin d'une juxtà position arbitraire la nature a classé les vertèbres d'après des lois constantes et une symmétrie admirable. Chaque région a sa signification et sa fonction principale a elle propre. De ce moment rien n'est plus arbitraire que l'ancienne division de la colonne vertébrale en vertèbres cervicales, pectorales, dorsales, lombaires, sacrées et coccygiennes.

§. 91. Tout le reste du squelette appartenant par sa naissance au tube primitif inférieur, constitue les os de la face, les côtes, les extrémités et les os du bassin. Parmi eux les extrémites antérieures correspondent dans toutes leurs parties aux extrémités postérieures. C'est depuis bien longtemps qu'on sait que l'humerus correspond au femur, le cubitus au tibia &c., mais ce n'est que dans ces derniers temps qu'on s'est aperçu que les trois parties de l'os iliaque, l'iléum, l'ischion et le pubis, correspondent aux trois parties primitives de l'omoplate, le corps, l'épine et l'apophyse coracoïde. Je ne poursuivrai pas plus loin la comparaison des pièces osseuses naissant dans le tube inférieur. Nous verrons plus tard comment ces pièces se joignent à celles du tube supérieur pour former les sections.

§. 92. Voila ce que nous trouvons chez l'homme. Voyons maintenant comment ce type parfait de l'homme se modifie chez la corneille. Le nombre des régions est également *huit*, mais les sections sont autrement et moins régulièrement distribuées parmi les régions. Le cou surtout a pris un développement prédominant et la poitrine s'est agrandie aux dépens de l'abdomen. C'est précisement dans ces oscillations dans la distribution des mêmes organes que consiste le caractère le plus essentiel des animaux, leur dégré d'organisation ou leur plus ou moins de compléxité de composition. Lorsqu'un organe devient rudimentaire à cause d'un autre qui a pris un grand développement, ou bien qu'il vient à manquer totalement cela ne produit point chez l'animal une imperfection d'organisation; chaque animal, quelque soit la simplicité de sa constitution, est toujours parfait pour ce qu'il est, comme le célèbre Cuvier l'a tant de fois repété. Il faut même bien concevoir que c'est là en quoi consiste le caractère essentiel qui lui a été assigné dans la série des êtres.

§. 93. Les vertèbres encéphaliques sont chez la corneille au nombre de quatre, comme chez l'homme; mais celles des autres sept régions vertébrales, au lieu de compter régulièrement 5 pour chacune de ces régions, sont distribuées de la manière suivante. — II. *région cervicale* 9; III. *région brachiale* 8; IV. *région pectotorale* 5; V. *rég. abdominale* 3; VI. *rég. lombaire* 4; VII. *région sacré* 7; VIII. *région coccygienne* 7; en tout 42.

Nous allons maintenant commencer la naissance et la description des pièces osseuses de chaque section. D'abord celles qui naissent dans le tube supérieur, formant le crâne et la colonne vertébrale proprement dite, et ensuite celles du tube inférieur.

I. NUMÉRO.

DÉVELOPPEMENT ET DESCRIPTION DES PIECES OSSEUSES QUI NAISSENT DANS LE TUBE SUPÉRIEUR; C'EST-A DIRE: LE CRANE ET LA COLONNE VERTÉBRALE PROPREMENT DITE.

I.
RÉGION ENCÉPHALIQUE.

I. *SECTION* (VERTÈBRE) *NASALE.*

§. 94. Elle est la première de la série, c'est pourquoi nous la citons ici; mais comme elle prend naissance dans le tube inférieur nous en parlerons un peu plus tard.

II. *SECTION* (VERTÈBRE) *FRONTALE.*

§. 95. La portion supérieure ou cranienne de cette Section, celle qui nait dans le tube supérieur, et de laquelle seule il peut être question ici, se compose: de la partie antérieure du sphenoïde (rostrum sphænoïdale) qui constitue le corps, et des frontaux formant les deux arcs supérieurs de cette section. Elle renferme les deux grands hémisphères cérébraux et la partie qui vient s'ajouter à cette section naissant dans le tube inférieur, laissant échapper le nérf lingual, et renferme la principale partie de l'organe de la gustation.

DU FRONTAL. (OS FRONTIS.)

Il est représenté pl. IV. f. 29 4. pl. II. f. 8. de côté. f. 9. en haut, f. 18. sur sa face interne. On y distingue trois parties:

1) partie frontale *α.* f. 18.
2) partie antérieure ou orbiculaire *η.* f. 8. 9 et 18.
3) portion postérieure et antérieure *δ.* f. 8.

Deux ouvertures pour le passage du nerf optique *ε. ε.*
Deux concavités pour la réception des grands hémisphères cérébraux *α. α.* f. 18. Deux crêtes entre ces deux concavités *β.* f. 18, trou pour la sortie du nerf olfactif *τ.* f. 18.

---

§. 96. Cet os fort large occupe chez la corneille presque toute la face supérieure du crâne, et sert à protéger principalement les grands hémisphères cérébraux et l'organe de la vision. Chez l'embryon il commence son ossification vers le treizième jour d'incubation; c'est sa portion externe celle qui forme le bord supérieur de l'orbite, qui se solidifie la première. De là l'ossification s'étend très lentement vers la ligne médiane du crâne, où elle se termine vers le quarantième ou cinquantième jour de la jeune corneille, par la soudure intime des deux frontaux. Ils sont séparés encore des nasaux et des palatins, chez le poulet, du cent vingtième au cent quarantième jour.

§. 97. Chez l'homme l'ossification du frontal commence également sur le bord orbitaire dans les deux mois de la grossesse d'après J. F. MECKEL (anat. de l'homme. II. p. 119), BECLARD (anat. gén. trad. par Cerutti 1823. p. 162) et NICOLAÏ (descript. des os du fœtus hum. 1829. p. 9) et d'après NESBITT (ostéolog. trad. par Greding 1753. p. 32) et SENFF (nonnulla de incremento ossium embryonum Hal. 1801. p. 19). Vers le commencement de la troisième semaine l'ossification marche rapidement surtout sur le bord de l'orbite. (Voy. les œuv. de *Nicolaï* p. 11 et de *Senff* p. 20 déja cité. WEBER dans l'anatomie *d'Hildebrandt* II. p. 57. et SÖMMERRING organism. du corps de l'homme I. p. 103.) La fissura supraorbitalis est d'abord une petite fente dirigée de bas en haut et de dedans au dehors. Le processus nasalis est déja osseux dans le quatrième mois. L'incisura ethmoïdalis et le processus zygomaticus deviennent apparents au quatrième mois. (Conf. Danz. dissect. du fœt. I. p. 201, et les autres précédamment cités.) Les cavités frontales n'existent pas même encore chez l'enfant nouveau-né; la fossa lacrymalis existe déja vers la fin du troisième mois, mais elle se développe surtout vers le septième et le huitième mois. (Voy. aussi KERKRING osteogenia fœtuum p. 215, 217. RITGEN fragmens d'une physiologie de l'homme p. 177. VALENTIN l. c. p. 225.)

§. 98. Chez la corneille adulte le frontal présente une partie postérieure large (pars frontalis) et une autre antérieure plus mince formant la partie supérieure de l'orbite (pars orbitalis superior): Cette dernière portion touche en avant à la lame horizontale et à la lame verticale de l'ethmoïde, aux os propres du nez, et au lacrymal. La réunion des frontaux avec la machoire supérieure permet aux mandibules supérieures d'exécuter un petit jeu de mouvement sur le crane à cause de la minçeur et de l'élasticité des os qui concourent à cette réunion. Vers l'extérieur cette portion des frontaux forme tout le bord supérieur de l'orbite et constitue avec le pariétal l'apophyse orbiculaire commune à ces deux os. En arrière le frontal touche au pariétal. Outre ces deux portions l'os dont il s'agit présente encore une troslème portion formant une lame osseuse qui constitue la paroi postérieure de l'orbite (pars orbitalis posterior seu inferior) et sert à séparer cet orbite de la cavité cranienne; elle présente une grande ouverture fermée seulement par deux membranes, et une autre plus petite pour le passage du nerf optique.

La face supérieure des frontaux (pl. II. f. 9. *a*) lisse, convèxe tendant à s'aplanir en avant. Sa face interne présente deux concavités latérales réceptacles des deux grands hémisphères qui indiquent par leur surface lisse l'absence presque complète de sinuosités cérébrales. Ils sont séparés l'un de l'autre par une crète très saillante. Plus en avant et sur la face supérieure de la portion orbiculaire de l'os se trouvent les trous pour le passage du nerf olfactif, percés dans un point correspondant à la lame criblée chez l'homme. Le frontal reçoit l'air qu'il renferme de la baisse du tympan par l'intermédiaire des pariétaux; sa texture est celluleuse dans l'intérieur avec deux lamelles osseuses minces l'une à la face externe l'autre à la face interne; il a 4 centimètres de longueur et $3\frac{1}{2}$ de largeur.

III. *SECTION* (*vertèbre*) *PARIÉTALE*.

§. 99. La portion cranienne de cette troisième section se compose de la partie postérieure du sphénoïde qui en forme le corps et des pariétaux qui en constituent les arcs supérieurs. Elle forme une voute très développée qui renferme la partie postérieure du cerveau et une portion du cervelet. Nous parlerons plus tard de la partie inférieure qui nait dans le tube inférieur.

DU SPHENOIDE.
(OS SPHENOIDALE SEU MULTIFORME, SEU POLYMORPHON.)

Représenté pl. IV. f. 29. *e.*, pl. II. f. 8. *d.* f. 10. *d.* vu d'en bas; et f. 26, il est représenté isolément vu sur la face interne, et pl. III. f. 25, il est scié selon sa ligne médiane. Il se compose de deux parties.

1) Le rostrum sphenoïdale f. 26 *d.*
2) Des deux ailes (alæ sphenoïdales) *d.* pl. II. f. 10. *a.* pl. III. f. 26.

Sur sa face inférieure ou externe on remarque deux ouvertures pour la sortie de la première branche de la cinquième paire *τ.* pl. II. f. 10. et une autre ouverture pour la sortie de la trompe d'eustache *π.* de la même fig. la face supérieure ou cervicale de l'os montre pl. III. f. 26. Les deux concavités latérales pour les hémisphères cérébraux *α. α.*, et les deux autres concavités plus profondes pour les couches optiques. *β.* Enfin une troisième cavité pour la reception de la tubérosité cérébrale.

---

§. 100. C'est l'os le plus interne de la tète qui se trouve en rapport avec toutes les pièces osseuses du crane dont il occupe la partie inférieure, servant à porter le cerveau, les couches optiques, à former une partie de la paroi postérieure de l'orbite et principalement pour réunir le crane avec les os de la face à l'aide de son rostrum.

Cet os nait chez le poulet vers le treizième jour d'incubation, par plusieurs points d'ossification dont un pour son rostrum, un pour chacune de ses ailes, un pour chacune des lames qui forment la concavité qui reçoit les hémisphères cérébraux ét un pour chacune des cavités qui contiennent les couches optiques, ce qui fait au moins sept points d'ossification pour cet os compliqué.

§. 101. Chez l'homme l'ossification commence dans les trois premiers mois, d'après NESBITT (l. c. p. 53), MECKEL (l. c. p. 620), RITGEN (l. c. p. 163), NICOLAÏ (l. c. p. 13) et d'après BURDACH (phys. II. p. 144) dans les quatre premiers mois. Il se forme d'abord un point d'ossification dans chacune des grandes ailes; vers le commencemment du quatrième mois paraissent les deux points d'ossification pour les petites ailes. Le corps de l'os se forme, d'après NESBITT, KERKRING et VALENTIN par deux points d'ossification vers la fin du quatrième mois (l. c. p. 53) son ossification marche très rapidement dans la partie inférieure pendant le cinquième mois. Il s'élargit postérieurement et le six: il augmente beaucoup en longueur; mais il ne se réunit avec l'occipital qu'après la naissance. Tout le sphénoïde se forme ainsi par huit à neuf points d'ossification qui croissent rapidement. Outre les ouvrages déja cités consultez encore SÖMMERRING (p. 53), DANZ (p. 204), SENFF (p. 30. 31), OBERKAMPF (anat. fœt. p. 41) RITGEN (p. 168. 171) et E. H. WEBER (p. 74. 75).

§. 102. Cet os très compliqué se compose chez la corneille de deux parties principales, le rostrum, qui forme le corps et les deux ailes correspondant aux deux grandes ailes du sphénoïde de l'homme (alæ laterales majores), qui chez les jeunes individus sont séparées du corps. Ce qui le distingue le plus de celui de l'homme, c'est cette longue apophyse antérieure (le rostrum) qui sert de support à la lame verticale de l'ethmoïde. Sur les deux côtés du rostrum viennent s'appliquer les palatins en opérant un mouvement de glissement sur le rostrum. En arrière le sphénoïde est en rapport avec le basilaire. Sur les deux cotés du sphénoïde, tout près de sa réunion avec les palatins on remarque deux trous qui forment l'ouverture du canal par lequel passe la première branche de la cinquième paire; à coté de ces trous et plus vers la ligne médiane se voient deux autres qui constituent l'entrée de la trompe d'eustache. La grande ouverture pour la sortie du nerf optique, et les deux petites à coté de lui pour le passage de la troisième et de la quatrième paire, sont percée en partie dans le sphénoïde.

La face interne et supérieure de l'os fait voir une concavité correspondant à la *sella turcica* de l'homme; puis deux concavités déja citées dans l'explication des figures et enfin des prolongemens analogues aux processibus clinoïdeis anterioribus, mediis et posterioribus de l'homme dont le dernier surtout est saillant et se terminant sur les deux côtés par une crète tranchante qui forme la limite postérieure des deux concavités pour les couches optiques. Le sphénoïde se compose comme tous les os du crâne et la plupart de la tête de diploë compris entre deux lamelles minces, serrées, solides. Il est très pneumatique, surtout le rostrum; l'air lui arrive de la cavité du tympan par communication avec le temporal.

DU PARIÉTAL. (OS PARIETALE.)

Il est représenté pl, IV. f. 29. *b*. pl. II. f. 8. *b*. pl. I. f. 2. *b*. Il se compose se deux grandes portions latérales pl. I. f. 2. *β. β*. et de deux apophyses latérales même pl. *φ. φ*.

§. 103. On trouve cet os très large et mince sur la partie supérieure et postérieure du crâne où il protège la partie correspondante du cerveau et du cervelet.

Le pariétal commence sa ossification qui s'opère très lentement vers le dix neuvième et le vingtième jour d'incubation par un point d'ossification situé sur la partie la plus élevée et la plus externe de l'os. De là l'ossification s'étend en rayonnant vers la périphérie de l'os et se termine sur la ligne médiane par la soudure des deux pariétaux. Ce qui a lieu chez le poulet vers le cent vingtième ou cent trentième jour de son jeune âge, époque où ils se soudent aussi avec le frontal.

§. 104. Chez l'homme ils commencent à s'ossifier dans la douzième semaine d'après SENFF (l. c. p. 22). NICOLAI (l. c. p. 9) a vu des points osseux isolés déja dans la neuvième semaine. Dans le troisième mois la plus grande partie est déja ossifiée; le foramen parietale est petit pendant toute la vie embryonnaire. L'ossification rayonnante qui se manifeste, du centre vers la périphérie, dans tous les os plats est la plus distincte dans les pariétaux.

§. 105. Chez la corneille adulte cet os offre une forme carrée, convèxe à l'extérieur, concave à l'intérieur; sa face externe est parfaitement lisse; l'interne offre de petits canaux provenant non pas des sinuosités du cerveau, mais de ramifications vasculaires. Cet os est en rapport en avant avec le frontal, en arrière avec l'occipital et le temporal. Il est si intimement réuni avec ces os qu'il me parait en former qu'un seul. Il reçoit son air de la cavité du tympan par communication cellulaire avec les autres os du crâne; sa hauteur est de un centimètre un dixième, sa largeur est de 4 centimètres.

IV. SECTION (VERTÈBRE) OCCIPITALE.

§. 106. C'est la dernière des sections de la tête dont elle occupe la partie postérieure; elle se compose du basilaire qui en constitue le corps, et des pariétaux formant les arcs supérieurs. C'est, avec les pièces qui lui arrive du tube inférieur, la plus compliquée des sections encéphaliques; sa direction encore verticale chez les poissons et les reptiles devient tellement oblique chez la corneille qu'elle forme avec l'axe longitudinal de la tête un angle d'à peu près 45 degrés.

DU BASILAIRE. (OS BASIS, JACQ.)

Représenté pl. II. f. 10. *c'*, et f. 15, *j*, et enfin f. 15, on distingue dans cet os le condyle bâsilaire f. 10. *z*. Puis une concavité au dessous de ce condyle pl. I. f. 2. *c*. Enfin une lame large, mince, pl. II. f. 10. *c'*.

§. 107. Cet os occupe la bâse du crane. Il nait chez le poulet par plusieurs points d'ossification dont deux pour

les parties latérales, et deux pour le condyle bâsilaire, vers le dix huitième jour d'incubation; et termine son ossification vers le cent trentième jour.

§. 108. Chez l'embryon de l'homme, le bâsilaire s'ossifie vers la dernière moitié du troisième mois (V. *Senff* l. c. pl. II. f. 14), mais il ne se réunit avec l'occipital et le sphénoïde que vers la quinzième semaine, en même le sixième mois. Le processus occipitalis et la linea semicircularis superior, sont les plus saillans pendant les quatre premiers mois.

§. 109. Chez la corneille cet os est séparé de l'occipital par une gouttière profonde dirigée de la caisse du tympan vers le trou occipital, dans laquelle on distingue les ouvertures par lesquelles s'échappent la cinquième et la sixième paires; le condyle bâsilaire, reçu par l'atlas, étant unique, et placé sur la ligne médiane, il devient possible à l'oiseau de faire éxécuter à sa tête un mouvement de rotation presque complet. Le reste de la surface externe du bâsilaire est lisse, pourvu de deux tubercules convèxes et de plusieurs autres rugosités destinées à faciliter l'insertion des muscles nombreux auxquels elle donne attache. La face interne du bâsilaire présente une concavité pour recevoir le cervelet. Le bâsilaire renferme dans son intérieur plusieurs parties qui toutes ont été representées pl. II. f. 16.

1) La trompe d'eustache (*α. α*.). 2) Au dessous de cette trompe un canal osseux (*β*.) pour le passage de la première branche de la cinquième paire, et enfin 3) un petit tubercule arrondi, le limaçon de l'oreille interne: le reste de l'intérieur de cet os offre de grandes cellules remplies d'air qui lui arrive de la cavité tympanique par sa communication avec le sphénoïde. Il a $1\frac{3}{10}$ centm. de long. et $1\frac{7}{10}$ de larg.

DE L'OCCIPITAL. (OS OCCIPITALE.)

Il est représenté pl. IV. f. 29. *c*. pl. III. f. 25. *c*. pl. II. f. 8. *c*. f. 10. *c*. f. 15, sur la face interne. Enfin pl. I. f. 2. *α*. On y distingue les deux protubérances, *a*. pl. II. f. 10. *a. a*. et deux dépressions superficielles latérales pl. I. f. 2. *α. α*. séparées par une crête le long de la ligne mediane *c*.

§. 110. On trouve cet os sur la face postérieure et un peu inférieure du crane où il sert à garantir le cerveau et le cervelet et à donner attache à de nombreux muscles rotateurs de la tête sur le cou.

L'occipital nait chez le jeune poulet vers le treizième jour d'incubation par deux points d'ossification pour les deux protubérances et un peu plus tard par deux autres placés plus près de la ligne médiane pour la crête moyenne. Le bord inférieur et latéral de l'occipital celui qui constitue la paroi postérieure de la cavité tympanique se forme aussi par un point d'ossification particulier qui s'étend aussi de ce bord vers la circonférence, de sorte qu'on compte six points primitifs pour cet os large et étendu.

§. 111. Chez l'homme l'ossification de l'occipale commence par deux points dans la protuberantia occipitalis externa vers la fin du 2ème mois d'après NICOLAÏ (l. c.

pl. I. p. 10), et dans la dixième semaine d'après Senff (l. c. p. 24) et J. Meckel (add. à l'ant. comp. I. ch. 2. p. 36). Au dessus des protubérances il se forme bientôt après deux autres points osseux qui se réunissent avec les premiers; quelquefois il se forme encore deux points d'ossification dans la partie écailleuse, qui, ordinairement, ont déja disparu avant le milieu du quatrième mois; lorsque cet état reste permanent il se forme ce qu'on appelle des Ossa Wormiana.

§. 112. Chez la corneille adulte, toutes les parties élémentaires de l'os sont intimement réunies entre elles et avec les autres os élémentaires du crâne, l'occipital forme une lamelle osseuse mince et très étendue dont la portion inférieure recouvre en arrière le rocher avec les canaux demi circulaires et les autres parties osseuses de l'oreille interne; il est percé par le grand trou occipital, pour la sortie de la moëlle allongée; au dessus de se trou s'élève la crête, sur les deux cotés de laquelle s'enfoncent les dépressions latérales; l'occipital est séparé du pariétal par la ligne demi circulaire (linea semicircularis) qui s'étend tout le long de la ligne de démarcation entre ces deux os et le temporal, et se termine en bas par l'apophyse occipital qui forme un disque demi-circulaire lequel disque constitue le bord et la paroi supérieure de la caisse du tympan. La face interne de l'occipital representée pl. II. f. 15 offre une concavité β. pour le cervelet, et deux surfaces lisses α. α. qui s'appliquent sur la partie supérieure des grands hémisphères cérébraux.

Cet os a deux centimètres de hauteur, 3½ de largeur. Il reçoit l'air qui le pénètre immédiatement de la cavité tympanique.

II.
RÉGION CERVICALE.

§. 113. Cette region et beaucoup plus simple que la précédente n'étant composée presque que de pièces osseuses qui naissent dans le tube supérieur. Elle occupe la partie supérieure et fort étendue du col et se compose de neuf sections (vertèbres) caractérisées ainsi que toute la région par leur fonction qui est d'envoyer des nerfs au larynx, à la trachée artère et à la glande thyroïde. C'est avec la région précédente la première de tout le squelette qui prend naissance déja vers les douzième et treizième jours d'incubation chez le poulet.

5. sect. ou 1. section de la 2. région: formée par *l'atlas.*

Elle est représentée pl. IV. f. 29. *l.* et pl. I. f. 4 α. On y distingue le corps β. et l'arc supérieur δ.

---

§. 114. On trouve cette section immédiatement derrière la tête où elle sert à recevoir le condyle basilaire et à porter toute la tête.

C'est de toutes les sections de cette région la dernière qui prend naissance vers le quatorzième et quinzième jour chez le poulet par deux points d'ossification pour le corps, un de chaque côté. Les deux autres, pour l'arc supérieur, se forment plus tard.

Quant à l'homme voyez ce que nous avons dit paragraphe 45.

Chez la corneille adulte cette petite section ou vertèbre présente deux faces articulaires profondes qui percent presque entièrement son corps, une en avant et l'autre en arrière, la première pour recevoir l'apophyse basilaire et la seconde pour recevoir l'apophyse dentaire de la seconde section cervicale. C'est la seule vertèbre qui ne contienne pas d'air, ou au moins très peu.

6. sect. ou 2. section de la 2. région: formée par *l'epistropheus.*

Elle est représentée pl. IV. f. 29. *o.* et planch. I. f. 4. *p.* On y distingue le corps pl. I. f. 4. Un apophyse dentaire, et étroit, apophyse supérieur *e.*

---

§. 115. Cette section (vertèbre) nait chez le poulet comme les autres vertèbres cervicales vers le treizième jour d'incubation, par deux points d'ossification pour son corps, et **par un point d'ossification particulier pour l'apophyse dentaire qui forme, à bien prendre les choses, une section à elle seule.**

Les autres points d'ossification pour les apophyses se forment plus tard. Quant à l'homme voyez ce que nous avons dit paragraphe 45.

Chez la corneille adulte l'epistropheus à une forme fort différente des autres sections de sa région; son corps est petit, et ses trois apophyses sont fort développées, l'une supérieure et les deux autres latérales s'articulant avec la section suivante. L'apophyse dentaire se réunit avec le corps vers la fin de la vie embryonnaire, et même quelquefois pendant les premiers jours du jeune âge du poulet. Les articulations dans lesquelles il entre avec les sections entre lesquelles il est placé, permettent à cette région beaucoup de mobilité.

7. 8. 9. 10. 11. 12. 13. sect. ou 3. 4. 5. 6. 7. 8. 9. sections de la 2. région.

Elles sont représentées pl. IV. f. 29, seconde région.

---

§. 116. Nous décrirons ensemble toutes ces sections parceque le peu de différence qu'elles offrent ne permette pas de les considérer isolément.

La troisième et la quatrième section (vertèbre) se distingue des autres par une apophyse inférieure très développée. La troisième, la quatrième, cinquième, sixième, et septième présentent un petit apophyse supérieur qui n'éxiste pas sur les autres. Les apophyses latérales antérieures commencent avec la troisième et éxistent sur toutes les vertèbres proprement dites jusqu'à la dernière abdominale. Il est pourvu dans la troisième, la quatrième, cinquième, sixième, septième, huitième et neuvième d'un appendice mince, petit, allongé, dirigé d'avant en arrière et de haut en bas qui constitue une petite côte rudimentaire analogue aux côtes de la région pectorale et abdominale; c'est avec cette troisième section que commence le canal latéral pour le passage de l'artère vertébral, et qui traverse les apophyses latérales antérieures. Les apophyses latérales postérieures sont surtout developpées dans la cinquième, la sixième, la septième et la huitième section. C'est encore avec cette troisième section cervicale que commence bien manifestement l'introduction de l'air dans la colonne vertébrale, proprement dite; ce qui a lieu depuis cette vertèbre jusqu'à la toute dernière coccygienne par plusieurs trous pour chaque section, percés dans le corps de la vertèbre, le plus souvent caché dans le canal vertébral. L'air pour la région cervicale provient des poches sous-scapulaires qui envoient un prolongement membraneux, tout le long des canaux latéraux des corps vertébraux.

L'articulation de ces vertèbres les unes avec les autres est très solide et permet en même temps un grand jeu de mouvement, surtout pour les premières quatre à cinq sections. Les nerfs de la région cervicale et de toutes les autres s'échappent toujours par des ouvertures laissées entre les sections sur les deux faces latérales.

III.
RÉGION BRACHIALE.

§. 117. Elle se compose chez la corneille de trois sections seulement laissant échapper les nerfs brachiaux. Cette région est aussi simple que la précédente, à la suite de la quelle elle est placée, n'étant composée comme elle que de pièces osseuses qui naissent dans le tube supérieur. Elle occupe la région inférieure du cou, immédiatement en avant de la poitrine.

Elle est représentée pl. IV. f. 29, 3. région.

14. 15. 16. SECT. ou 1. 2. 3 SECTIONS, de la 3. RÉGION.

Elle est représentée pl. IV. f. 29. pl. III. f. 18.

§. 118. Nous décrivons ces trois sections ensemble parceque les différences sont trop minimes pour être considérées isolément. Elles sont toutes trois courtes, ramassées, surtout la dernière, et se distinguent essentiellement des vertèbres cervicales par une lapophyse inférieure très développée. Leurs apophyses latérales antérieures augmentent de développement en se rapprochant de la poitrine. Les rudimens des côtes qu'elles portent s'agrandissent dans le même sens. Ce sont ces trois sections qui forment la courbure postérieure de la région inférieure du cou. Toutes sont très boursoufflées d'air qui leur arrive de la même source et de la même manière que pour les vertèbres cervicales. Chez le poulet elles naissent un peu plus tard que les vertèbres cervicales, vers le quatorzième et le quinzième jour d'incubation.

Quant à l'homme voyez ce que nous avons dit §. 45.

IV.
RÉGION PECTORALE.

Elle est représentée pl. IV. f. 29, 4. région.

§. 119. Cette région composée de cinq sections (vertèbres) occupe la partie antérieure de la poitrine, et porte les cinq premières paires de côtes. Elle laisse échapper les nerfs pour les organes de la respiration.

Chez le poulet elles naissent encore un peu plus tard que la région brachiale vers le seizième et le dix septième jour d'incubation par un point d'ossification pour le corps et par deux autres pour les apophyses latérales qui se forment plus tard. [1]

Quant à l'homme voyez ce qui été dit §. 45.

17. 18. 19. 20 et 21 SECT. ou 1. 2. 3. 4 et 5. SECTIONS, de la RÉGION *pectorale.*

§. 120. Nous décrivons ensemble ces cinq sections, parceque le peu de différence qu'elles offrent ne nous permettent pas de les considérer à part.

Chez la corneille adulte ces sections se distinguent des précédentes par leur épine dorsale, qui encore petite sur la 1ère et la 2ème ne parvient à tout son développement que sous la 4ième et la 5ème ou elles sont très larges, et quelquefois soudées ensemble par des ligamens osseux chez les vieux individus: Les trois premières portent des apophyses inférieures fort développées. Leurs apophyses latérales antérieures sont fort allongées, surtout sur les antérieures. Les apophyses latérales, postérieures au contraire sont petites. Toutes ces vertèbres sont très pneumatiques, et reçoivent l'air immédiatement de la cavité pulmonaire. Nous parlerons plus tard des côtes aux quelles elles donnent attache, parce qu'elles prennent naissance dans le tube inférieur.

V.
RÉGION ABDOMINALE.

Elle est représentée pl. IV. f. 29, 5. région.

§. 121. Cette région fort restreinte chez la corneille se compose de trois sections seulement qui portent les trois dernières paires de côtes. Elle est placée à la suite de la région précédente, et nait chez le poulet un peu plus tard qu'elle vers le dix septième ou dix-huitième jour d'incubation, elle laisse échapper la plupart des nerfs renfermés dans la cavité abdominale.

Quant à l'homme voyez encore ce que nous avons dit §. 45.

---

1 Je pense que les trois premières de ces sections celles qui ont de plus une apophyse inférieure, naissent aussi avec un point d'ossification de plus, propre à cet apophyse, comme cela a lieu, je crois, pour les trois sections de la région pécédente qui sont également pourvues de cet apophyse inférieur: Je pense aussi que l'apophyse supérieure ou l'épine dorsale des sections pectorales et des sections abdominales dont nous parlerons tout-à-l'heure ont un point d'ossification qui leur est particulier: de sorte que le nombre de points d'ossification des vertèbres proprement dites, serait très varié dans les différentes régions, selon le nombre variable des apophyses de chaque section.

De la **22. 23. 24. sections** ou **1. 2. 3. sections**
de la région *abdominale.*

Ces trois sections offrent tous les caractères que présentent les deux dernières sections de la région pectorale. La dernière seule en diffère un peu par son apophyse latérale antérieure qui est très élargi et très développé. L'air leur arrive de la poche pneumatique sous fémorale qui envoie des prolongemens vers ces sections et pénètre dans leur intérieur par des trous percée comme à l'ordinaire dans le corps de ces sections.

VI.

RÉGION LOMBAIRE.

Elle est représentée pl. IV. f. 29. 30, 6. rég., et pl. III. f. 23, 6. région, vu dans l'intérieur, le bassin étant scié suivant sa ligne médiane.

§. 122. Cette région placée à la suite de la précédente se compose de quatre sections destinées à laisser échapper les nerfs pour les extrémités inférieures.

Elles naissent chez le poulet très tardivement vers le dix huitième et dix neuvième jour d'incubation.

Quant à l'homme voyez ce que nous avons dit §. 45.

De la **25. 26. 27. 28. sections** ou **1. 2. 3. 4. sections**
de la région *lombaire.*

§. 123. Chez la corneille adulte ces quatre sections sont très intimement liées ne formant qu'un seul os dans leur partie inférieure, sur lequel viennet s'appliquer à l'extérieur la lame mince de l'Ilium. Chacune de ces sections est composée d'un corps qui augmente de volume d'avant en arrière, intimement réunies les unes avec les autres, et d'une apophyse antérieure mince, large, allongée: toutes les autres apophyses leur manquent. Le corps est traversé par un canal qui augmente de volume de la première jusqu'à la dernière où il est le plus volumineux, ainsi que la moëlle qu'il renferme.

Ces vertèbres percées d'un grand nombre de trous aëriens placés entre leurs apophyses latérales recoivent l'air de la poche pneumatique sacrée qui envoie des prolongemens membraneux entre ces apophyses.

§. 124. On connait la grande confusion qui éxiste entre les auteurs à l'égard du nombre des vertèbres lombaires et des vertèbres sacrées. Mr. Tiedemann (anat. physiol. des Ois.) confond les vertèbres de ces deux régions l'une avec l'autre, Meckel et Cuvier les distinguent bien, mais ils diffèrent beaucoup par le nombre des vertèbres qu'ils accordent à l'une et à l'autre de ces régions.

VII.

RÉGION SACRÉE.

Elle représentée pl. III. f. 23, 7. rég.; pl. IV. f. 29. 30, 7. région.

§. 125. Cette région occupe la partie postérieure et supérieure du bassin. Elle nait, chez le poulet, avec la précédente vers le dix huitième et dix neuvième jour d'incubation.

Quant à l'homme voyez §. 45.

Elle se compose de sept sections destinées à fournir de l'air principalement aux parties de la génération.

De la **29. 30. 31. 32. 33. 34. 35. sections** ou **1. 2. 3. 4. 5. 6. 7. section** de la région *sacrée.*

§. 126. Chez la corneille adulte ces sept sections sont intimement réunies entre elles et avec la région lombaire formant un os qui diminue de volume d'avant en arrière, ainsi que le canal pour la moëlle qui traverse le corps de ces sections. Ces sections sont fort simples n'étant composées que d'un corps et d'une apophyse latérale qui est surtout prononcée dans la troisième et la quatrième, et qui s'aplatit beaucoup dans la cinquième, la sixième et la septième. Ces apophyses, ainsi que la face supérieure du corps de la vertèbre sont intimement réunies avec la lame horizontale du sacrum, qui n'en est qu'un élargissement. Leurs trous pneumatiques sont placées comme à l'ordinaire entre les apophyses latérales, et l'air leur arrive de la poche pneumatique sacrée qui occupe une grande partie de la cavité interne du bassin, et envoie de petits prolongemens entre leurs apophyses latérales.

VIII.

RÉGION COCCYGIENNE.

Elle est représentée pl. IV. f. 29, 8. région.

§. 127. C'est la dernière de toute la colonne dont elle occupe l'extrémité postérieure. Elle nait chez le poulet vers le seizième ou dix huitième jour d'incubation. Elle fournit de l'air principalement aux muscles de la région caudale et se compose comme la précédente de huit sections.

De la **36. 37. 38. 39. 40. 41. 42. 43. sections** ou **1. 2. 3. 4. 5. 6. 7. 8. sections** de la région *coccygienne.*

§. 128. Ces sections fort simples chez la corneille adulte ne sont composées que d'un corps, d'une apophyse supérieure, et d'une apophyse latérale, toutes assez développée. L'avant dernière et la dernière seules n'offrent pas d'apophyses latérales; c'est surtout la toute dernière qui offre une forme singulière ayant une apophyse supérieure très allongée et très large, composée à l'origine comme nous l'avons vu de plusieurs sections très rudimentaires qui se soudent intimement plus tard. Le canal pour la moëlle qui traverse ces sections est assez étroit et va se perdre dans la toute dernière vertèbre.

II. NUMÉRO.

DÉVELOPPEMENT ET DESCRIPTION DES PIÈCES OSSEUSES DANS LE TUBE INFÉRIEUR, VENANT SE REUNIR AVEC LES PRÉCÉDENTES POUR COMPLÈTER LES SECTIONS.

§. 129. Ce tube donne naissance, comme nous l'avons vu paragraphe 46, aux os de la face, aux os qui entourent et qui contiennent les organes des sous encéphaliques, aux os de l'appareil du vol, aux os du bassin, et des extrémités inférieures.

I.

RÉGION ENCÉPHALIQUE.

§. 130. Elle se compose de quatre demi-sections, qui, en se réunissant avec les quatre demi-sections du tube supérieur dont nous avons parlé, constituent les quatre sections encéphaliques complètes.

I. SECTION (VERTÈBRE) NASALE.

§. 131. C'est la première vertèbre du squelette; elle occupe l'extrémité antérieure de la tête. Sa fonction principale est de servir à la mastication, de recevoir et de protéger les organes olfactifs et les nerfs qui s'y rendent. C'est elle qui forme la mandibule supérieure, un des agens principaux de la mastication. Les pièces qui composent cette vertèbre sont: Le vomer, et l'ethmoïde qui constituent le corps, les maxillaires supérieurs avec la partie antérieure du jugal, les nasaux et l'inter-maxillaire qui forment son arc supérieur. Le lacrymal peut être considéré comme son appendice. Cette section renferme et protège les organes de l'olfaction.

DU VOMER. (VOMER.)

Représenté pl. II. f. 10. 30.

§. 132. Cet os est placé sur la ligne médiane dans l'intérieur de la tête, à l'extrémité antérieure du rostrum sphenoïdale avec lequel il est soudé et dont il parait former la continuation.

Il nait chez le poulet tardivement comme en général les os placés sur le ligne médiane vers les derniers jours de la vie embryonnaire, au moins par deux points d'ossification pour chaque côté.

§. 133. D'après Rathke, le vomer nait, chez l'homme, avec la lamina papyracea de l'ethmoïde, la cloison cartilagineuse des narines et l'inter-maxillaire ensemble, dans une lame placée sur la ligne médiane de la tête (voyez sa prem. dissert. p. 102); d'après Nesbitt, le vomer présente pendant le troisième et le quatrième mois de la grossesse la forme qu'il a chez l'adulte. Il est composé alors de deux lamelles cartilagineuses appliquées l'une contre l'autre; faits qui sont confirmés par Sömmerring et Danz; d'après Senff, Meyer et Kerkring, il commence déja à s'ossifier pendant la treizième semaine. Béclard (l. c. p. 430) fixe l'époque du commencement

de son ossification au quarante cinquième jour; et Meckel, dans le quatrième mois. Vers le milieu du troisième mois les deux lamelles de vomer commencent à se distinguer et se présentent écartées l'une de l'autre, surtout dans les squelettes séchés; vers le septième et le huitième mois il présente, les mêmes formes que chez l'adulte. Outre les auteurs cités, consultez encore Valentin (l. c. p. 236), Oberkampf (p. 42), Nicolaï (p. 20. 26), Ritgen (p. 197. 198), E. H. Weber (p. 107).

Chez la corneille il se compose de deux lamelles réunies sur leurs lignes médianes offrant une concavité latérale. Le peu d'air qu'il renferme lui arive par communication avec le rostrum sphenoïdale.

DE L'ETHMOIDE. (OS ETHMOIDEUM.)

Représenté pl. II. f. 8 *u.* et f. 9 *k'.*, se compose principalement d'une lame verticale f. 8 *u.* et d'une lame horizontale f. 9 *k'.*

§. 134. Cet os nait chez le poulet vers le premier jour après l'éclosion (voy. §. 54) par deux points d'ossification, un pour sa lame verticale et un pour sa lame horizontale.

D'après Kerkring cet os commencerait chez l'homme son ossification, dans ses lames feuilletées vers le cinquième mois et d'après Nesbitt, Senff et Weber l'ossification des cornets de l'ethmoïde commencerait bientôt après. La lamina perpendicularis et cribrosa resterait, d'après ces auteurs cartilagineuse pendant toute la vie embryonnaire, et la crista galli s'ossifierait longtemps après la naissance.

Comme nous sommes obligés de revenir plus tard dans un des mémoires suivans sur la question des organes des sens, et sur celui de l'olfaction en particulier, dont l'ethmoïde constitue une partie essentielle, nous parlerons ici très brièvement de la partie ossifiée seulement de cet os en nous réservant de traiter plutard de sa partie cartilagineuse et membraneuse.

La lame verticale de l'ethmoïde est placée sur la ligne médiane de la tête, elle repose sur le rostrum sphenoïdale, et sert à séparer en grande partie les orbites. Les deux lacrymaux viennent s'appliquer sur sa face latérale: en haut elle est réunit avec la lame horizontale d'une forme triangulaire, qui, chez les jeunes Oiseaux, est nettement séparée des os qui l'avoisinent.

DU MAXILLAIRE SUPÉRIEUR ET DE LA PARTIE ANTÉRIEURE DU JUGAL.
(OS MAXILLARE SUPERIUS.)

Représenté pl. IV. f. 29 r. pl. III. f. 23. 23' et 25. pl. II. f. 8. 23 et 23'. f. 10. 23. f. 9. 23 et 23'.

§. 135. Cet os qui est le plus considérable de la mandibule supérieure dont il occupe les régions latérales nait chez le poulet de très bonne heure vers le dix septième jour d'incubation, par un point d'ossification qui s'étend très rapidement tout le long de son bord inférieur et se joint de bonne heure avec le point d'ossification qui donne naissance à la portion antérieure du jugal.

§. 136. Chez l'homme l'ossification de cet os se fait

d'après Kerkring et Nesbitt dans le troisième mois. Senff a vu un point d'ossification arrondi sur le milieu de l'os se former déja pendant la huitième semaine. Béclard prétend avoir vu des traces d'ossification sur la partie inférieure de l'os, même déja vers la fin de la cinquième semaine; Nicolaï fixe l'époque du commencement de son ossification dans le second mois; Bertin (voy. E. H. Weber l. c. p. 94) admet deux points d'ossification et Meckel trois; Mr. Valentin n'en a vu qu'un seul au commencement du troisième mois, accompagné de plusieurs accumulations isolées de molécules terreuses dispersées dans différens points de l'os, comme cela arrive, dit-il, fréquement pour beaucoup de pièces osseuses. Elles sont placées surtout vers le jugal et l'apophyse dentaire; selon lui, cet os est déja tout ossifié vers la fin de ce troisième mois, et plus large alors, par comparaison aux os de la face, que chez l'adulte. La crista lacrymalis est déja très développée; l'apophyse jugale très allongé. L'apophyse dentaire renflée, et l'apophyse palatin applatie. Le foramen incisivum est petit, et cependant proportionnellement plus grand que chez l'adulte.

Chez la corneille adulte, il présente un corps volumineux et deux apophyses: l'apophyse nasale (pl. II. f. 10 ♂.) et l'apophyse jugale (même planch. ε.); c'est une des pièces les plus actives dans la mastication, dont le nombreux diploë renferme une assez grande quantité d'air qui lui arrive par communication avec les autres os, et ainsi que de la cavité nasale.

DU NASAL. (os nasale.)

Représenté pl. II. f. 8 *f*, f. 9 *f*; pl. IV. f. 29 *i*.

§. 137. Cet os forme le bord postérieur des narines, il est réuni en haut avec l'inter-maxillaire, le frontal et le lacrymal, et en bas avec le maxillaire supérieur.

Chez le poulet il nait de très bonne heure, vers le treizième jour d'incubation, par un seul point d'ossification (paragr. 50).

Chez l'homme il commence à s'ossifier de bonne heure, comme Kerkring et Nesbitt l'avaient déja indiqué et se termine bientôt après selon les observations de Blumenbach (Ostéol. p. 210). Sömmerring et Danz. D'après Senff elle commence dans la douzième semaine, et d'après Béclard avant le quarante cinquième jour, tandis que Meckel la place dans le commencement du troisième mois. et Nicolaï dans le quatrième. Mr. Valentin s'accorde avec Meckel, selon lui l'ossification va très rapidement de sorte que les deux os se touchent dans le cinquième mois.

Chez la corneille adulte cet os forme une lame très mince qui protège les organes olfactifs internes offrant trois apophyses: l'apophyse nasale (processus nasi) en avant et en haut, l'apophyse maxillaire (processus maxillaris) en avant et en bas, et l'apophyse frontale (processus frontalis) en avant et en arrière. Cet os mince ne renfermant pas de diploë ne contient pas non plus de l'air.

DE L'INTER-MAXILLAIRE. (os intermaxillare.)

Représenté pl. II. f. 8. 29, f. 9. 29, f. 10. 29; pl. IV. f. 29 *p*.

§. 138. Il occupe la partie supérieure ou le dos de la mandibule supérieure étant intercalé entre les deux maxillaires supérieures.

C'est après la machoire supérieure le premier os de tout le squelette qui s'ossifie vers le douzième jour d'incubation, par un seul point d'ossification placé à sa pointe antérieure et d'où l'ossification s'étend sur tout le reste de l'os.

C'est le célèbre Goethe (addit. à l'hist. nat. 1. v. II. cah. p. 209, et nov. act. VI. c. v. XV. t. 1. p. 8, et Mr. J. Weber dans les notices de Froriep. 1828. p. 282) que le premier a démontré son existence chez l'embryon humain où il est séparé des maxillaires supérieures par des lignes distinctes, et porte les deux os incisifs supérieurs.

Chez la corneille adulte c'est un os fort allongé, en forme de lance, qui reçoit son air par communication avec les maxillaires supérieurs avec lesquels il se soude de très bonne heure.

DU LACRYMAL. (os lacrymale.)

Représenté pl. II. f. 8. 9 et 9'; pl. IV. f. 29 *n*.

§. 139. C'est un os fort volumineux qui forme presque toute la paroi antérieure de l'orbite; en haut, il est en rapport avec le nasal et le frontal; vers l'intérieur, avec l'ethmoïde, et en bas avec le jugal.

Il nait vers le dix septième jour d'incubation par deux points d'ossification, l'un pour sa portion postérieure (pl. II. f. 8. 9; et l'autre pour sa partie antérieure plus petite 9'.

Chez l'homme son ossification commence d'après Meyer dans le troisième mois, d'après Béclard vers la fin du second, d'après Nesbitt et Meckel pendant les cinquième et sixième mois, Ritgen a vu le quatrième mois que son point d'ossification avait une ligne d'étendue, et Nicolaï a trouvé qu'au septième mois l'os a trois lignes d'étendue et présente une petite gouttière, Mr. Valentin a vu son ossification commencer dans le quatrième mois, et son ossification en concordance avec Sömmerring va si vite, qu'au moment de la naissance elle est la plus avancée de tous les os de la face.

Chez la corneille adulte cet os très spongieux se compose de deux parties, chose qu'on n'avait pas observée avant moi; l'une, la postérieure, celle qui forme la paroi antérieure de l'orbite, a une forme un peu carrée, avec une partie prolongée en bas, vers le jugal; l'autre beaucoup plus petite est appliqué sur la face antérieure de la précédente; elle est mince, applatie et un peu courbés, présentant à une de ses extrémités un trou pneumatique fort distinct; toutes deux renferment une très grande quantité d'air, qui leur arrive de la cavité nasale et par communication avec l'ethmoïde.

II. SECTION FRONTALE.

§. 140. La portion inférieure de cette section dont il nous reste à parler maintenant pour compléter ce que nous avons dit sur la portion supérieure §. 95 se compose des deux palatins, formant le platond supérieur de la cavité buccale, contre lequel la langue vient s'appliquer.

DU PALATIN.

Représenté pl. II. f. 8. 24, f. 10. 24; pl. III. f. 25. 24.

§. 141. Il se compose du corps de l'os, d'une surface concave qui glisse sur le rostrum sphenoïdal (f. 10 *d'*); d'une apophyse vomaire *(e)*, et d'une apophyse maxillaire *(e)*; cet os nait chéz le poulet vers la fin de la vie embryonnaire par un point d'ossification au milieu du corps, et un autre par la portion qui s'applique contre le rostrum, et enfin par un troisième pour son apophyse maxillaire.

Chez l'homme le palatin se forme d'après Kerkring et Portal (art. de disséq. p. 253) dans le troisième mois, et d'après Senff dans la douzième semaine Meckel a vu son point osseux dans le troisième mois, et Nicolaï dans le second; d'après Valentin, il est déja entièrement ossifié vers le milieu du troisième mois. Sa lame horizontale a presque un développement proportionnel à celui de l'adulte. La lame perpendiculaire et encore peu élevée et peu marquée.

Chez la corneille adulte cet un os mince qui présente deux gouttières; l'une appliqué contre le rostrum et l'autre inférieure forme avec celle du côté opposé le canal nasal pour le courant de la respiration. La fig. 10. 24, présente assez bien sa forme et celle de sa longue apophyse maxillaire, et peut nous dispenser d'entrer dans plus de détails. Il ne contient pas de diploë, et par conséquent point d'air.

III. *SECTION* (vertèbre) *PARIETALE.*

§. 142. La portion inférieure de cette section est composée par les deux omoïdes.

DE L'OMOIDE.

Représenté pl. II. f. 8. 26, f. 10. 31; pl. III. f. 25. 26; pl. IV. f. 29 *k.*

C'est un petit osselet allongé cylindrique qui s'étend du rostrum sphenoïdale à l'apophyse de l'omoïde de l'os carré.

Chez le poulet il nait vers le dix septième jour d'incubation par un seul point d'ossification, au milieu du corps, qui s'étend assez rapidement vers les deux extrémités.

Chez la corneille adulte il présente deux faces articulaires dont l'antérieure forme un disque concave qui glisse sur le rostrum sphenoïdale, et la postérieure, qui consiste en une petite tête d'articulation pourvue d'un petit crochet, s'articule avec l'os carré. C'est à cette extrémité postérieure qu'on remarque un petit trou aërien qui conduit l'air dans l'intérieur de l'os, au cas où il est pneumatique, ce qui n'a pas toujours lieu. L'air lui arrive de la caisse du tympan en passant par le tissu cellulaire entre les muscles de cette région.

IV. *SECTION* (vertèbre) *OCCIPITALE.*

§. 143. La portion inférieure de cette section, celle qui nait dans le tube inférieur et dont nous avons seulement à nous occuper ici, se compose du temporal, de

l'os carré avec la portion postérieure du jugal et de la machoire inférieure, c'est une des plus compliquées de toutes les vertèbres encéphaliques.

DE L'OS CARRÉ.

Représenté pl. I. f. 2 *g.* et 22; pl. II. f. 8. 27, f. 9. 27, f. 10. 27; pl. III. f. 25. 27; pl. IV. f. 29 *h.*

§. 144. C'est os occupe la région inférieure et postérieure de la tête entre le temporal et la machoire inférieure. Il nait chez le poulet vers le dix septième jour d'incubation par plusieurs points d'ossification dans l'un pour le corps, et quatre pour chacune de ses apophyses.

Chez la corneille adulte c'est un os très hérissé d'apophyses, dont deux sont supérieures; l'une s'avance dans l'interieur de l'orbite, c'est l'apophyse orbiculaire; et l'autre plus large s'articule avec le temporal, elle consistue une partie des parois internes de la caisse, et deux inférieures, arrondies, servant à l'articulation de la machoire inférieure; à côté et sur la face interne de l'os se trouve un autre petit tubercule sur lequel l'omoïde vient s'articuler. L'os carré tire son air de la cavité tympanique par de nombreux trous, percés dans son apophyse temporale. Tout à fait à l'extérieur de l'os vient s'insérer le jugal sur la pointe de l'apophyse inférieure et externe.

DU TEMPORAL. (os temporale.)

Représenté pl. I. f. 1 *i*, pl. II. f. 8 *e* et *q*, f. 10 *r*, f. 16 *r*, f. 11. 12 et 13, son osselet y est représenté f. 14; pl. IV. f. 29 *t.*

§. 145. Dans cet os il faut distinguer, avant tout, les deux parties essentielles qui le composent: l'une interne constituant les pièces osseuses de l'oreille interne, nées de très bonne heure chez le poulet, vers le douzième et treizième jour d'incubation. De cette partie fort compliquée, et appropriée à merveille au sens de l'audition, je ne parlerai en détail que lorsque, dans un de mes mémoires suivans, je traiterai des organes de l'audition. Je puis affirmer, à l'avance, que des faits nonveaux et très curieux ont été le résultat, des récherches fort nombreuses auxquelles je me suis livré, sur cette partie importante et fort délicate.

La partie externe, qui n'a que des rapports indirects avec les organes de l'audition qu'elles servent seulement à garantir, nait un peu plus tard, vers le dix septième et dix huitième jour d'incubation.

Chez l'homme, d'après Meckel, c'est au milieu du troisième mois que commence l'ossification du temporal par un point sur la partie inférieure de la portion écailleuse de l'os (l. c. p. 636). Senff (l. c. p. 27) pense que c'est pendant la onzième semaine, et Nicolaï (l. c. p. 10) pendant la fin du deuxième mois. L'ossification marche très rapidement, vers la fin du cinquième mois elle s'est déja étendue sur la plus grande partie de l'os; la lame osseuse qui couvre les parties osseuses du conduit auditif, placée plus à l'intérieur se forme plus tard, d'après Meckel (l. c. p. 636) dans le quatrième mois, et d'après Valentin (l. c. p. 230) dans le cinquième mois. Le rocher a son point d'ossification à lui propre, dans le cinquième mois il est encore séparé de la partie écailleuse; le processus mastoïdeus ne se forme ordinairement qu'après la naissance. L'ouverture de la trompe d'Eustache est déja très grande dans le troisième mois (voy. les auteurs cités).

Chez la corneille adulte cette partie externe appelée quelquefois aussi portion écailleuse est très simple, ne consistant que dans une lamelle osseuse concave à l'éxtérieur, pourvue d'un long apophyse, qui est l'apophyse orbiculaire (pl. II. f. 11 *a*).

DU JUGAL. (os malæ.)

Représenté pl. II. f. 8. 25, f. 10. 25, f. 9. 25; pl. III. f. 25. 25 et pl. IV. f. 29 *t.*

§. 146. On trouve cet os grêle, allongé sur la face latérale de la tête, étendu entre le maxillaire supérieur et l'os carré. Il nait de très bonne heure chez le poulet vers le treizième et le quatorzième jour d'incubation par deux points d'ossification; l'un pour sa portion attachée au maxillaire supérieur et l'autre pour sa portion postérieure qui s'articule avec l'os carré. La réunion de ces deux portions s'opère assez tardivement du vingtième au quarantième jour du jeune poulet.

Chez l'homme il se forme avec le temporal vers le milieu du troisième mois, et leur ossification marche extrèmement vite, en sorte que dans le quatrième mois il n'y a plus de parties cartilagineuses, ce qui confirme encore les lois que nous avons établies que l'ossification marche de la périphérie vers la ligne moyenne, et que ce sont toujours les os et les parties les plus extérieures et les plus exposées à l'influence des causes physiques du dehors qui se solidifient les premières.

Chez la corneille adulte les deux parties sont intimement réunies, formant un os grêle d'à peu près trois centimètres de longueur qui sert à retenir l'os carré d'ailleurs si mobile.

DE LA MACHOIRE INFÉRIEURE.

Représenté pl. I. f. 1 *e,* f. 6 *e;* pl. II. f. 8. 22; pl. III. f. 28, où elle est représentée isolément et vue par en haut; pl. IV. f. 29 *s. s.*

§. 147. Cet os, le plus volumineux de toute la tête dont il occupe toute la face inférieure, nait de très bonne heure et le premier de toutes les pièces osseuses du squelette. Le treizième jour de l'incubation son ossification avait fait de si rapide progrès, que je n'ai pas pu constater la naissance successive ou simultanée des cinq pièces qui d'après les observations de plusieurs embryologistes le composent originairement; Cuvier avait imposé à ces pièces les noms de: dentaire, pour la pièce antérieure; operculaire, pour la pièce interne; coronoïdien, pour la pièce qui constitue l'apophyse coronée; l'angulaire formant l'angle inférieur de la machoire et enfin l'articulaire, servant à l'articulation de la machoire avec l'os carré.

Chez l'homme il est cartilagineux déja de très bonne heure, et fort saillant pendant le second mois, comme Kerkring l'avait déja observé. Chez l'homme son ossification est également celle de toutes les pièces la première

qui apparaisse. Kerkring, Nesbitt, Portal, Mayer, Danz et autres placent sa naissance dans le second mois, et Senff, dans la septième semaine, Béclard pense même que cette ossification a lieu dans le trente cinquième jour.

D'après le plus grand nombre d'observateurs la machoire inférieure se forme chez l'homme par deux points d'ossification seulement; Béclard est le seul qui parle encore de deux autres qui naissent dans l'apophyse coronée vers la huitième semaine, et vont se réunir bientôt après avec le noyau principal de l'os. Autenrieth et Spix (voyez *E. H. Weber* p. 118) admettent quatre paires de points d'ossification pour cette machoire; la première pour les apophyses articulaires, seconde pour l'apophyse coronée, la troisième pour l'angle inférieur de la machoire, et la quatrième enfin pour le corps des deux branches de cet os. La machoire inférieure s'avance sur la supérieure des deux tiers d'une ligne pendant la neuvième semaine, d'une ligne $\frac{1}{2}$ et $\frac{1}{4}$ pendant la dixième et de deux lignes pendant la onzième; ce n'est que pendant la treizième et la quatorzième qu'elle entre dans ses rapports naturels avec la supérieure. L'angle que fait la partie horizontale avec la partie verticale est plus ouvert pendant les premiers mois que plus tard: En général il est plus grand chez le fœtus que chez l'adulte. Chez l'enfant nouveau né l'apophyse coronée est plus renflée proportionnellement, la partie horizontale plus longue par rapport à la verticale, que chez l'adulte.

Chez la corneille entièrement développée, c'est un os très puissant qui est le plus actif pendant la mastication, en s'opposant dans son action à la machoire supérieure. Ses cinq pièces primitives sont intimement soudées, ainsi que les deux branches dont elles se composent. Chaque branche est percée d'un trou ovale vers son cadre postérieur; sa partie articulaire montre une grande apophyse très développée (pl. III. f. 28 *a*) en se dirigeant vers l'intérieur de la tête; deux cavités articulaires pour recevoir l'os carré (*b. c*), et une apophyse postérieure (*d*) donnant attache comme toutes les autres à des muscles très puissans.

L'air lui arrive par le trou pneumatique (*e*) percé sur la face interne et supérieure de son apophyse interne, qui lui arrive de la cavité tympanique par un canal osseux, chez les bons voiliers, et membraneux chez les autres, et qui a été appelé siphoneum. (Voy. précédemment le §. 84.)

Avant de quitter complètement la région encéphalique il nous reste encore à parler du crâne et de sa cavité interne en particulier.

La masse des pièces osseuses du crane est à celle des os de la face comme celle de 1 à 1½. La forme externe du crane est parfaitement arrondie, pourvue en arrière de deux légères concavités superficielles sur l'occipital. Sa largeur d'un côté à l'autre dépasse de beaucoup sa hauteur de bas en haut; les dimensions de la cavité interne du crâne représentées pl. II. f. 17 et pl. III. f. 25 *p.* sont à peu près comme celles que nous venons d'indiquer, sans la déduction de l'épaisseur des parois du crâne laquelle est surtout plus considérable dans la région auriculaire. La cavité interne du crâne présente d'abord deux cavités ou deux parties inégales d'une seule cavité séparées par une crête osseuse considérable et très saillante *(η)* f. 18, formée principalement par les ailes du sphénoïde; la partie orbitale du frontal est en arrière, par le grand anneau semi-circulaire, l'oreille interne (consult. Vicq-d'Azyr, anat. des ois. et Tiedemann). Dans la cavité supérieure celle qui est la plus grande *(μ)* on remarque sur les deux côtés de grandes concavités profondes pour loger les grands hémisphères cérébraux. Entre ces deux concavités et tout à fait en avant sur la ligne médiane se trouvent les deux ouvertures pour la sortie du nerf olfactif *(ξ)*; l'autre cavité plus petite et plus profonde est aussi la plus compliquée; on y remarque d'abord deux concavités profondes sur les deux côtés latéraux destinées à loger les couches optiques; entre ces deux cavités et en arrière se trouve une troisième aussi profonde et d'une forme plus arrondie séparées des deux cavités latérales par des crêtes très saillantes et tranchantes, destinée à loger le cervelet. En avant de cette cavité et sur la ligne moyenne se trouve une autre beaucoup plus petite, séparée d'elle par une crête osseuse très saillante et forte correspondant à la sella turcica de l'homme; elle est percée de deux grands trous pour le passage des nerfs optiques *(z)*. Les trous pour la sortie du nerf de la cinquième paire, pour l'oreille et la face *(v)* se trouvent, dans la partie postérieure et latérale qui loge le cervelet tout près du grand trou occipital *(l)* f. 17.

II.
RÉGION CERVICALE.

§. 148. Cette région est composée, comme nous l'avons vu paragraphe 113, de neuf sections, qui naissent presque entièrement dans le tube supérieur dont nous avons déja traité; il ne nous reste ici pour le tube inférieur que de mentionner des appendices grèles, petits, attachés à l'apophyse latérale et antérieure des sections depuis la troisième jusqu'à la neuvième, que l'œil du naturaliste philosophe peut seul reconnaître, en pénétrant jusqu'à l'origine des organes, comme les faibles traces de côtes rudimentaires prolongées tout le long du cou.

III.
RÉGION BRACHIALE.

§. 149. Elle n'offre, comme la région précédente, pour toutes pièces, nées dans le tube inférieur que les faibles rudimens costaux dont nous venons de parler, qui seulement dans cette région ont pris successivement plus de développement à mesure qu'on s'est rapproché de la poitrine, de sorte que la dernière section brachiale offre quelquefois une petite côte déja reconnaissable pour l'observateur le plus attaché à l'empirisme.

IV.
RÉGION PECTORALE.

§. 150. Composée, comme nous l'avons vu §. 119, pour le tube supérieur, de cinq sections.

Dans cette région le tube inférieur a pris un développement du beaucoup prédominant sur le tube supérieur, et formant le cinq premières paires de côtes et tout l'appareil du vol dont nous allons nous occuper maintenant.

DES COTES PECTORALES.

Représenté pl. IV. f. 29 xx.

§. 151. Elles constituent les cinq premières paires de côtes attachées au cinq vertèbres proprement dites du tube supérieur.

Chez le poulet elle naissent de très bonne heure vers le treizième jour par un seul point d'ossification placé vers leur tiers supérieur, et qui s'étend très rapidement. Je ne puis l'affirmer, mais il me parait probable que les deux apophyses supérieures des côtes se forment chacune par un point d'ossification particulier; mais toutes fois il est certain que l'apophyse postérieure des côtes (hamulus) nait par un point d'ossification à lui propre, et constitue par conséquent un os primitif distinct.

Chez l'homme les côtes naissent de très bonne heure pendant la sixième semaine de la vie fœtale, ce qui ne prouve pas entièrement l'assertion du célèbre BLUMENBACH et WEBER (*Meckel* arch. 1827. p. 231) que ce sont les pièces osseuses et cartilagineuses protégeant le cœur qui se forment les premières de tout le squelette. Nous en avons trouvé nous même un exemple contraire très frappant dans le développement, si singulièrement retardé du sternum chez le canard.

Chez l'homme même l'ossification du sternum se fait assez longtemps après les côtes. D'après WEBER on ne trouve pas de traces du processus xiphoïdeus pendant les premiers temps de la vie fœtale; d'après KERKRING les premières et les dernières côtes sont encore cartilagineuses pendant le second mois, les autres sont déja ossifiées. Voila comme s'exprime SÖMMERRING touchant l'ossification des côtes: Costæ iis ossibus adnumerandæ sunt, quæ maturo tempore ad justum incrementum perveniunt; non enim, exceptis ossibus organo auditorio dicatis, jam tam perfecta pro suo modo ossa in fœtu maturo inveniuntur. SENFF a vu la première ossification de côtes s'opérer pendant la neuvième et la onzième semaine; NICOLAÏ a trouvé les côtes pendant le troisième mois former de longues pièces osseuses; BÉCLARD qui évidemment s'est souvent trompé dans la fixation de la naissance de l'ossification des pièces osseuses dit, qu'avant l'exspiration de la septième semaine toutes les côtes sont ossifiées; selon RITGEN, les appendices sternaux des côtes naissent pendant le troisième mois, et restent pendant quelque temps séparés des côtes. SENFF fixe la naissance de la tête et du tubercule des côtes dans la treizième semaine, de sorte que vers la fin du quatrième mois l'ossification est terminée et qu'il ne s'agit plus que d'agrandir les pièces. Outre les auteurs cités consultez aussi HILDEBRANDT (anat. II. p. 174).

Chez les corneilles lorsque les côtes sont entièrement developpées elles se composent de cinq pièces qui sont le corps, les apophyses supérieures, l'apophyse postérieur, et enfin l'apophyse inférieur. Les côtes garantissent les organes de la respiration, et prennent en s'écartant en se rapprochant une part active au jeu des mouvemens qui accompagnent la respiration; de plus elles servent d'attache au sternum et par suite à tout l'appareil du vol. Les paires antérieures de côtes pectorales n'atteignent pas le sternum, ce sont ce qu'on appelle des fausses côtes; les trois autres paires sont solidement articulés avec le sternum par leur apophyse inférieure ou sternale ossifié. Les côtes recoivent l'air immédiatement des poumons par des trous sur leur face interne près de leur bifurcation supérieure. [1]

DE L'APPAREIL DU VOL.

§. 152. Il est composé du sternum pièce principale et moyenne, de deux clavicules, la vraie clavicule et la clavicule coracoïde, de l'omoplate, pièces qui constituent la partie passive de l'appareil du vol; et de l'humerus, du cubitus, du radius, des deux os du carpe, enfin le métacarpe avec les phalanges des trois doigts qui constituent la partie artive, celle qui frappe l'air.

Nous commençons cet appareil par sa partie principale:

LE STERNUM.

Représenté sur face interne pl. I. f. 3, pl. III. f. 22 sur sa face inférieure et externe, et enfin pl. IV. f. 29 xvi. sur sa face latérale.

§. 153. Cet os fort large, très développé occupe la région inférieure et antérieure de la poitrine; Il nait chez le poulet vers le dix septième jour d'incubation, chez le canard beaucoup plus tardivement vers le quarante septième jour (voy. § 52 pour le poulet et §. 74 pour le canard).

Chez l'homme l'époque de son ossification varie beaucoup; selon Kerkring elle n'a jamais lieu avant l'exspiration du quatrième mois; dans le cinquième mois il a vu deux points d'ossification, dans le sixième quatre ou cinq quelquefois un seul, dans le huitième trois à six, chez les nouveaux nés sept. tandis que Fallopius et Bartholinus en admettent huit, dont l'étendue est très différente. D'après Meyer l'ossification du sternum commence rarement avant le sixième mois; d'après Danz,

Béclard et Meckel c'est vers la fin du quatrième mo i; d'après Valentin c'est l'os dont l'ossification est la plus variable. Il est difficile, dit-il, de trouver deux fœtus chez lesquels l'ossification du sternum s'est effectuée de la même manière. Selon Sömmerring, à l'époque de la naissance, la partie supérieure du sternum offre un point d'ossification, la moyenne ordinairement quatre et l'inférieur un seul.

Chez la corneille adulte cet os a une forme générale carrée, formant une lame osseuse large et longue qui protège solidement les organes de la cavité pectorale, il est pourvu sur sa face inférieure d'une lame osseuse, verticale, large et longue (pl. IV. f. 29 a.) qui est le bréchet d'une apophyse fort développée, placée en avant du bréchet sur la ligne médiane de l'os, terminé par deux branches bifurquées; il est le spina sternalis (pl. I. f. 3 η.). On remarque encore à cet os deux apophyses latérales antérieures (t), servant à l'articulation des apophyses sternales des côtes, et deux apophyses latérales postérieures plus grêles et plus longues (e) séparées du corps par une échanchrure (c). Sur la surface interne et supérieure on remarque deux crêtes osseuses dirigées suivant un arc demi-circulaire le long de son bord antérieur, puis un groupe de trous aëriens dont deux sont ordinairement très grands, placés en avant sur la ligne moyenne, qui sont suivis quelquefois d'un nombre plus ou moins grand de petits disséminés le long de cette même ligne moyenne. La face inférieure outre le bréchet (crista sternalis) déja décrit, ne nous présente autre chose qu'une gouttière sur son bord antérieur pour l'articulation de la clavicule coracoïde, et une ligne saillante à la base de l'apophyse antérieure.

Le sternum reçoit son air de la poche pneumatique qui porte son nom, appliquée immédiatement sur sa face interne et supérieure par les trous que nous venons de décrire, et de la poche pneumatique sous costale par d'autres petits trous aëriens souvent très nombreux, placés entre l'articulation des apophyses sternales des côtes. [2]

DE LA VRAIE CLAVICULE. (CLAVICULA VERA.)

Représenté pl. III. f. 22 2., sur sa face inférieure, et pl. IV. f. 29 xvii. sur sa face latérale.

§. 154. Chez le poulet c'est un des os qui s'ossifient le plus bonne heure; au treizième jour son ossification est presque déja achevée; il ne manque plus que la solidification de ses faces articulaires, et bien entendu l'agrandissement de toute cette pièce osseuse.

§. 155. Pour comprendre comment la clavicule se forme chez l'homme nous allons maintenant entrer en quelques détails sur le développement des os des extrémités en général auquel la clavicule doit être rapportée, pour

---

1 Nous n'avons presque pas besoin de rapporter les grandes discordances qui règnent parmi les anatomistes les plus justement renommés telsque, Cuvier et Weber par exemple, dont le premier soutient que l'oie, animal très commun dans nos cuisines, a dix côtes, tandis que Mr. Weber prétend en avoir trouvé neuf (voy. Cuvier anat. comp. et Weber anat. des anim. domest.). Ces différences et toutes les autres sur le nombre des côtes tiennent au développement plus ou moins avancé des côtes rudimentaires dont nous avons parlé dans la région brachiale et cervicale (§. 148 et 149) et qui fait que tel auteur considère comme côtes, ce que l'autre regarde comme un appendice des vertèbres. Comme ces côtes rudimentaires peuvent être différemment développées sur les individus même d'une espèce, on peut s'expliquer, jusqu'à un certain point pourquoi des anatomistes aussi éminens ne se trouvent pas d'accord sur une espèce que certainement ils ont bien examiné tous les deux.

2 Consult. aussi pour la descript. du sternum chez l'adulte, Berthold, addit. à l'anat. p. 117 accompagnées de VI. pl. sur lesquelles l'auteur a representé les contours d'un grand nombre de sternums, et où il indique les dimensions; L'Herminier, recherch. sur l'appar. sternal des Oiseaux, qui lui ont servi de base pour une nouvelle classification.

atteindre ce but il faut que nous nous transportions à l'origine des choses dont nous avons parlé dans les §. 33 et 34. Nous avons vu que la strie primitive de BAER donne naissance, pour le système osseux à deux membranes formant des tubes, l'un, pour le système osseux supérieur, et l'autre pour le système osseux inférieur comprenant tout le reste des pièces osseuses.

C'est dans le sillon qui règne entre ces deux tubes que naissent les extrémités, aux dépens d'une matière accumulée dans ce sillon entre les deux tubes de manière à cacher à l'extérieur la séparation de ces deux tubes, et qu'on ne peut voir ces deux tubes que sur des coupes transversales; cette masse renfermée d'abord tout le long de ce sillon se condense dans deux points, l'un antérieur, pour les bras, et l'autre postérieure, pour les extrémités inférieures. Cet état très rudimentaire des extrémités a été observé par MR. DE BAER (voy. son hist. du dével. p. 63) et BURDACH (p. 293) dans la seconde moitié du premier jour d'incubation chez le poulet, ce qui, pour l'homme, a lieu dans la quatrième et la cinquième semaine. Bientôt après cet amas s'allonge, se renfle à son extrémité, et l'on remarque de faibles traces de distinction entre la partie antérieure (la main et le pied) et la partie postérieure (l'humerus et le fémur) de ces mêmes extrémités, tandis que les articles intermédiaires (l'avant-bras et la jambe) manquent encore entièrement: la même chose se retrouve chez les animaux. (Voy. *Heusinger* rapp. sur le laborat. zootomiq. de Würzbourg. 1826. in 4° p. 20. et *de Baer* hist. du developp. p. 181 et 182.) Les extrémités rudimentaires prennent maintenant une forme plus étroite et plus allongée de raccourcies et arrondies qu'elles étaient d'abord. Cette époque a été représentée pour l'homme, chez lequel elle a lieu pendant la sixième à la huitième semaine, par HUNTER (anat. uteri grav. tab. 33. f. 2. 3), MECKEL (anatomie comp. part. I. cah. I. pl. V. f. 4), BURDACH (de fœtu humano tab. I. f. I. 2), E. H. WEBER (dans les arch. de *Meckel* 1827. pl. III. f. 4) et J. MÜLLER (dans les mêmes archiv. 1830. pl. XI. f. II). C'est ce dernier dessin qui est surtout important représentant un des embryons humains les plus jeunes, observé par un de nos premiers anatomistes dont on connait la sagacité d'observation. Les représentations des extrémités à une époque plus avancée sont trop nombreuses pour les citer en particulier. Il se forme quatre légères incisions à l'extrémité aplatie et arrondie de chaque extrémité qui indique les premiers rudimens des doigts. D'après VALENTIN ces incisions s'opérent d'abord dans la partie charnue et la peau se retire plus tard dans les incisions qui viennent de plus en plus profondes, en sorte que vers la dixième et onzième semaine les doigts de la main et du pied sont bien distinctement séparés.

Les extrémités antérieurs se développent un peu plus bonne heure que les postérieures et les dépassent même en volume, après plusieurs mois elles sont toutes deux au même degré de développement.

C'est à l'époque ou les doigts de la main et du pied se montrent distinctement qu'on observe aussi les premiers rudimens de la clavicule et de l'omoplate ainsi que des traces très faibles des os du bassin. Les deux clavicules sont d'abord fort écartées l'une de l'autre pendant la

sixième et la septième semaine. Les extrémités montrent maintenant un pli, et bientôt après s'être un peu allongées, deux plis, qui comprennent entre eux une pièce intermédiaire qui constitue l'avant bras pour les extrémités supérieures, et la jambe, pour les extrémités inférieures. Les rudimens de l'humerus et du fémur prennent maintenant surtout de l'extension, tandis que la pièce intermédiaire est jusqu'au commencement du quatrième mois plus petite que la pièce terminale. La forme et la position relative est au commencement la même pour toutes les extrémités; mais bientôt après les extrémités supérieures restent appliquées par leur face interne contre l'abdomen, dans une position un peu oblique, tandis que les inférieures se tournent, en sorte que la face primitivement interne devient presque tout-à-fait externe et la courbure du genou se fait bientôt sentir.

§. 156. C'est pendant la sixième et la septième semaine que la clavicule et l'omoplate commencent à prendre une consistance cartilagineuse; c'est, comme on le voit, de très bonne heure. KERKRING prétend même avoir vu la clavicule déja entièrement ossifiée pendant la sixième; NESBITT place le commencement de son ossification au commencement du second mois, SENFF dans la huitième semaine et RITGEN dans la cinquième; d'après NICOLAÏ la partie ossifiée de la clavicule a une ligne $\frac{1}{4}$ à une ligne $\frac{1}{2}$ à la fin du second mois: l'ossification commence au milieu et s'étend vers les extrémités. La longueur de la clavicule est très grande et dépasse d'après MECKEL (*E. H. Weber* l. c. p. 200) pendant le second mois, jusqu'à quatre fois celle de l'humérus, ce qui n'a plus lieu déja dans le troisième mois; d'après SÖMMERRING la partie sternale de la clavicule forme une épiphyse qui subsiste pendant tout le développement du squelette jusqu'à la naissance.

Chez la corneille adulte c'est un os long, grêle, courbé, qui s'étend de l'épaule à la pointe antérieure et inférieure du bréchet, servant à l'appui des os de l'épaule et par suite de tout l'appareil du vol sur le sternum; ses deux branches soutiennent le gésier qui est placé entre elles: à son extrémité supérieure très élargie, il s'articule avec les trois autres os de l'épaule, et par son extrémité inférieure terminée par une petite lame carrée au sternum. Il reçoit son air de la poche pneumatique sous scapulaire, qui envoie un prolongement dans le canal que forment les os de l'épaule, et s'avance jusqu'au grand trou pneumatique que forme l'humerus.

DE LA CLAVICULE CORACOIDE.
(CLAVICULA CORACOIDEA.)

Représenté pl. L. f. 1 *m.*, pl. III. f. 21 vue de la face interne, f. 22 vue de la face externe et enfin pl. IV. f. 29 XVIII.

§. 157. Cet os nait de très bonne heure chez le poulet vers le douzième jour d'incubation [1], par un seul point d'ossification placé au centre de l'os.

---

1 Qu'on se rappelle bien que dans toutes mes fixations de l'époque de naissance des pièces osseuses je ne parle que du moment où la matière terreuse introduite dans

63

Chez l'homme d'après Sömmerring l'apophyse coracoïde (processus coracoïdeus) de l'omoplate reste sous forme d'une épiphyse cartilagineuse pendant tout le reste de la vie fétale, présentant au reste la forme qu'elle a chez l'adulte.

Chez la corneille cet os s'étend comme le précédent entre l'épaule et le sternum comme la vraie clavicule dont elle partage les fonctions. C'est un os volumineux et un puissant soutien pour la partie active de l'appareil du vol; il a une forme cylindrique avec l'extrémité inférieure très élargie, logée dans la gouttière du bord antérieur du sternum avec lequel il est articulé d'une manière mobile; son extrémité supérieure est un peu courbée et réunie d'une manière intime par des ligamens tendineux très forts, avec les trois autres os qui se rencontrent à l'épaule, c'est-à-dire la vraie clavicule ou fourchette, l'omoplate et l'humérus. Cette extrémité présente plusieurs apophyses assez saillantes servant d'attache à de puissans muscles de l'épaule, et un grand trou pneumatique (pl. I. f. 3 *p.*). L'air lui arrive, comme pour tous les os de l'épaule de la poche sous-scapulaire.

DE L'OMOPLATE.

Représenté pl. I. f. 5 vu sur sa face interne; pl. IV. f. 29 xix. vu sur sa face externe. Elle présente à son extrémité une apophyse d'articulation *a*. pl. I. f. *5 a.* et plusieurs trous pneumatiques.

§. 158. Chez le poulet elle nait de bonne heure vers le treizième jour d'incubation par un point d'ossification pour le corps, placé vers la partie antérieure de ce corps et probablement par un second point pour son apophyse antérieure.

Chez l'homme d'après Mr. Valentin l'omoplate devient cartilagineuse à la même époque que la clavicule, mais son ossification se fait plus tard. Kerkring s'exprime à cet égard comme il suit: „Ac primum de tota scapulæ massa (dicendum est), quæ secundo mense adhuc informis quædam ac rotunda cartilago est, puncto albo in medio notata, quod indicat ossificationis principium; desinit hæc cartilago sine ullo distinctionis indicio in partem augustiorem, longiusculam, lineam albam in medio ostentantem; quæ postea in os humeri a scapula distinctum

---

l'os est assez considérable pour être distinguée facilement à l'œil nu ou avec une faible loupe (grossissant de 8 à 10 fois le diamètre). Convaincu au reste que la première introduction des matières terreuses, conséquement le véritable moment de la naissance osseuse de l'os, à lieu 4. 6. et jusqu'à 8 jours plutôt. Si par sonséquent un observateur, venant après moi et employant des moyens de grossissement plus considérables, ne se trouve pas d'accord avec moi pour l'époque de la naissance des pièces osseuses, cela ne serait pas parce que j'aurais mal observé, mais cela tiendrait uniquement à ce que se servant de moyens plus puissans, que je n'ai pas jugé à propos d'employer dans l'état actuel de la science, il aura observé l'introduction des premières molécules terreuses, tandis que moi je me suis tenu au moment où la matière terreuse est assez considerable, pour être distinguée avec une faible loupe, ce qui, comme nous l'avons dit, peut amener une différence de quatre, cinq, et même huit jours.

efformatur.“ Pendant le troisième mois l'épine, l'apophyse coracoïde, le col, sont, selon lui, encore cartilagineux. La même chose a été observée à peu près par Nesbitt, Mayer, Blumenbach et Danz; d'après Senff et Nicolaï son ossification commence dans la dixième semaine; Beclard au contraire prétend qu'elle a lieu déja le quarantième jour; Ritgen a vu que pendant le troisième mois elle a une $\frac{1}{2}$ ligne à 2 lignes de longueur, sur $\frac{3}{4}$ à $6\frac{1}{2}$ lign. de largeur. Son épine se forme bientôt après, non pas par un point d'ossification particulier, mais par l'extension de celui du corps de l'os. Vers la fin du quatrième mois elle a déja à peu près sa forme définitive.

Chez la corneille adulte c'est un os long, un peu courbé en bas, qui occupe la région antérieure supérieure et latérale de la poitrine, étant réunie à son extrémité antérieur à l'aide de ligamens fort solides et très résistans, avec les os de l'épaule. Il sert à attacher l'appareil du vol à la poitrine à l'aide de forts muscles auxquels il donne attache.

Il tire le peu d'air qu'il renferme chez la corneille, de la poche sous-scapulaire par un ou plusieurs petits trous placés entre les deux apophyses de son extrémité antérieure. Ce fluide, au reste, ne s'avance guères que jusqu'à la moitié de l'os.

DE L'HUMÉRUS. (humérus.)

Représenté pl. I. f. 1 *n'.*; pl. III. f. 19 *a.*; l'os scié longitudinalement pl. IV. f. 31 i.

§. 159. C'est le premier et en même temps le principal os de la partie active de l'appareil du vol; il est après le sternum le plus volumineux et le plus fort de tout le squelette.

Chez le poulet il nait de bonne heure vers le onzième et le douzième jour d'incubation par un seul point d'ossification placé au milieu de l'os, et qui s'agrandit fort rapidement vers ses deux extrémités.

Chez l'homme l'ossification de l'humérus commence également de très bonne heure, suivant plusieurs observateurs, même elle a lieu avant l'époque où le cartilage qui sert en commun à tous les os de l'épaule ne s'est pas encore partagé parmi tous ces os. Kerkring et Nicolaï placent la naissance de cet os dans le second mois, Nesbitt dans le commencement de la cinquième semaine, Senff dans la neuvième, Beclard vers le trentième jour et Ritgen dans la cinquième semaine; d'après Valentin le point d'ossification d'abord d'une forme arrondie s'allonge vers les deux extrémités dans les trois ou quatre semaines qui suivent après et se renflent vers les deux extrémités qui restent cartilagineuses pendant toute la vie fœtale. D'après mes observations, chez le poulet les extrémités restent cartilagineuses beaucoup plus longtemps, jusqu'au cinquantième et soixantième jour. Je rappelerai ici, qu'en général, comme nous l'avons trouvé dans l'histoire du développement de cet oiseau, c'est que les extrémités articulaires de tous les os longs sont très tardives à se former, et demeurent longtemps à l'état cartilagineux, ainsi que les sutures de tous les os plats, lesquelles sutures sont plutôt de consistance membraneuse.

Chez la corneille adulte cet os volumineux sert d'attache aux muscles les plus puissans du corps; sa forme est cylindrique, ayant les deux extrémités renflées; la supérieure surtout est très large, elle présente deux condyles, qui glissent dans la cavité cotyloïde que forment par leur jonction les os de l'épaule; une ligne saillante sur son bord supérieur, et une apophyse très large sur son bord inférieur, percée en dedans par un très grand trou pneumatique. L'extrémité inférieure montre deux condyles lisses qui glissent sur les facettes que présentent à leur extrémité supérieure les deux os de l'avant bras. La coupe longitudinale de l'os pl. III. f. 19 *a.* nous montre une cavité creuse qui occupe presque tout l'intérieur de l'os renfermant une grande quantité d'air qui lui arrive de la poche pneumatique sous-scapulaire.

DE LA ROTULE SCAPULAIRE.
(PATELLA SCAPULARIS JACQ.)

Représenté pl. III. f. 22.

§. 160. Je ne quitterai pas les os du bras sans parler d'un petit osselet triangulaire qui se développe le plus souvent chez la corneille et toujours chez les Oiseaux meilleurs voliers qu'elle, dans l'articulation des os de l'épaule, engagé dans les ligamens de cette articulation, et n'étant, par sa nature, qu'un ligament ossifié qui sert d'attache à beaucoup d'autres; il remplit, pour cette articulation, la fonction que remplit la rotule pour l'articulation du genou.

J'ai trouvé un rudiment osseux semblable dans l'articulation du carpe, et je crois que ces osselets, rentrant, entièrement dans la catégorie des osselets sésamoïdes, sont produits par la nature, toutes les fois qu'une articulation quelconque, à cause de ses mouvement vigoureux, a besoin d'être fortifiée.

DU CUBITUS. (OS CUBITUS.)

Représenté pl. III. f. 19 13, pl. IV. f. 31 II.

§. 161. C'est le plus fort des deux os de l'avant bras dont il occupe la région postérieure; il nait chez le poulet de très bonne heure vers le douzième jour d'incubation par un seul point d'ossification, placé au centre de l'os qui s'étend rapidement vers les extrémités lesquelles restent longtemps cartilagineuses comme nous avons vu que cela a lieu pour tous les os longs, ainsi que pour toutes les portions articulaires.

Chez l'homme le cubitus et le radius paraissent former à l'origine une seule masse cartilagineuse qui se partage plus tard par une incision qui commence vers les deux extrémités de ces os qui restent réunis au milieu par le ligament inter-osseum. D'après NESBITT, SENFF et RITGEN ces deux os s'ossifient à la même époque, tandis que d'après BECLARD c'est le radius, et d'après NICOLAÏ c'est le cubitus qui s'ossifie la premier. NESBITT place le commencement de son ossification dans la cinquième semaine, SENFF dans la neuvième, NICOLAÏ dans le second mois, et RITGEN dans la cinquième et sixième semaine. Bientôt après ces deux os se présentent sous forme de deux

stries parallèles, étroites qui accroissent rapidement et dont les extrémités sont encore peu ou point ossifiées pendant le troisième et le quatrième mois; ces deux os sont d'autant plus égaux en volume que l'embryon est plus jeune. Chez les nouveaux nés les épiphyses sont encore cartilagineuses.

Chez la corneille adulte c'est un os long de 7 centim. ½, parfaitement arrondi, cylindrique, dont l'extrémité supérieure renflée présente deux facettes dans lesquelles les deux condyles correspondant de l'humerus glissent, puis une apophyse pointue, très saillante, qui correspond à l'olecranon chez l'homme. L'extrémité inférieure offre une facette d'articulation arrondie qui se loge dans une facette correspondante du métarse, et de l'os carpi-cubital; elle présente également une petite apophyse qui semble correspondre à l'apophyse styloïde chez l'homme. La face postérieure de l'os montre six à sept tubercules placées sur une seule série, et qui indiquent l'insertion des pennes sur l'avant bras. Les trous pneumatiques sont placés dans l'extrémité supérieure près du bord antérieur des facettes d'articulation. L'air lui arrive du réservoir pneumatique que forment les cellules du tissu cellulaire placé entre les muscles de l'articulation huméro-cubitale.

Chez la corneille cet os n'est pas quelquefois tout à fait rempli d'air, chez les individus jeunes.

DU RADIUS. (RADIUS.)

Représenté pl. III. f. 19 *t.*, divisé suivant sa ligne longitudinale, et pl. IV. f. 31 3.

§. 162. Cet os aussi long que le précédent, mais plus grêle occupe la région antérieure de l'avant-bras. Il nait comme le cubitus vers l'onzième et le douzième jour d'incubation, par un seul point d'ossification au milieu de l'os qui s'étend rapidement vers ses deux extrémités.

Quant à l'homme voyez ce que nous avons dit dans le paragraphe précédent.

Chez la corneille adulte il a comme le cubitus sept centimètres ½ de longueur. Son articulation avec l'humerus ainsi que celle du cubitus permet à l'avant-bras les mêmes facilités de mouvement que chez l'homme. L'articulation de ces deux os avec le carpe et le métacarpe commande un mouvement plus borné que chez l'homme consistant en un éloignement et un rapprochement de la main de la face postérieure de l'avant bras, et en un leger mouvement de haut en bas. Son extrémité supérieure offre une petite cavité cotyloïde pour l'articulation avec l'humerus; son articulation inférieure plus large en présente une autre plus superficielle servant à son articulation avec l'os carpi-radialis.

DES OS DU CARPE. (OSSA CARPI.)

Représenté pl. III. f. 19 *h.* et *g.* dans leur intérieur; et pl. IV. f. 31 4. et 5. les osselets à leur place naturelle.

§. 163. Ces osselets au nombre de deux chez l'oiseau, naissent très tard chez le poulet de dix huit à vingt jours, chacun par un seul point d'ossification placé dans son centre.

Chez l'homme il se forme dans le milieu du troizième mois une masse cartilagineuse dans le point destiné pour le carpe, qui se partage bientôt entre les petits osselets de ce même carpe. En exceptant LODER et MECKEL, tous les observateurs n'ont pas vu de points d'ossifications dans ces osselets avant la naissance. Les deux ont observé des points d'ossification avant la naissance dans les os capitatum et hamatum.

Chez la corneille adulte l'os carpi-cubitale, celui qui s'articule avec le cubitus et qui est le plus postérieur des deux présente d'abord un noyau central (pl. III. f. 19 *h*.) et une apophyse inférieure recourbée (*f*.) et plusieurs faces lisses lui servent pour son articulation avec le cubitus et le métacarpe. Il sert d'attache à un grand nombre de muscles; comme on peut le présumer déja par le grand nombre d'inégalités qui hérissent ses surfaces.

L'os carpiradial le plus antérieur de ces deux osselets présente une forme presque carrée, ses surfaces sont également hérissées d'inégalités et présentent deux facettes lisses pour son articulation avec le radius et le métatarse.

Je pense qu'on peut mettre au rang des vaines spéculations les efforts de plusieurs anatomistes pour retrouver, dans les inégalités et les apophyses de ces deux os, les rudimens de huit osselets qui composent le carpe chez l'homme. Comme toute la main chez l'oiseau ne présente que trois doigts étant par conséquant d'une composition plus simple que chez l'homme, il me semble que cette simplicité de composition doit se retrouver aussi dans la composition du carpe.

DU MÉTACARPE. (OS METACARPI.)

Représenté pl. III. f. 19 16., il est partagé longitudinalement, et pl. IV, f. 31 6.

§. 164. Cet os compliqué nait chez le poulet vers le douzième et le treizième jour d'incubation par deux points d'ossification; l'un pour sa branche radiale, et l'autre pour sa branche cubitale.

Chez l'homme les os du métacarpe offrent une consistance cartilagineuse déja vers la fin du second mois ils s'ossifient comme les os longs du point central vers les extrémités. D'après KERKRING, SÖMMERRING, DANZ, SENFF et NICOLAÏ, cette ossification commence dans le troisième mois, NESBITT et BECLARD la place dans le second mois. L'assertion de ce dernier observateur, que l'ossification commence d'abord dans le second doigt, qu'elle se manifeste ensuite dans le troisième, puis dans le quatrième et enfin dans le pouce n'est pas fondée d'après VALENTIN; elle est également contraire à tout ce que j'ai remarqué dans le développement osseux des oiseaux. SENFF a démontré avec évidence que les os métacarpiens pour l'index et le medius s'offifient un peu avant les autres, celui pour le pouce est un peu en arrière et présente une masse cartilagineuse assez forte à son extrémité supérieure.

Chez la corneille le métacarpe est un os très développé composé de deux branches dont l'antérieure et la radiale, la plus forte est d'une forme cylindrique qui s'articule en haut avec l'os carpi-radial, à l'aide d'un condyle lisse à côté duquel en remarque s'apophyse polliéale donnant attache aux phalanges de ce doigt; à l'extrémité inférieure de cette branche vient s'articuler la première phalange du doigt medius.

Cette branche est intimement réunie à ses deux extrémités avec la branche cubitale postérieure plus grêle et un peu plus longue, ayant les deux extrémités très renflées; la supérieure pour s'articuler avec l'os carpi-cubital, et l'inférieure avec le troisième doigt.

DES PHALANGES DES TROIS DOIGTS.

Représenté pl. I. f. 1 *q'*.; pl. III. f. 19 *i. n. o. m.*; pl. IV. f. 31 VI. VII. VIII. IX. X.

§. 165. Ils naissent, chez le poulet, de très bonne heure vers le treizième jour d'incubation. C'est la première phalange du médius qui nait la première; les autres phalanges des deux autres doigts naissent bientôt après; chacun par un seul point d'ossification placé au centre et qui s'étend vers les deux extrémités. Je ne puis affirmer, mais il me parait que la première phalange du medius nait au moins par deux points d'ossification, pour les deux parties principales dont il se compose.

D'après NESBITT ce serait la prémière, puis après la troisième, et d'après SENFF ce serait d'abord la première et la troisième qui s'ossifieraient avant la seconde; NICOLAÏ s'accorde avec NESBITT, et RITGEN avec SENFF; d'après VALENTIN ces osselets sont d'abord renflés et ramassés et s'allongent rapidement, en sorte que vers le milieu du quatrième mois on remarque déja les différences de leurs grandeurs relatives. Les épiphyses sont encore cartilagineuses au moment de la naissance.

Je crois que chez la corneille et par suite chez les Oiseaux en général les trois doigts de la main correspondent, chez l'homme, non pas au pouce, à l'index et au medius, comme on le pense généralement, mais bien à l'index, au medius et à l'annulaire; de sorte qu'il manquerait à l'oiseau non pas les deux derniers doigts, l'annulaire et l'auriculaire, comme on le pense généralement, mais bien le premier et le cinquième, c'est-à-dire, le pouce et l'auriculaire. Il faudrait plus de détails que nous n'en pouvons donner pour démontrer la vérité ou au moins la grande probabilité de cette pensée.

La phalange du premier doigt, celle qui s'attache à l'extrémité supérieure du métacarpe, forme un petit osselet cylindrique et applati (pl. III. f. 19 *i*.). Je n'ai pu trouver, avec certitude, pour seconde phalange de ce doigt qu'un très minime tubercule cartilagineux, difficile à trouver, et qui souvent même né parait pas éxister du tout. La première phalange du second doigt est un osselet très long et assez large qui présente une concavité sur sa face supérieure pour loger quelques muscles de cette région; la seconde phalange de ce doigt est beaucoup plus petite, grêle et pointue. Ce que je viens de dire de la seconde phalange du premier s'applique à la troisième phalange du second doigt, et à la seconde phalange du troisième doigt; la première phalange de ce dernier doigt est un petit osselet allongé qui ressemble en tout à la phalange du premier doigt.

V.

RÉGION ABDOMINALE.

Représenté pl. IV. f. 29. 5. rég.

§. 166. La portion inférieure de cette région celle qui nait dans le tube inférieur et dont seule nous avons à nous occuper ici consiste dans les trois dernière paires de côtes, dont les deux premières sont sternales, et la dernière quoique très développée n'atteint cependant pas le sternum.

Il en résulte conséquemment le nombre des côtes chez la corneille adulte est de huit paires dont les deux premières sont fort courtes et privées d'apophyses sternales; les cinq paires qui viennent après sont fort développées, et pourvues de longues apophyses postérieures, hamulus, et enfin la toute dernière, très longue et grêle, n'ayant pas de hamulus, mais une apophyse inférieure très longue. Ces trois paires de côtes naissent chez le poulet à la même époque que les côtes pectorales déja vers le treizième jour d'incubation par trois points d'ossification, un pour le corps, un pour le hamulus, et un pour l'apophyse sternale.

Quant à l'homme voyez ce que nous avons dit §. 151.

Nous renvoyons aussi pour les détails de la description de ces côtes à ceux que nous avons donnés sur les côtes pectorales dans ces même paragraphe.

VI.

RÉGION LOMBAIRE.

§. 167. Nous avons vu §. 122 et 123 que la portion de cette région qui nait dans le tube supérieur est très simple, ne consistant que dans quatre vertèbres peu compliquées et intimement soudées.

Il n'en est pas de même pour la portion inférieure de cette région, celle qui nait dans le tube inférieur, et dont il reste à nous occuper maintenant; c'est elle qui constitue le bassin, formé de l'ilium, de l'ischion et du pubis.

C'est à cette portion inférieure de cette région que nous rapportons aussi les pièces osseuses qui constituent les extrémités inférieures, quoi qu'elles ne naissent pas originairement dans le tube inférieur, mais bien comme nous avons vu §. 155 par un renflement placé sur la ligne de démarcation entre le tube supérieur et le tube inférieur, ainsi que cela a lieu pour les extrémités supérieures, dont nous aurions dû parler, si nous avions suivi avec les derniers scrupules le plan très rigoureux que nous nous sommes tracé et qui sert de base à ce mémoire, à la région brachiale. Mais comme le bras constitue la partie active de l'appareil du vol, qu'il importait de présenter dans son ensemble, je n'ai pas voulu l'en séparer, et j'ai parlé des os du bras dans la région pectorale §. 150 et suivant.

Le premier des os du bassin dont nous allons nous occuper maintenant est:

L'ILÉON. (ILIUM.)

Représenté pl. I. f. 1 *w.*, f. 6 *w.* et pl. IV. f. 29 *q. u.*

§. 168. Cet os, le plus considérable du bassin dont il occupe toute la région latérale, nait assez tardivement chez le poulet vers le seizième et le dixseptième jour d'incubation par deux points d'ossification placés au centre de chaque partie, qui s'étendent très lentement, de sorte que ces deux parties ne sont pas encore réunies chez le jeune poulet de plus de cent jours.

Chez l'homme le bassin présente à l'origine quatre lames cartilagineuses. Une pour l'iléon, une pour l'ischion, une pour le pubis; et une pour le sacrum. Cette dernière pièce est composée de cinq vertèbres rudimentaires qui commencent leur ossification au commencement du troisième mois. L'ischion s'ossifie pendant le neuvième, ou bien reste cartilagineux jusqu'au moment de la naissance.

D'après KERKRING, RUYSCH (catal. rar. p. 26) et MAYER l'ossification de l'iléon commence dans le second mois; d'après NESBITT et NICOLAÏ dans le troisième, d'après BÉCLARD dans la septième ou la huitième semaine, et d'après SENFF dans la onzième. D'abord il parait un petit noyau osseux, au milieu du cartilage ou rudiment de l'iléon, qui produit bientôt deux branches dont l'une se dirige vers le sacrum, et l'autre vers la cavité cotyloïde. Dans le cinquième mois l'iléon a déja assez la forme qu'il a chez l'adulte. Au moment de la naissance toutes ses parties sont ossifiées et l'iléon se trouve encore séparé de l'ischion par une partie cartilagineuse de trois lignes d'épaisseur; son cartilage se trouve aussi à la jonction des autres os du bassin.

Chez la corneille adulte cet os mince, étendu, se compose de deux parties très distinctes (pl. IV. f. 29 *q.* et *u.*), séparées l'une de l'autre par une crête saillante (*n'*). L'antérieure forme une courbe concave qui reçoit les muscles fessiers. Ses bords supérieurs sont écartés pour laisser passer sur la ligne moyenne les épines dorsales des vertèbres lombaires intimement réunies en une forte lame osseuse; la partie postérieure est convêxe à l'extérieur, concave à l'intérieur où elle forme la plus grande partie des parois internes du bassin. L'iléon a pour fonction de protéger les organes de la génération; l'air qui le pénètre lui arrive de la poche pneumatique sacrée par deux groupes de trous, placés sur la face interne de sa portion postérieure, au dessous et en arrière de la cavité glénoïde.

DE L'ISCHION. (OS ISCHII.)

Représenté pl. I. f. 1 *y.*, pl. III. f. 23 *a.* sur sa face interne; pl. IV. f. 29 *w.*, f. 30 *w.*

§. 169. Cet os occupe la région latérale et postérieure chez le poulet il nait assez tardivement vers le seizième et dix septième jour d'incubation et souvent plus tôt par son point d'ossification placé au centre de son corps, et probablement encore par un second pour sa branche montante celle qui forme la paroi postérieure de la cavité glénoïde.

D'après KERKRING l'ischion s'ossifie chez l'homme dans le quatrième mois; d'après NESBITT dans le quatrième ou le cinquième, et d'après NICOLAÏ et RITGEN dans le cinquième mois. MR. VALENTIN affirme avec NICOLAÏ que dans le cinquième mois déja l'apophyse de cet os est très distinctement indiquée. Son ossification commence déja vers la fin du quatrième mois; qu'elle se présente d'abord sur sa branche descendante près de l'acetabulum. Cette branche descendante est encore cartilagineuse dans sa plus grande partie chez le nouveau-né. C'est la portion qui concourt à la formation de la cavité cotyloïde qui seule s'est ossifiée.

Chez la corneille adulte cet os d'une forme très irrégulière, concourt à la formation de quatre trous ainsi, l'incisure ischiatique (incisura ischiatica), pl. IV. f. 29 w'. placée entre lui et la partie postérieure de l'iléon; le trou oblong (foramen oblongum), d'une forme beaucoup plus allongée et placée entre l'ischion et le pubis; le trou ovale (foramen ovatum) est de tous le plus petit placé en avant du trou oblong également entre le pubis et l'ischion. Enfin la partie antérieure de l'os concourt à la formation de la cavité cotyloïde destinée à recevoir la tête du fémur. Le peu d'air qu'il contient lui arrive de la poche pneumatique sacrée par sa communication avec l'ischion.

DU PUBIS. (OS PUBIS.)

Représenté pl. III. f. 23 d. d., pl. IV. f. 29 x.

§. 170. C'est un os long et grêle qui occupe le bord inférieur et postérieur du bassin. Il nait chez le poulet assez tardivement vers le dix-septième, dix-huitième jour d'incubation par un seul point d'ossification vers le milieu de l'os, mais qui s'étend assez rapidement vers ses deux extrémités.

Chez l'homme, c'est le dernier des trois os du bassin qui s'ossifie. D'après NICOLAÏ, c'est dans le sixième mois, et d'après MR. VALENTIN, c'est quelquefois encore plus tard: RITGEN et KERKRING fixe ce moment dans le cinquième mois et MAYER dans le quatrième, ce qui d'après VALENTIN est évidemment erroné. D'après RITGEN, la partie ossifiée pendant la seizième semaine, présente 1½ ligne de longueur, tout l'os en ayant 2½ lign. Les deux extrémités restent cartilagineuses longtemps après la naissance.

Chez la corneille adulte c'est un os fort simple, grêle allongé, peu recourbé au dehors, qui reçoit le peu d'air qu'il renferme par communication avec l'ischion et l'iléon.

DU SACRUM. (OS SACRUM.)

§. 171. C'est chez la corneille adulte une lamelle osseuse que nous avons déja indiquée sur les vertèbres sacrés, n'étant par sa naissance que l'élargissiment des épines dorsales et des apophyses latérales de ces vertèbres: Cette lame est au reste toujours très nettement séparée de la partie postérieure de l'iléon, entre laquelle elle est comprise.

---

§. 172. Il nous reste maintenant, pour terminer les détails que nous avons donnés sur les diverses pièces du squelette en particulier, à nous occuper des os qui

composent l'extrémité inférieure. Le premier et le plus considérable de ces os est:

LE FÉMUR. (OS FEMORIS.)

Représenté pl. I. f. 1 s., f. 6 s.; pl. III. f. 20 w. vu dans son intérieur; pl. IV. f, 29 11. vu en place et sur sa face externe.

§. 173. Cet os qui occupe la partie supérieure de la cuisse nait de très bonne heure chez le poulet vers le douzième jour d'incubation, par un point d'ossification placé au centre de l'os, qui s'étend vers les deux extrémités, qui reste très longtemps cartilagineux chez le jeune poulet de cent vingt à cent trente jours et même davantage.

Chez l'homme son ossification commence d'après NESBITT, vers la cinquième semaine, d'après NICOLAÏ vers la fin du second mois, d'après SENFF dans la huitième semaine, et enfin d'après BÉCLARD dans la quatrième. Vers le milieu du troisième mois il atteint la grandeur de l'humerus, et vers la fin du même mois, d'après VALENTIN, il le dépasse de 1 à 2 lignes. Dans le quatrième mois il s'amincit au milieu se renfle à ses extrémités, et se courbe un peu vers l'intérieur, d'après MR. VALENTIN directement contradictoire à MECKEL et RITGEN. Dans le sixième mois on remarque les premiers indices des trochanters, et dans le mois suivans ceux du col. Chez le nouveau né il n'y a que la portion moyenne qui est ossifiée.

Chez la corneille adulte c'est un os cylindrique, courbé un peu en avant, renflé à ses deux extrémités, il a 5 centimètres de longueur. Son extrémité supérieure présente une apophyse terminée par une tête d'articulation formant un angle droit avec l'axe de l'os, montée sur une partie qu'on appelle le col, et qui s'ajuste dans la cavité cotyloïde du bassin. Sur la partie externe de cette même extrémité se remarque une élévation rugueuse correspondante au grand trochanter chez l'homme, servant d'attache à de puissans muscles de cette région. Sur la face postérieure du grand trochanter commence une crête qui se perd successivement sur le corps de l'os.

L'extrémité inférieure et plus volumineuse du fémur présente deux condyles très forts destinés à l'articulation avec le tibia et le peroné, l'externe surtout est volumineux. Le fémur reçoit son air de la poche sous fémorale qui envoie de l'air dans le tissu cellulaire compris entre les muscles de l'articulation du fémur: il entre par des petits trous pneumatiques placés à l'extrémité supérieure de l'os. Chez les bons voliers il y a aussi des trous pneumatiques placés à l'extrémité de la partie inférieure de l'os, destinés à la sortie de l'air. [1]

DU TIBIA. (TIBIA.)

Représenté pl. I. f. 1 t., f 6 t.; pl. III. f. 20 x. vu dans son intérieur; pl. IV. f. 29 12. vu en place et sur sa face externe.

---

1 Consultez mon mémoire sur la pneumaticité chez les Oiseaux qui forme le cinquième numéro de la minerve du Nord (au bureau des traductions rue St. Jacques. № 189).

§. 174. C'est un os long de 8 centimètres, d'une forme cylindrique, qui nait chez le poulet d'assez bonne heure, vers le douzième jour d'incubation par un seul point d'ossification, placé au centre de l'os, s'étendant rapidement vers les deux extrémités lesquelles restent très longtemps cartilagineuses, et ne s'ossifiant que chez le poulet de cent vingt à cent trente jours.

Chez l'homme, KERKRING admet, mais avec doute d'après deux observations que le tibia est encore cartilagineux au second mois et que le péroné est encore tout à fait membraneux; Mr. VALENTIN dit qu'il lui parait évident que cette dernière erreur a sa cause en ce que le tibia dépasse déja de très bonne heure, et de beaucoup en volume, le péroné, quoique pendant le second mois le péroné est, comparé au tibia, plus grand que chez l'adulte. KERKRING et NICOLAÏ placent le commencement de l'ossification de cet os dans le troisième mois; SENFF dans la neuvième semaine; BECLARD dans la cinquième, et RITGEN dans la septième. Le tibia a déja dès le commencement une masse osseuse plus considérable que le péroné; ce n'est que pendant le septième mois que se réalisent les rapports qui éxistent chez l'adulte, quelquefois même pas avant la naissance. La partie supérieure du tibia s'ossifie d'après MECKEL dans le neuvième mois, et d'après BECLARD ce ne serait que vers la fin de la deuxième année; d'après VALENTIN il est certain que l'extrémité supérieure s'ossifie toujours avant l'inférieure.

Chez la corneille adulte c'est un os très considérable qui atteste, par le grand nombre des apophyses qui hérissent surtout son extrémité supérieure, les nombreux muscles auxquels il donne attache. Le corps de l'os est un peu applati d'avant en arrière; son extrémité supérieure se termine par des facettes articulaires et en avant par deux apophyses larges et minces et tout au tour des bords très saillans; dans le tiers supérieur de la face externe de l'os, dans le point où le péroné s'applique contre le tibia se trouve une crète très saillante; l'extrémité inférieure se termine par une coulisse qui reçoit l'extrémité supérieure du métatarse, et par deux apophyses arrondies, placées sur les deux côtés. Le tibia reçoit son air du réservoir pneumatique que forment les cellules entre les muscles de l'articulation tibia-fémorale, par de petits trous dispersés à son extrémité supérieure.

DU PÉRONÉ. (FIBULA.)

Représenté pl. I. f. 1 *t'*, f. 6 *t'*; pl. IV. f. 29 XIII. vu en place et sur sa face externe.

§. 175. Ce petit os se trouve sur la face externe du tibia. Il nait avec lui, ou peu de temps après, chez le poulet, vers le douzième ou le treizième jour, par un seul point d'ossification placé au centre de l'os.

Quant à l'homme voyez ce que nous avons dit §. 174.

Chez la corneille adulte c'est un os très grêle qui se termine en bas par une pointe très effilée, et en haut par une petite facette qui s'articule avec le fémur et une autre plus petite qui s'applique contre le tibia. Il est très peu ou point pneumatique.

DE LA ROTULE. (PATELLA.)

Représenté pl. III. f. 20 *a*.

§. 175 *bis*. Ce petit osselet nait fort tard chez le poulet vers le 130ème jour. Chez l'homme c'est également un des derniers os du squelette qui prend naissance par un seul point d'ossification placé au centre.

Chez la corneille adulte elle consiste dans un petit os arrondi, formé d'une masse osseuse compacte qui s'applique également sur les parois du canal de la face antérieure du tibia sur laquelle il glisse, et dans laquelle il est retenu par des ligamens très forts qui sont surtout attachés au bord externe du tibia. Elle sert d'attache à des muscles extenseurs, très forts, de la jambe.

DU MÉTATARSE. (OS TARSI.)

Représenté pl. I. f. 1 *t.*, f. 6 *u.*; pl. III. f. 20 7.; pl. IV. f. 29 14.

§. 176. Il nait chez le poulet assez bonne heure, vers le douzième jour d'incubation par un seul point d'ossification, placé au centre de l'os, et qui s'étend fort rapidement vers les extrémités, de sorte que chez le poulet de dix à quinze jours, l'ossification a déja fait de grands pas; les deux extrémités cependant restent encore cartilagineuses jusqu'au trentième et au quarantième jour, surtout l'extrémité supérieure.

Chez l'homme, il s'ossifie, selon VALENTIN, à la même époque que les os du métacarpe; époque qui a lieu d'après NESBITT, au troisième mois, d'après SENFF et RITGEN à la douzième semaine. NICOLAÏ a trouvé cinq points d'ossification allongés déja dans le troisième mois. Le reste de l'histoire de leur développement est le même que pour les os du métacarpe, avec la différence que déja dans le cinquième mois ils offrent la grandeur relative qu'ils ont chez l'adulte: Les épiphyses restent cartilagineuses pendant toute la grossesse.

Chez la corneille adulte c'est un os cylindrique, allongé qui présente sur sa face postérieure une gouttière très marquée dans laquelle se trouvent un grand nombre des muscles fléchisseurs des doigts du pied, et à côté de laquelle se trouve une crète très saillante, une gouttière semblable se trouve aussi sur la face antérieure; l'extrémité supérieure très rentrée présente deux facettes pour l'articulation du tibia; entre elles une apophyse fort saillante, et en arrière une apophyse fort volumineuse percée de six trous pour le passage des muscles de cette région; L'extrémité inférieure moins grosse que la précédente montre trois petites poulies nettement séparées l'une de l'autre et destinées à l'articulation des premières phalanges des trois doigts antérieurs.

DES PHALANGES DU PIED. (PHALANGES PEDIS.)

Représenté pl. I. f. 1 *v.*, f. 6 *v.*; pl. III. f. 20 8. 9. 10. et 11.; pl. IV. f. 29 15.

75

§. **177.** Chez le poulet les phalanges du pied naissent assez tardivement vers le quatorzième jour chacun par un point osseux placé au centre de l'os, et qui s'aggrandit vers les extrémités, de sorte que chez le poulet de deux à trois jours il n'y a plus que les extrémités articulaires à se solidifier.

Chez l'homme, les auteurs ne s'accordent pas plus sur la fixation de l'époque de la naissance osseuse de cette dernière partie du squelette, que pour toutes les autres ainsi que nous l'avons vu.

D'après KERKRING, NESBITT et NICOLAÏ, si l'on excepte la dernière phalange du petit doigt toutes les autres prendraient naissance à la même époque que les phalanges des doigts de la main. D'après SENFF la troisième phalange s'ossifie avant la treizième semaine, et la première dans la quatorzième semaine; d'après BÉCLARD, la première s'ossifierait après le cinquantième jour, et la troisième avant le quarante cinquième; et le medius au milieu de la grossesse; d'après RITGEN, la troisième phalange s'ossifierait dans la dixième, et la première dans la douzième semaine. L'ossification du medius commence dans le sixième mois. Déja, dans le quatrième ou cinquième les phalanges présentent des rapports comme chez l'adulte; d'après DANZ l'ossificatiou commence vers les extrémités des phalanges externes.

Chez la corneille adulte les phalanges des doigts sont de petits os cylindriques que nos figures feront mieux connaître que toutes les descriptions. Elles s'articulent les unes avec les autres d'une manière très solide, et donnent attache à ce grand nombre de muscles qui servent à leur mouvement.

DES OS SÉSAMOIDES.

Représentés pl. III. f. 20 *a. a.* &c.

§. **178.** Ce sont des petits osselets placés dans les articulations principalememt du pied, mais qui peuvent se trouver dans les articulations des autres os du squelette, lorsqu'il s'agit de les fortifier: Ils naissent très tard chez le poulet vers le cent vingtième au cent trentième jour chacun par un point d'ossification particulier; chez l'homme les osselets sésamoides sont cartilagineux dans le troisième mois d'après VALENTIN: et s'ossifient d'après NESBITT et RITGEN vers l'époque de la naissance.

Ils ne sont jamais pénétrés d'air, ainsi que tous les osselets servant à fortifier les articulations.

§. **179.** Pour terminer tout ce que nous avons à dire sur les pièces osseuses, cartilagineuses et cornées qui entrent dans l'organisation de l'oiseau, il faudrait n'ous occuper encore de l'os hyoïde, de la trachée artère &c. &c.; d'une part, et des plumes, de la matière cornée qui recouvre le bec et les pattes &c., de l'autre part; mais comme ces deux sorte d'organes tiennent à deux systèmes distincts, l'un protecteur, couvrant plus ou moins la face externe du corps contre les influences physiques et chimiques de la substance du dehors introduite dans l'intérieur de l'organisme: le plan de l'ensemble de nos recherches ne nous permet pas d'en parler ici, puisque ce mémoire est destiné uniquement à bien faire connaître dans toutes leurs phâses de développement les pièces osseuses qui composent le squelette proprement dit, celui qui constitue la charpente du corps et dont la fonction principale est de protéger le système nerveux.

IIIᵉᵐᵉ PARTIE.

§. **180.** Après avoir parlé dans la première partie de l'histoire du développement du squelette et dans la seconde du développement de chacune de ses pièces en particulier, et de leur état chez l'être adulte, il nous reste maintenant pour terminer ce mémoire, plus volumineux que nous ne l'avions pensé au commencement, à dire quelques mots sur la naissance et le mode de formation successif des tissus osseux, et sur les faits généraux que présente le squelette considéré dans son ensemble chez l'être adulte. On verra tout-à-l'heure qu'il y a là encore des faits que nous ne pouvions pas omettre, ni passer sous silence.

A. *SUR LA NAISSANCE ET LE MODE DE FORMATION SUCCESSIF DES TISSUS OSSEUX.*

§. **181.** Dans l'histoire de la formation de toute pièce osseuse il y a trois états ou phâses à distinguer dans la 1ᵉᵉ la matière est encore molle, membraneuse et présente sous le microscope les globules propres à tous les tissus organiques; dans la 2ᵉᵐᵉ la matière a pris une consistance cartilagineuse que, pour certaines parties, elle conserve toujours; dans la 3ᵉᵐᵉ la matière prend une consistance osseuse.

§. **182.** Les procédés qu'emploie la nature pour créer le tissu osseux constituent un des points les plus difficiles et les plus obscurs encore de l'histéogénie. Les os plats commencent par une membrane qui s'épaissit plus ou moins; les os longs par une substance également membraneuse, arrondie, s'allongeant bientôt en une forme cylindrique. Ils viennent de plus en plus opaques, les globules qui la constituent se reserrent les unes contre les autres et forment avec la matière demi fluide qui leur sert de lien, une substance transparente et gélatineuse. Il n'y a pas encore de traces d'un arrangement régulier parmi les globules; bientôt après on voit naître dans l'intérieur de cette substance un grand nombre de petites cavités arrondies et isolées plus rapprochées de la périphérie que du centre de l'os. Ces cavités s'allongent, puis se touchent, se confondent, et finissent par former des nombreux canaux dont les dimensions latérales ont jusqu'ici très peu changé. Nous verrons plus tard que la naissance de ces canaux a beaucoup de ressemblance avec celle des vaisseaux, ils jouent en général un rôle beaucoup plus important dans la composition des os qu'on ne l'avait pensé jusqu'ici. Cette formation de canaux a lieu immédiatement avant que l'os passe à la consistance cartilagineuse: On peut l'étudier le mieux sur les os plats. Plus l'embryon est jeune, plus les canaux sont volumineux par rapport à la grandeur de l'os: D'après Valentin il dépasse peu chez l'embryon humain les proportions relatives qu'elles offrent chez l'adulte. Il a trouvé que dans le tibia d'un fétus de sept mois, le diamètre d'un des canaux rapprochés de la surface, et de 0,002485 pouces de Paris, et celui de l'espace intermédiaire de 0,004407 de ce même pouce. Le dégré de spongiosité d'un os dépend du plus ou moins de l'élargissement et de l'entrecroisement de ses canaux qui font qu'il y a plus de lacunes vides que d'espace rempli par la matière. Lorsque le cas contraire a lieu il se forme ce qu'on appelle vulgairement, mais à tort, la texture fibreuse.

§. 183. Outre les canaux dont nous venons de parler il se forme encore des corpuscules par métamorphose des globules qui, d'après Valentin, éxistaient d'abord. Ces corpuscules se placent par séries ordinairement parallèles aux canaux, étant logés chacun dans une espèce de gaîne, formée par la matière qui les entoure. Ces corpuscules d'abord arrondis, s'allongent et deviennent pointus vers leurs extrémités. Mr. Valentin a trouvé que dans le cubitus de l'embryon humain de trois mois ces corpuscules ont: 0,000456 pouces de Paris de largeur, sur une longueur de: 0,000658 p. de Paris; tandis que chez l'adulte leur largeur était de: 0,000405 et leur longueur 0,000707.

§. 184. Ce qu'on appelle vulgairement fibre dans les os n'est autre chose que les parois plus ou moins mince de nombreux canaux, et de la matière osseuse formée par les corpuscules et autres matières comprises entre ces canaux. On conçoit facilement que ces fibres sont d'autant plus distinctes et plus nombreuses qu'il y a moins de canaux et que leur entrecroisement est moins fréquent. On voit donc que ces fibres ne sont pas, comme on l'a pensé quelquefois, distinctes du reste de l'os.

§. 185. C'est avec la naissance des corpuscules que commence l'état cartilagineux de l'os, lequel continue à persister lorsque les corpuscules sont très nombreuses et très rapprochées l'une de l'autre, mais dans le cas où, par un développement ultérieur ces corpuscules s'écartent, et que les parois des canaux et ces corpuscules elles mêmes prennent plus de consistance, le cartilage passe successivement à l'état osseux.

Ainsi nous voyons donc que la structure crystalline qui prédomine dans les parties solides des êtres inférieurs, et disparait à mesure qu'on remonte vers les animaux d'une organisation plus compliquée, n'éxiste plus dans le tissu osseux des oiseaux. Leur squelette est le résultat d'actions, ou d'opérations vitales successives, et non plus l'effet d'une simple déposition de matières terreuses par la jonction de molécules crystallisées, aussi les parties du squelette, une fois formées, ne restent

elles pas stationnaires, comme chez les animaux inférieurs recouverts de coquilles et de testes calcaires où l'accroissement des parties solides consiste simplement dans l'application de nouvelles couches sur les anciennes, et l'écartement ou l'élargissement de ces dernieres, mais il est toujours pénétré et animé par de nouvelles molécules nutritives dans ses parties les plus intimes.

B. *FAITS GÉNÉRAUX QUE PRÉSENTE LE SQUELETTE CONSIDÉRÉ DANS SON ENSEMBLE CHEZ L'OISEAU ADULTE.*

§. 186. L'oiseau pris à son entier dévéloppement, privé de toutes ses parties liquides et molles n'a plus que le squelette dans toute sa nudité. Ce squelette, le plus solide et le plus résistant de tout ce qui entre dans l'organisation de l'oiseau, est pendant la formation une des plus lentes de toutes les parties du corps, le plus influencé, et le plus dépendant de tous les autres systèmes d'organes; il est celui dont la forme et la texture sont le plus modifiées par les parties qui sont en rapport avec lui: car tous les tissus organiques formés à l'origine aux dépens de matières liquides par la condensation ou la solidification des globules de ces liquides parviennent généralement d'autant plus tard à leur entier développement que leur consistance s'éloigne d'avantage de leur état de fluidité originaire. Le squelette est donc une des dernières parties qui achève sa formation; il est, par conséquent, susceptible d'être modifié jusqu'à un certain point, et pendant un certain temps, par les autres parties du corps déja plus avancées dans leur développement.

§. 187. Du moment où les os sont parvenus au terme de leur accroissement, des rapports inverses s'établissent successivement, les parties molles tendent à se solidifier; les liquides diminuent et se condensent davantage jusqu'à ce qu'il arrive un terme où la vie ne peut plus se prolonger; quoique le squelette lui-même serait encore propre à la prolonger pendant un certain temps. La décomposition des os après la cessation de la vie est encore beaucoup plus lente que leur formation; c'est plutôt à la chimie organique et particulièrement à ses lois physiques et générales qu'il faut demander les explications sur la marche et les principes qui président à cette décomposition; et non pas à l'anatomie et à la physiologie dont seules nous nous occupons. [1]

§. 188. Ce squelette nourri d'une manière lente par des matières terreuses principalement constitue la partie la moins vivifiée du corps; chez l'oiseau cependant, il

---

1 Je remarquerai, en passant, que la question que je touche ici est plus importante qu'elle ne pourrait paraître au premier aspect, formant un object de recherches très digne de l'examen d'un habile chimiste; puisque les principes qui président aux décompositions successives des os sont de même nature, on a peu près, de ceux qui sous d'autres circonstances font passer l'os à l'état fossile. La solution de cette question rendrait donc un grand service à la géologie, science qui promet et qui a déja fourni de si heureuses applications à l'art d'explorer l'intérieur de la terre, à l'agriculture, et aux branches d'industrie les plus importantes.

donne lieu par sa pneumaticité à une nouvelle série de phénomènes, qui lui imprime une activité inconnue chez les autres animaux. C'est la légèreté extrème, la dureté et la compacité de la substance osseuse qui constituent les caractères principaux du squelette chez l'oiseau.

§. 189. La composition chimique, entre les élémens ordinaires et communs à tous les os, montre chez l'oiseau surabondance de phosphate de chaux, qui propablement peut expliquer la blancheur de ces os plus grande que chez l'homme et les mammifères.

§. 190. Toute la surface du squelette est revêtue d'une membrane tenace et résistante, le périoste qui sert pour les attaches des fibres musculaires. Une seconde membrane plus vasculaire et moins résistante tapisse la surface interne des cavités osseuses, elle est destinée surtout à aider la nutrition des os.

§. 191. Il y a peu d'animaux chez lesquels la différence entre la fixité de certaines parties et la mobilité de certaines autres est aussi marquée que chez l'oiseau. Le tronc formé en haut par les vertèbres pectorales, abdominales, lombaires et sacrées, les os du bassin, par les côtes et en bas par le sternum, constitue la partie fixe, et les extrémités antérieures et postérieures, la tête avec le cou, et enfin la queue forment les parties mobiles. Les influences du monde ambiant dont plusieurs sont dirigées vers la destruction de l'organisme, ce sont ces parties mobiles qui, placées vers la périphérie de l'être sont principalement destinées à le défendre et à lui assurer la tranquillité nécessaire à l'exercice des fonctions vitales dont les plus importantes sont confiées aux organes que renferme le tronc.

§. 192. La forme générale du squelette est d'être allongée fortement en avant, surtout dans sa région cervicale, et un peu comprimée latéralement.

§. 193. La fonction du système osseux est de nature passive, c'est qu'il est obligé d'obeir à l'impulsion du système musculaire dans la locomotion. Nous avons déja passé en revue la fonction de chaque pièce en particulier en nous occupant de son développement et de sa description chez l'être adulte. C'est le squelette qui donne au corps ses formes principales et qui sert d'appui à tous les autres systêmes.

§. 194. Nous devons remettre la question du mouvement comme une fonction dans laquelle le squelette joue un rôle principale, question qui est devenue fort interessante par les savantes recherches de Mr. Weber, au prochain mémoire où je traiterai de la myologie, mémoire auquel je renvoie encore plusieurs autres questions non moins intéressantes qui ne pourront être bien compris qu'après avoir traité les deux systêmes de loco-motion.

---

1 Je reçois à l'instant même, l'analyse détaillée de l'intéressant ouvrage des deux frères Weber, pour le bureau de traduction, rue St. Jacques, № 189.

EXPLICATION DES PLANCHES.

PLANCHE I.

Fig. 1: Réprésente l'embryon du poulet au moment de son éclosion. *a.* intermaxillaire et maxillaire supérieurs. *b.* nasal. *c.* narines. *c'.* faibles trace de l'ethmoïde. *d.* frontal. *e.* machoire inférieure. *f.* jugal. *g.* sphénoïde. *h.* occipital. *i.* temporal. *k. k.* vertèbres cervicales, *w.* os de la hanche. *x.* vertèbres sacrée et coccygiennes. *z.* la toute dernière vertèbre, formée de plusieurs vertèbres rudimentaires. *y.* pubis. *y'.* ischion. *n.* omoplates. *m'.* vraie clavicule. *m.* clavicule coracoide. *n'.* humerus. *l.* sternum. *l'.* appendices sternales des côtes. *l''.* côtes. *o.* cubitus. *p.* radius. *q.* branche radiale du métatarse. *r.* branche cubitale. *i.* premier doigt. *q'.* second doigt, le troisième doigt forme un petit tubercule à côté. *s.* fémur. *t.* tibia. *t'.* péroné. *t''.* métatarse. *v.* phalange.

Fig. 2: Face postérieure de la tête. *α.* l'occipital. *b.* pariétal. *λ.* trou occipital. *c.* son condyle. 32. siphoneum. *g.* os carré. 31. portion postérieure du jugal. *k.* apophyse articulaire pour l'omoïde. 22. ce même os carré vu d'une autre face.

Fig. 3: Face intérieure du sternum et de la clavicule coracoïde. *a.* clavicule coracoïde. *b.* son trou aërien. *d.* apophyse antérieure du sternum. *e.* apophyse postérieure. *g.* échancrure. *η.* crista spinalis.

Fig. 4: *a.* Atlas vu de côté. *ᵟ.* son arc supérieur. *β.* son corps. *b.* épistropheus. *d.* son corps. *e.* son apophyse spinale. *c.* son apophyse dentaire.

Fig. 5: L'omoplate vu sur sa face interne. *a.* face d'articulation.

Fig. 6: Représente l'embryon du canard de 13 jours d'incubation. Les memes lettres indiquent les memes parties comme dans f- 1.

Fig. 7: Représente les rudimens du petit squelette encore membraneux de l'embryon du poulet de 8 jours d'incubation.

PLANCHE II.

Fig. 8: Les pièces osseuses de la tête désarticulées vues sur le côté droit. *a.* sternum. *b.* pariétal. *e.* occipital. *d.* sphenoïde. *e.* temporal. *η.* caisse du tympan. 27. os carré. 26. omoïde. 25. jugal. 24. palatin. 9. lacrymal. 9'. sa portion antérieure. 29. intermaxillaire. *f.* nasal. 23. maxillaire supérieur. 22. machoire inférieure.

Fig. 9: Cette même tête vue d'en haut. *a.* frontal. *k'.* lame horizontale de l'ethmoïde. *f.* nasal. 29. intermaxillaire. 23. maxillaire supérieur. 26. portion postérieure du jugal. 27. os carré.

Fig. 10: Tête désarticulée vue sur sa face inférieure. *α.* occipital. *τ.* sortie pour la trompe d'eustache. *r.* temporal. *m.* entrée de l'antivestibule avec le petit osselet de l'ouie. *e.* portion écailleuse de l'os. *o, w.* face articulaire pour l'os carré. *d.* sphenoïde. 24. palatin. *d'.* sa gouttière qui glisse sur le rostrum sphénoïdale. 30. omoïde. 29. intermaxillaire. 27. os carré. 26. jugal. 31. omoïde. 23. maxillaire supérieur.

Fig. 11: Les parties internes de l'audition dégagées des os environnans. *π. τ. o, z.* canaux demi circulaires. *b.* vestibule avec l'osselet de l'ouie. *η.* limaçon. *φ.* trompe d'eustache. *r.* cavité du tympan criblée de trous pour le passage de l'air dans l'intérieur des os du crane.

Fig. 12: Ces mêmes parties de l'audition vues du même côté mais ouvertes pour laisser voir leur intérieur. *j.* osselet de l'ouie. *a.* cavité du tympan. *v.* une portion du vestibule. Les autres lettres sont comme dans la figure précédente.

Fig. 13: Le temporal vu sur sa face interne et cervicale. *a,* concavité qui recouvre une portion du cerveau. *β.* aphophyse orbiculaire. *μ.* limaçon. *v.* trou pour la sortie des nerfs. *δ.* portion d'un cercle demi lunaire.

Fig. 14: Osselet de l'ouie. *a.* extrémité supérieure. *d.* trous aériens. *g.* disque osseux de l'extrémité inférieure. Les autres lettres indiquent des apophyses.

Fig. 15: L'occipital, vu sur sa face interne ou cérébrale. *α. β.* surface qui touche le cerveau. *ε.* trompe d'eustache. *λ.* trou occipital.

Fig. 16: Le basilaire ouvert pour faire voir les parties qu'il renferme. *α. α.* trompe d'eustache. *β.* canal osseux pour le passage d'une branche de la cinquième paire. *j.* limaçon. *r.* temporal.

Fig. 17: Cavité interne du crane. *ξ.* trou pour le passage du nerf olfactif. *s.* ouverture formée par une membrane. *μ.* concavité pour recevoir les grands hémisphères cérébraux. *η.* crête osseuse qui sépare ces concavités de concavités *r* destinées à recevoir le cervelet et

les couches optiques. *φ.* crête qui sépare les concavités pour les couches optiques de celles du cervelet *v. w.* trou pour la sortie des nerfs.

Fig. 18: Face interne du frontal. *α. α.* concavités qui recouvrent le cerveau, les grands hémisphères cérébraux. *β.* partie convexe placée entre ces concavités. *ε.* trous fermés par des membranes. *τ.* ouverture pour le nerf olfactif. *η.* apophyses antérieures du frontal.

PLANCHE III.

Fig. 19: Le bras gauche vu d'en haut et dans ses cavités internes. *a.* cavité interne de l'humérus. *b.* son trou aérien. 13. cubitus. *d.* radius. *h.* osselet cubital du carpe. *g.* osselet radial du carpe. *A.* petits osselets sésamoïdes qui servent à fortifier cette articulation. 16. métacarpe. *i.* premier doigt. *n.* second doigt. *m.* troisième doigt.

Fig. 20: Représente l'extrémité postérieure droite vue dans son intérieur. *w.* fémur. *x.* tibia. 7. métatarse. 8. pouce. 9. 10. 11. phalanges. *a, a, a, a.* os sésamoïdes.

Fig. 21: Face interne de la clavicule coracoïde, *m.* extrémités supérieures avec le trou aérien. *n.* apophyses saillantes. *g.* condyle qui glisse dans la gouttière de l'extrémité antérieure du sternum.

Fig. 22: Le sternum vu sur sa face inférieure. 1. la clavicule coracoïde. 2. la clavicule vraie. *α.* l'apophyse antérieure du sternum. *β.* le brechet. *δ.* crista spinalis du sternum.

Fig. 23: Le bassin et les vertèbres coccygiennes sciés de long de la ligne médiane et vus dans l'intérieur, ils forment les régions 6. 7. 8. *a.* l'ischion. *b.* les vertèbres sacrées. *á. η. v. s.* sont quatre ouvertures du bassin. *d. d.* pubis.

Fig. 24: La vraie clavicule, sa face interne. *a.* l'extrémité superieure. *d.* face d'articulation. *e.* trou aérien.

Fig. 25: La tête sciée selon sa ligne médiane; on voit l'intérieur de sa moitié gauche. *a.* frontal. *b.* cavité pour les grands hémisphères; un peu plus bas cavité pour les couches optiques. *c.* face interne du temporal. 27. l'os carré, le siphoneum appliqué sur lui. 26. l'omoïde. 25. le jugal. 24. le palatin. *d.* sphénoïde. 22. machoire inférieure. 23. maxillaire supérieur. 29. intermaxillaire. *g.* ethmoïde. *f* nasal. *u.* lame verticale de l'ethmoïde qui sépare les orbites.

Fig. 26: Face interne du sphénoïde. *α. α.* concavités pour les grands hémisphères cérébraux. *β.* concavités pour les couches optiques. *j.* pour une portion du cervelet. *δ.* rostrum sphénoïdale.

83

Fig. 27 : L'os hyoïde. *a.* son corps. *d.* ses deux branches.

Fig. 28 : Machoire inférieure vue d'en haut. *a.* apophyse interne. *b. c.* cavité d'articulation. *d.* apophyse postérieure. *e.* trou pneumatique.

PLANCHE IV.

Fig. 29 : Le squelette en entier, divisé en huit régions : I. Région encéphalique : *a.* frontal; *b.* pariétal; *b'.* apophyse orbiculaire commune au pariétal et au temporal; *c.* occipital; *d.* temporal; 5. cavité du tympan et entrée de l'antivestibulum; *h.* os carré; *k.* omoïde; *s.* machoire inférieure; *t.* jugal; *n.* lacrymal; *v.* sa portion antérieure; *i.* nasal; *p.* intermaxillaire; *r.* maxillaire supérieur; 2. sortie du nerf olfactif; *f.* portion verticale de l'ethmoïde; *e.* portion antérieure et orbiculaire du frontal. II. Région cervicale, composée de neuf sections (vertèbres), III. section brachiale, composée de trois sections ou vertèbres. IV. Région pectorale, composée de cinq vertèbres proprement dites portant les cinq premières paires de côtes : XVI. sternum; XVII. vraie clavicule; XVIII. clavicule coracoïde; XIX. omoplate; XX. côtes pectorales.

V. Région abdominale, composée de trois vertèbres proprement dites, portant les trois dernières paires de côtes : 9. apophyses costales postérieures (hamulus) VI. section lombaire, composée de quatre vertèbres proprement dites intimement soudées, et des os du bassin et des extrémités inférieures; *q.* iléon; *w.* ischion; *x.* pubis; XI. fémur; XII. tibia; XIII. péroné; XIV. métatarse; XV. pied. VII. Région sacrée, composée de sept vertèbres proprement dites, intimement soudées et de la lame horizontale du sacrum ou VIII. section coccygienne : *x.* dernière vertèbre coccygienne.

Fig. 30 : Face interne du bassin. VI. Région lombaire, les quatre sections sont séparées par des lignes pointées. VII. Région sacrée, les sept sections de cette région sont également séparées par de lignes pointées; sur les deux côtés se voient pareillement les cavités du bassin. *w.* ischion; tout en dehors sur le bord le pubis.

Fig. 31 : La face supérieure de l'aile droite : I. humérus; 15. son trou aërien; II. cubitus; III. radius; IV. os radio-carpe; V. os cubito-carpe; VI. méta-carpe; VII. premier doigt; VIII. second doigt; IX. troisième doigt; X. enfin seconde phalange du second doigt.

A Paris au Bureau des traductions Allemandes rue St Jacques N.º18.9   Imp de Lemercier.   dessiné et lithº par Jacquemin.

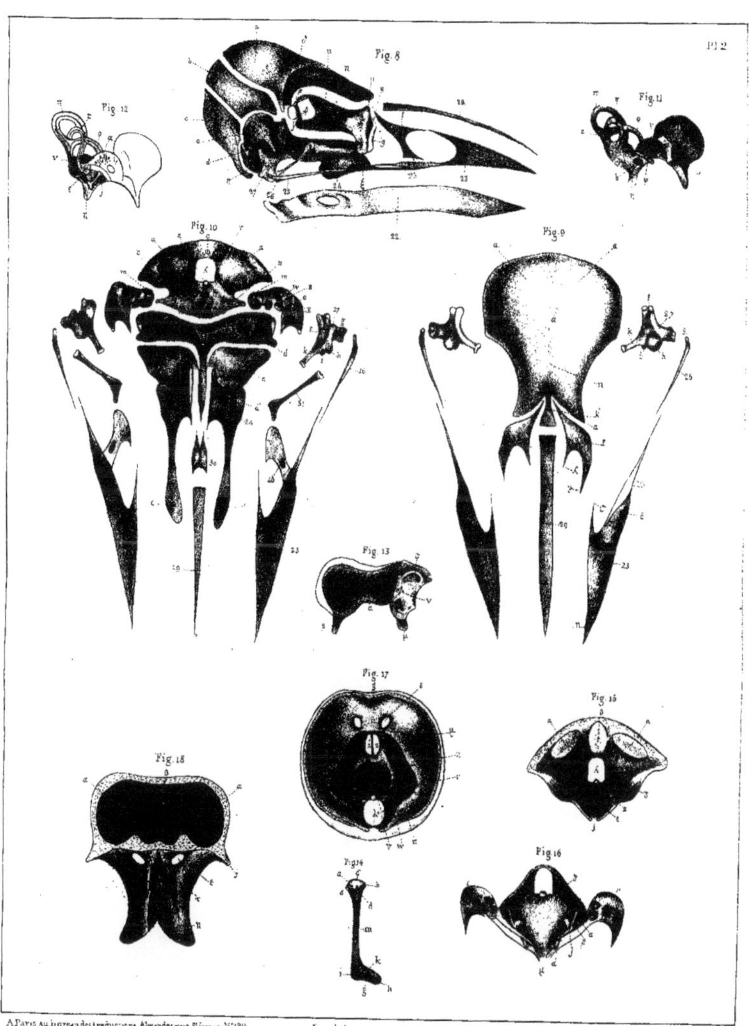

A Paris, au bureau des traductions Allemandes, rue St Jacques N.º 189.   Imp. de Lemercier.   dessiné et lith. par Jacquemin.

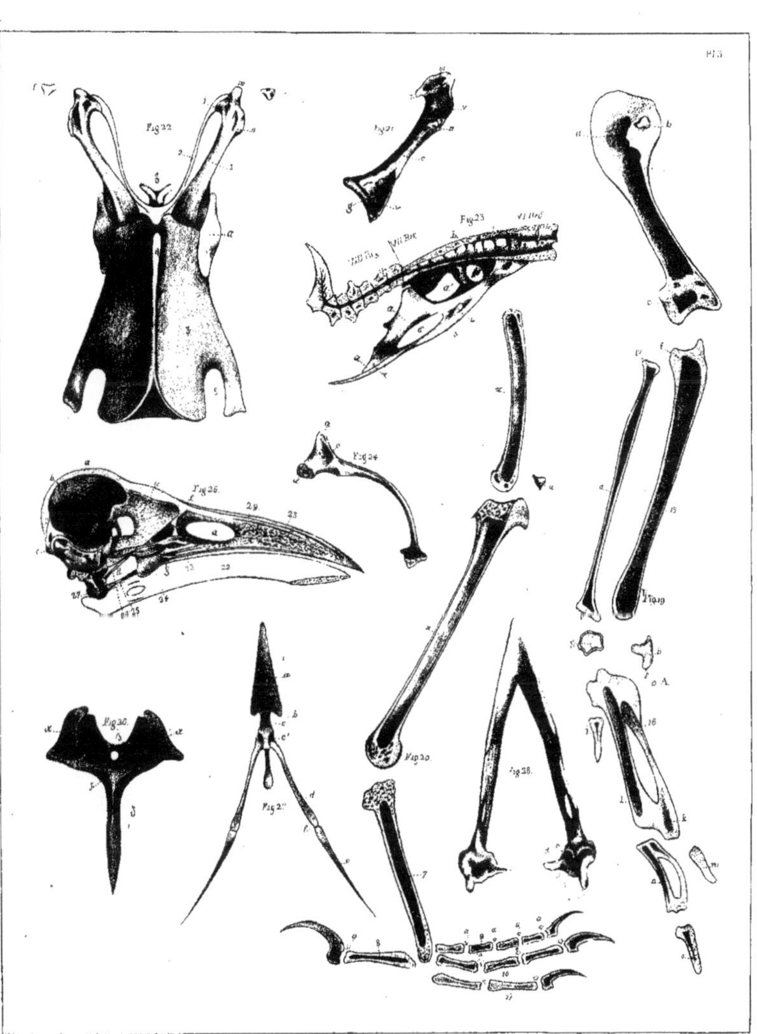

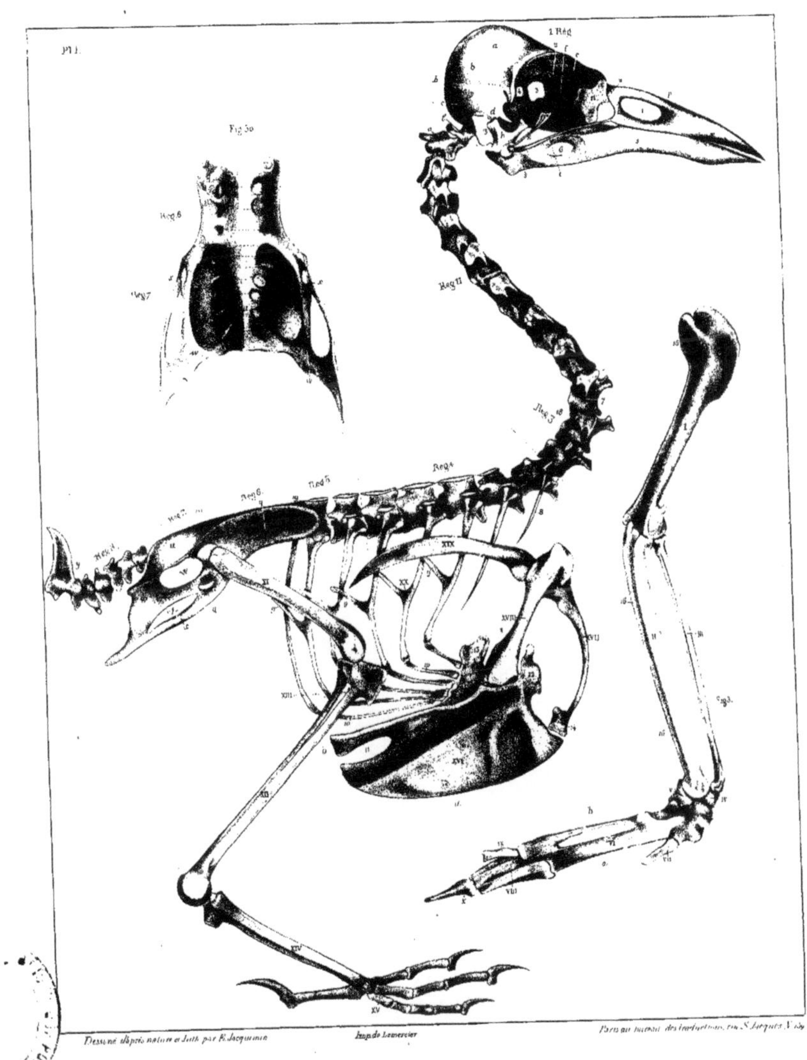

Dessiné d'après nature et lith. par E. Jacquinin   Imp. de Lemercier   Paris au bureau des travaux, rue S. Jacques N.